国家科学技术学术著作出版基金资助出版

CO₂ 电催化转化：理论方法与研究进展

孙 强 李亚伟 沈昊明 著

科学出版社

北 京

内 容 简 介

本书系统地论述了二氧化碳电催化转化的理论方法与前沿研究进展；从交换关联泛函的选取到电催化中的热力学模型、过渡态搜索、微动力学模拟和机器学习；从超碱原子团簇、超卤原子团簇和电子化合物对 CO_2 的活化到金属电极、多相催化剂、单原子催化剂和拓扑量子材料对 CO_2 的催化转化；从标度关系到副反应抑制；从单碳产物到多碳产物，多个领域交义融合。

本书可供从事材料科学、能源科学、碳中和研究的科技工作者阅读，也可作为这些领域的高年级本科生、研究生以及大学教师的参考书。

图书在版编目（CIP）数据

CO_2 电催化转化：理论方法与研究进展 / 孙强，李亚伟，沈昊明著. —北京：科学出版社，2022.9

ISBN 978-7-03-072269-0

Ⅰ．①C⋯ Ⅱ．①孙⋯ ②李⋯ ③沈⋯ Ⅲ．①二氧化碳－电催化－研究 Ⅳ．①O613.71

中国版本图书馆 CIP 数据核字（2022）第 085132 号

责任编辑：张淑晓 高 微 / 责任校对：杜子昂
责任印制：赵 博 / 封面设计：东方人华

科 学 出 版 社 出版
北京东黄城根北街 16 号
邮政编码：100717
http://www.sciencep.com
中煤（北京）印务有限公司印刷
科学出版社发行 各地新华书店经销
*
2022 年 9 月第 一 版 开本：720×1000 1/16
2025 年 1 月第三次印刷 印张：12 1/4
字数：234 000
定价：108.00 元
（如有印装质量问题，我社负责调换）

序

二氧化碳（CO_2）与人类生活休戚相关。二氧化碳不仅是有氧呼吸的最终代谢产物，也是通过光合作用生产有机物并且储存能量的重要原料，并且现代社会由于过多使用煤炭、石油和天然气作为能源，向大气排放出了过量的 CO_2。因 CO_2 分子的反对称伸缩振动和弯曲振动产生红外吸收，从而诱发地球的温室效应，造成气候反常、风暴增多、海平面上升、干旱和荒漠化面积增大、病虫害和传染病增加。而自然界除了依赖植物的光合作用吸收 CO_2 外，缺乏有效地将 CO_2 重新转化为含能物质的手段。在"碳中和"的国际大趋势之下，CO_2 的转化便成为科学和技术研究的重要课题。

在 CO_2 分子中，C 与 O 形成两个三中心四电子离域键，使得 CO_2 具有很强的化学键、很高的第一电离能（13.78eV）、很低的电子亲和能（–0.60eV），从而使得 CO_2 具有很强的化学惰性，很难被活化。这就使得 CO_2 的转化颇具挑战性。

《CO_2 电催化转化：理论方法与研究进展》阐述了多种理论研究方法，总结了作者和国内外科学家近年来在 CO_2 的电催化还原领域的理论研究成果，并结合催化反应的特征和理论计算的特点进一步阐述了反应的微观机理。本书共分为 7 章：第 1 章对 CO_2 分子的基本特性及 CO_2 电催化的背景进行了简要介绍；第 2 章阐述了理论模拟催化反应所需的基础背景知识以及计算方法，包括密度泛函理论、过渡态理论和热力学模型；第 3 章和第 4 章分别讨论了传统金属催化电极上的催化反应和副反应的相关理论研究；第 5 章和第 6 章分别总结了近年来的新型多相与均相电催化剂在 CO_2 电催化还原中应用的理论研究；第 7 章展望了拓扑量子材料和机器学习方法在 CO_2 电催化还原研究中的应用前景。

该书涉及凝聚态物理、催化化学、纳米科学、材料设计、计算模拟、数据库及机器学习等多个领域，具有交叉性、前沿性和综合性。为本科生、研究生及科研工作者提供了重要的学习和参考的资料，对于培养我国在该领域里的年轻研究队伍具有重要意义。该书的出版将有力推动我国在"碳中和"领域的研究工作。

北京大学材料科学与工程学院教授　王前

王前

2021 年 11 月 17 日

前　言

　　二氧化碳（CO_2）是最为常见的温室气体。它原本是地球上所有植物和许多工业过程所必需的碳源，然而由于石化能源的过度消耗，过量的 CO_2 被释放到环境中，从而导致了严重的温室效应。我国煤炭资源丰富，油气资源紧缺。作为世界上最大的发展中国家，同时作为《京都议定书》的第 37 个签约国，我们承担着极为艰巨的减排任务。根据国家统计局所发布的《中华人民共和国 2019 年国民经济和社会发展统计公报》，2019 年全国原煤产量完成 38.5 亿 t，同比增长 4.0%，2019 全年能源消费总量 48.6 亿吨标准煤，煤炭消费量占能源消费总量的 57.7%。由于过高的煤炭消费比例，加之我国国民经济的迅猛发展，解决我国 CO_2 排放所引起的环境问题已迫在眉睫。为了我国在 2060 年前实现"碳中和"的目标，除了改进煤炭提炼技术外，将所产生的 CO_2 转化为其他有用的低碳燃料便成为一个重要的研究课题。

　　近年来 CO_2 的电催化方法引起了人们极大的关注，该技术具有以下优点：①反应过程与产物可通过控制电极电势和反应温度进行有效调控；②所使用的电解质可以被充分回收，使得总的化学消耗可被最小化；③驱动电能的来源可以通过不产生任何新的 CO_2 的方法来获得，包括太阳能和热电转化等；④电化学系统紧凑，能被模块化，易于集成和规模化应用。然而，有一些挑战性问题尚未得到解决，例如：怎样加速反应动力学？如何提高能量转化效率？如何降低因超电势所引起的能源消耗？如何可控合成多碳产物？本书基于上述背景，结合本课题组及其他研究者近年来在这一领域取得的一系列进展，在模拟计算的基础上，分析了金属电极催化、均相催化、多相催化的反应机理及副反应的抑制，并对拓扑量子材料和机器学习在 CO_2 电催化还原中的应用作了展望，以期为科研工作者以及相关领域的本科生、研究生和青年教师提供参考。

　　在本书的写作和出版过程中，我们得到了南京大学王广厚院士、复旦大学龚新高院士、中国科学技术大学杨金龙院士、南开大学陈军院士、南京大学胡征教授、清华大学李隽教授的大力支持，并得到了国家科学技术学术著作出版基金及国家自然科学基金（编号：21773003，21573008）、国家科技部项目（编号：2017YFA0204902，2016YFB0100200）的资助和北京大学高性能计算校级公共平台的支持，我们深表感谢；同时感谢我们研究工作中的合作者及同事，包括朱贵之博士、唐梦宇硕士、赵天山博士、周文洋博士、王静波博士、朱海燕教授、Puru Jena 教授、Yoshiyuki Kawazoe 教授、苏海斌教授、曾少华教授、陈峰教授和邹如强教授。

由于作者水平有限，书中疏漏与不足之处在所难免，望专家和读者指正。

作　者

2021 年 11 月 17 日于北京大学

目　　录

第1章 引　言

1.1　CO_2的排放与消耗概况

自19世纪末以来，全球的平均气温升高了0.3～0.6℃。环境科学研究已充分证明，全球变暖的趋势将导致海平面升高、极端天气频繁发生、生态系统混乱等一系列严重的后果。法国数学家约瑟夫·傅里叶在近两百年前最先指出，空气中CO_2的含量与温度升高存在着密切联系，这就是所谓的温室效应。之后，19世纪末化学家阿伦尼乌斯证实温室效应的确存在，并逐渐得到民众与各国政府的认可。地球在吸收太阳辐射的同时，本身也向外层空间辐射热量，其热辐射以3～30μm的长波红外线为主。长波辐射进入大气层时，易被分子量较大、极性较强的气体分子吸收。红外线的能量较低，不足以导致分子中化学键的断裂，即气体分子吸收红外线辐射后没有化学反应发生，只是阻挡热量自地球向外逃逸，相当于地球和外层空间的一个绝热层，即"温室"的作用。图1.1展示了1990～2018年的全球温室气体排放当量，其中CO_2对温室效应的贡献达60%，其对地球环境的影响不容小觑[1]。

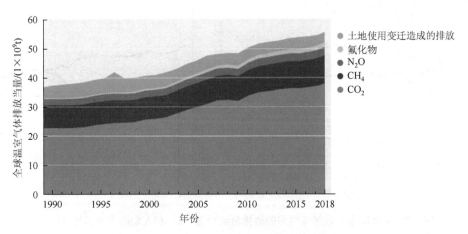

图1.1　1990～2018年的全球温室气体排放当量[1]

随着工业的发展以及人类对化石能源的大量利用，大气中的CO_2含量正在剧烈增加。大量的温室气体排放对于地球的局域环境影响巨大，世界各国也在努力寻找能够减少二氧化碳的各种方法和手段。围绕全球变暖这一世界性问题，1997 年《联合国气候变化框架公约》缔约方第三次会议在日本东京召开，关注的焦点是温室气体的减排。会议通过的《京都议定书》将 CO_2 作为温室气体削减与控制的重点。2015 年，世界各国联合签署的《巴黎协定》定下了这样的目标：到 2100 年，将全球升温控制在工业化前 2℃ 以内，在 2020～2030 年，全球碳排放每年需减少 2.7%。而要实现将升温限制在 1.5℃ 的目标，在 2020～2030 年，全球碳排放每年需减少 7.6%。以各国目前承诺的减排量远不能实现将升温控制在 2℃ 以内的目标，即便所有承诺兑现，到 21 世纪末全球升温还是会达到 3.2℃，这会带来更广泛和更严重的破坏性气候影响。联合国环境规划署《2019 年碳排放差距报告》[1] 指出，在过去 10 年间，温室气体排放每年增长 1.5%。而其中 2018 年温室气体排放创下 553 亿 t 二氧化碳当量的新高。近年来，受到国际政治因素等的影响，二氧化碳的减排目标遥遥无期，这也无疑是对地球整体环境的一个巨大威胁。图 1.2 中展示了近年来主要国家、地区与组织的碳排放绝对值和人均碳排放当量，为了地球以及人类社会的持续发展，需要国际社会携手合作，共同努力实现碳中和的宏观目标。[1]

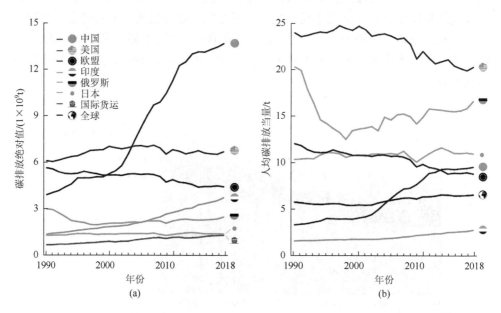

图 1.2　主要国家、地区与组织的碳排放绝对值（a）和人均碳排放当量（b）[1]

　　全球二氧化碳的排放包含自然和人为来源。自然来源包括土壤、内陆水域、海洋甚至火山活动；人为来源包括水泥工业（全球的 8% 二氧化碳排放量）、金属工业（大约 5% 来自钢铁）、陆运、航空、航运、堆肥反应堆及化石燃料的燃烧（主要是煤、石油和天然气）。其中，化石燃料的燃烧是长期气候变化的主要原因。我国是全世界人口最多的国家，加之能源结构不合理：煤炭资源丰富、油气资源比较紧缺，过高的煤炭消费比例导致我国 CO_2 排放强度高于世界平均水平。统计数据表明：我国 2019 年温室效应气体排放总量相当于 139.2 亿 t 二氧化碳。

1.2　CO_2 的物理化学特性

CO_2 是一种常见的气体小分子，无色无味，可溶于水，密度比空气略大。二氧化碳的升华点为 -78.4℃，熔点为 -56.6℃。二氧化碳分子为线型非极性分子，分子中的 C—O 键键长为 1.16Å，其分子中含有 Π_3^4 三中心四电子离域键，离域键的存在使得 CO_2 分子中的 C—O 键长甚至小于一些 C＝O 的键长。其分子轨道成键示意图见图 1.3，基本物理化学参数如表 1.1 所示：

表 1.1　CO_2 分子的基本物理化学参数[2]

参数	数值
摩尔质量	44.0098g/mol
密度	1.976g/L（气态，0℃，1.01×10^5Pa） 0.914g/L（液态，0℃，3.48×10^6Pa） 1.512g/L（固态，-56.6℃）
介电常数	1.000922
升华点	-78.4℃
熔点	-56.6℃（三相点）
蒸气压	760mmHg（-78.2℃）
黏度	0.0147mN·s/m^2
溶解度	0.614×10^{-3}mol/L（25℃，100kPa CO_2 分压）
标准生成焓	-393.522kJ/mol（298.15K）
比热容	37.129J/(K·mol)
熵	213.795J/(K·mol)（298.15K）

CO_2 分子中，C 原子采用 sp 杂化轨道与 O 原子成键。C 原子的两个 sp 杂化轨道分别与两个 O 原子头碰头结合形成两个 σ 键，而 C 原子上未参加杂化的 p 轨道与 sp 杂化轨道成直角，并从侧面与两个 O 原子的 p 轨道发生肩并肩重叠，形成两个三中心四电子离域 π 键。CO_2 的 C—O 键长整体上介于 C＝O 键与 C≡O 键之间，其 C—O 键能大小为 187kcal/mol（1kcal = 4.1868kJ），远高于相应的 C＝C 键能（145kcal/mol）与 O＝O 键能（116kcal/mol）。

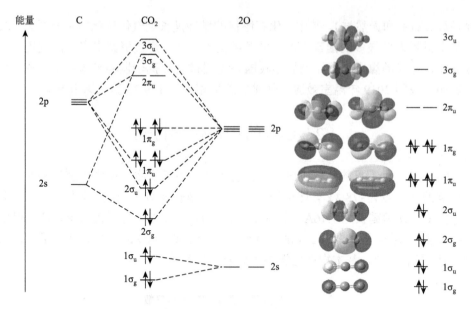

图 1.3 CO$_2$ 的分子轨道示意图

对于由 n 个原子组成的线型分子，其振动模为 $3n-5$。由此推断 CO$_2$ 分子有 4 种振动模式（图 1.4），分别对应于对称伸缩振动、反对称伸缩振动、x-y 平面的弯曲振动和 y-z 平面的弯曲振动，其中第一振动模式的偶极矩变化为零，不产生红外吸收；第二振动模式产生的红外吸收峰为 2349cm^{-1}，第三和第四振动模式具有相同的红外吸收峰（为 667cm^{-1}）。正是这些红外吸收使得 CO$_2$ 产生温室效应。

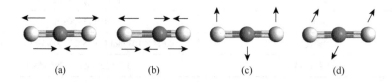

图 1.4 CO$_2$ 分子的振动模式

（a）对称伸缩振动；（b）反对称伸缩振动；（c）x-y 平面的弯曲振动；（d）y-z 平面的弯曲振动

由于具有极高的化学键键能，CO$_2$ 活化很难发生。另一个不利于 CO$_2$ 活化的因素是其极弱的给予电子及接受电子的能力。CO$_2$ 的第一电离能明显高于等电子构型的 CS$_2$、N$_2$O 等，达到 13.778eV，即 CO$_2$ 分子极难给出电子。另外，CO$_2$ 分子的电子亲和能低达-0.600eV，表明其接受电子的能力同样较弱。但是相对于极高的电离能（ionization potential，IP）而言，在电场的诱导下后者的能垒比较容易跨越。在实际操作中，可能活化 CO$_2$ 分子的有效途径只能是采用适当的方式注入电子，或者是利用化学反应使 CO_2 分子夺取其他分子的电子，即将 CO_2 分子作为一种氧化剂而非还原剂。

此外，CO_2 的物相随着温度和压强而变化，可实现从气相到液相和固态的转化。例如，室温下对 CO_2 加压到 0.5GPa 时就可以得到固相的 CO_2，这就是通常所说的干冰。拉曼谱和红外谱的实验表明，干冰是一种范德瓦耳斯晶体，其体弹性模量 $B_0 = 12.4$GPa；当加压到 12～22GPa 时，干冰缓慢地转变为正交相，这是一种具有超高强度和硬度的结构；当对正交相干冰加压至 400GPa 并加热至 1800K，可以得到一种全新的原子相，这是一种由 C—O 键连接而成的扩展的共价晶体，具有非线性光学特性（图 1.5）。

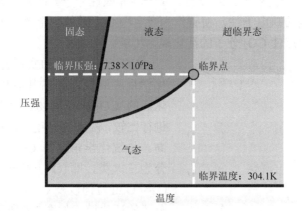

图 1.5　CO_2 的中-低温和中-低压相图

1.3　CO_2 的活化

尽管上一小节中提到了 CO_2 分子的活化存在诸多不利因素，基于理论计算的分析仍给予活化 CO_2 分子一定的希望。CO_2 分子共有 16 个价电子，C 原子和 O 原子中均含有 ns 和 np 价键轨道，即 C 的 $2s^2 2p^2$ 以及 O 的 $2s^2 2p^4$。根据 CO_2 的光电子能谱实验，其基态电子构型为 $(1\sigma_s)^2(1\sigma_u)^2(2\sigma_g)^2(2\sigma_u)^2(1\pi_u)^4(1\pi_g)^4(2\pi_u)^0$。

图 1.3 中标示了理论计算得到的 CO_2 的前线轨道及相应能级。可以发现，最高占据分子轨道（highest occupied molecular orbital，HOMO）以及最低未占分子轨道（lowest unoccupied molecular orbital，LUMO）的能级均简并。原则上来说，CO_2 分子有四个位于相同能级的电子可以被释放出来，CO_2 也可以在相同能级接受四个电子。一旦 CO_2 在这些前线轨道处得到或释放电子，那么轨道的简并态将立即被打破。实际上，CO_2 接受或给予 4 个电子的过程并不是同步进行的。即使这样，CO_2 分子的前线轨道的拓扑形状与一般的无机或有机小分子有很大区别，

但有趣的是其与过渡金属的 d 轨道以及镧系金属的 f 轨道的拓扑形状却有很高的相似性。CO$_2$ 的振动模式表明：其反对称的 C ═ O 拉伸振动模式与非简谐弯曲振动模式的能级相近，可能发生有利于 CO$_2$ 活化的振动耦合。尽管存在上述活化 CO$_2$ 分子的不利因素，但对于 CO$_2$ 精细电子结构与振动模式的考察表明 CO$_2$ 的活化并非不可能。事实上，CO$_2$ 的活化方式非常多样化。

1.3.1　基本活化方式及沃尔什图

为了实现 CO$_2$ 分子的化学转化和利用，首先需要对其进行活化。CO$_2$ 的分子结构是直线型，含有两个 C ═ O 键，是一种非极性分子。该分子具有两个极性中心，其中羰基碳的缺电子性，使碳作为亲电中心，另外两个氧作为亲核中心，碳和氧的双活化位点使 CO$_2$ 分子的活化成为可能。

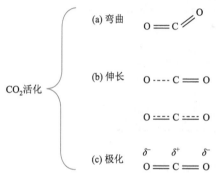

图 1.6　CO$_2$ 分子的活化模式[3]

CO$_2$ 分子活化的实质是增强该分子的化学反应活性。评估其活化程度可以用活化后的 CO$_2$ 分子的物理化学特性与活化前进行比较，两者差异越大，证明活化程度越高。传统化学角度下 CO$_2$ 的活化方式可以分为三大类，即 O ═ C ═ O 键角减小、C ═ O 键拉伸以及 O ═ C ═ O 极化。CO$_2$ 分子的活化模式如图 1.6 所示。

第一种是 O ═ C ═ O 键角的弯曲。该种活化方式主要存在于过渡金属与 CO$_2$ 的配位作用中，具体的配位方式十分多样化，包括单齿、双齿以及桥式等多种配位类型。CO$_2$ 分子键角弯曲活化如图 1.7 所示。

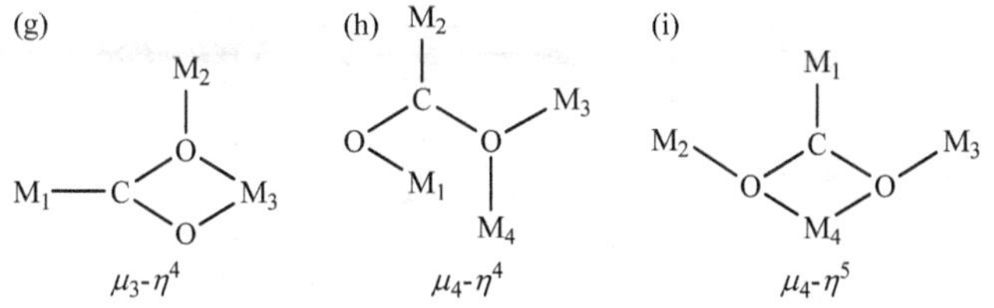

图 1.7 CO$_2$ 分子键角弯曲活化[3]

可见，CO$_2$ 分子既可以利用缺电子的 C 原子作为电子受体与富电子的金属原子进行配位，又可以利用 C＝O 键或者 O 原子的孤对电子作为弱的电子给体与金属原子进行配位。CO$_2$ 分子配合物的生成是金属催化 CO$_2$ 分子转化的关键步骤，CO$_2$ 分子的诸多配位形式使得 CO$_2$ 分子在一定条件下得到活化，从而实现其转化反应。

除了上述方式外，金属与 CO$_2$ 反应导致的 O＝C＝O 角度扭曲还可通过其他方式实现。例如，金属络合物与烯烃、炔烃、二烯、氧气等不饱和化合物通过氧化偶联方式形成五元环，在一定条件下，CO$_2$ 分子可以插入 M—C、M—H、M—O、M—N、M—P、M—S 与 M—Si 等化合物中（M 为金属）。这类插入反应主要有两种方式。一种是 CO$_2$ 分子的 O 原子与富电子端成键，形成类似 M—O—C＝O 的羧酸酯；另一种是 CO$_2$ 分子的 C 原子与缺电子端连接，形成带有 M—C 键的络合物。

在理论计算领域，表征这种小分子的弯曲活化程度有一种快速的方式，称为沃尔什图（图 1.8）[3,4]。以 CO$_2$ 为例，在沃尔什图中，CO$_2$ 分子轨道的能级与 O＝C＝O 键角存在明显的相关性。如图所示，随着 CO$_2$ 的 O＝C＝O 键角的减小，HOMO 与 LUMO 之间的能级变得相互接近，与此同时，轨道的拓扑形状之间会发生一定程度的杂化；一旦键角低至接近 90°，HOMO 和 LUMO 的能级将近乎一致。以沃尔什图作为参照基准，通过知晓活化后 CO$_2$ 的 HOMO 与 LUMO 的能级，可以近似估算 O＝C＝O 键角弯曲的程度。这是群论在化学活化过程中现实应用的典型范例。此外，通过计算红外弯曲振动模式，对于表征键角的弯曲也可以起到良好的辅助作用。

对于后面两种活化方式，理论模型的计算主要通过计算 C 及 O 端的马利肯（Mulliken）电荷布居与自然键轨道（natural bond orbital，NBO）电荷来实现。计算得到的电荷分布如表 1.2 所示。从表中可以看出，溶液的极性对于 CO$_2$ 每个原子电荷的大小，即 O＝C＝O 的极化有着非常明显的影响，但是对于 C＝O 键的拉伸并没有显著作用；与之对应的是，CO$_2$ 得电子后可显著改变 C＝O 的键长。

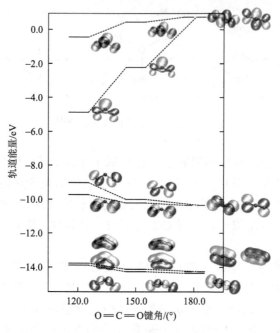

图 1.8　CO₂活化的沃尔什图[3]

表 1.2　B3LYP/cc-pVTZ 理论水平下不同溶剂中 CO₂分子活化的键长、键角与电荷分布[3]

CO₂电荷	溶剂	L（C=O）/Å	A（O=C=O）/(°)	Mulliken_C/e	Mulliken_O/e	NBO_C/e	NBO_O/e
中性	真空	1.160	180.0	0.368	−0.184	0.984	−0.492
	H₂O	1.160	180.0	0.407	−0.203	1.005	−0.502
	CH₃OH	1.160	180.0	0.405	−0.203	1.004	−0.502
	CH₃CN	1.160	180.0	0.406	−0.203	1.004	−0.502
	n-C₆H₁₄	1.160	180.0	0.382	−0.191	0.991	−0.496
阳离子	真空	1.172	180.0	0.545	0.227	0.985	0.008
	H₂O	1.170	180.0	0.587	0.206	1.015	−0.007
	CH₃OH	1.170	180.0	0.586	0.207	1.014	−0.007
	CH₃CN	1.170	180.0	0.586	0.207	1.014	−0.007
	n-C₆H₁₄	1.171	180.0	0.560	0.220	0.996	0.002
阴离子	真空	1.240	134.7	−0.133	−0.433	0.505	−0.753
	H₂O	1.238	134.4	−0.119	−0.440	0.513	−0.756
	CH₃OH	1.238	134.4	−0.120	−0.440	0.512	−0.756
	CH₃CN	1.238	134.4	−0.120	−0.440	0.512	−0.756
	n-C₆H₁₄	1.239	134.6	−0.128	−0.436	0.507	−0.754

当 CO_2 分子带上一个负电荷后，其几何变为 C_{2v} 对称，外加的电荷主要分布在两个 O 原子上。C—O 键长由中性状态下的 1.16Å 拉长为 1.25Å。除了传统的活化模式外，近年来路易斯酸碱协同活化、光电活化、生物酶催化活化以及等离子体活化等新型活化方式正起着越来越重要的作用。路易斯酸碱对活化与金属活化存在一定的相似性，均作用于 CO_2 分子的极性 C ＝ O 键。光、电活化主要是指利用光、电能激发还原活化 CO_2 分子。生物酶催化活化是指利用自然界中植物、微生物的光合作用原理实现 CO_2 分子的固定与转化。另外，还有一种特殊的形式称为甲烷（CH_4）重整，其主要是指利用富氢 C 基化合物 CH_4 参与 CO_2 分子重整制备合成气。

路易斯酸碱对的协同活化是高能化合物作为反应起始物的一种特殊的体现。首先，将高能量的化合物作为反应的起始物质与 CO_2 反应，高能量起始物包括：环氧化合物、氮杂三元环化合物、含有碳碳不饱和键的化合物、金属有机化合物，以及硅酸、硼酸、氢气等具有还原性的物质等；其次，选择性质稳定的化合物作为目标合成分子，使得反应朝生成稳定化合物的方向进行（如合成碳酸酯），同时也可以通过减小其中一种产物浓度的方法促进反应的平衡移动；最后，可再生能源（如光能）也可应用到 CO_2 活化转化中。针对以上策略，近些年来，新的催化体系不断得到设计开发，如功能化的离子液体（task-specific ionic liquid，TSIL）、立体受阻路易斯酸碱对（frustrated Lewis pair，FLP）、金属有机配合物、氮杂环卡宾（N-heterocyclic carbene，NHC）等，其中空间受阻的路易斯酸碱对指体系中含有电子受体-供体关系的路易斯酸和路易斯碱由于空间位阻效应而不猝灭的酸碱加合物，与之对应的则是一般的路易斯酸碱对。这两者与 CO_2 分子反应的机理均利用了 C 的亲电性与 O 的亲核性。

上述 CO_2 分子转化为 C ＝ O 和 C—N 键化合物的路径，实际是 CO_2 分子官能团化的过程，并没有实现碳中心的价态变化和能量积累。而将二氧化碳的碳中心还原从而构建 C—H 键以生产储能物质的策略更具吸引力。在碳还原过程中，根据碳中心的价态变化和能量积累程度的不同，能够得到甲酸、甲醇、一氧化碳、甲烷、碳氧化合物、长链的醇类、氮甲基化合物等。该方法以 CO_2 分子为碳源，伴随储能过程，并非简单的官能团化形成 C ＝ O、C—N 键化合物，这就使得 CO_2 分子的还原过程具有更重要的意义和更广阔的应用开发前景。

利用光能与电能构建 C—H 键，将 CO_2 分子转化为燃料或者基本化学原料便是 CO_2 分子利用的一个更为理想的途径，因为其包含了储能过程。从能量转化的角度考虑，光电条件下催化 CO_2 分子还原将光能或电能转变为化学能。在 CO_2 分子的光化学活化中，各种过渡金属配合物、大环配合物或者芳香烃都被用作光敏剂或者共催化剂，CO$_2$ 分子的光化学还原被认为是经过金属-CO$_2$ 分子配合物中间体的历程。无论是在水系还是非水系的光敏剂体系，得到的产物主要是 CO$_2$ 分子的双电子还原产物：CO 和 HCOO$^-$。

　　CO$_2$ 分子的电化学还原与光化学还原有着相似之处，除了电极对于还原产物的影响，电解液为水系还是非水系对最终产物的分布也有着显著影响。根据电解质溶液的不同，大体可以分为质子耦合电子转移和单电子还原两个过程。对于质子耦合电子转移过程，其传导媒介主要是水溶液。金属电极表面这类电化学还原已经被广泛研究，其还原产物依据金属电极材料与支持电解质不同而发生变化。产物除了双电子还原的 CO 与 HCOO$^-$ 外，还包含 HCHO、CH$_3$OH 以及 CH$_4$ 等。由于质子的存在，这类反应对应的标准还原电位相对较低。而对于单电子还原过程，由于采用了非水溶液，CO$_2$ 分子的溶解度相对更高，且氢析出反应得到有效抑制。但存在的问题是由于缺乏质子的辅助，这类反应的标准还原电位相对更低。

　　对于生物酶催化过程，最常见的便是光合作用。一般而言，光合作用是指植物、藻类通过叶绿素利用太阳能，将 CO$_2$ 分子和水转化为有机物并释放 O$_2$ 的过程。光合作用对整个生物界都具有非常深远的意义，它将 CO$_2$ 分子转变为有机物，同时将光能转化为可长期存储的化学能。CO$_2$ 分子在细胞中的同化需要当量的试剂和能量，还原试剂一般为无机化合物，如 H$_2$O、H$_2$、S 或者 NH$_3$ 等；而能量一般由光合作用或呼吸作用提供，以腺苷三磷酸（adenosine triphosphate，ATP）作为传导媒介。除了光合作用，生物炼油也是活化 CO$_2$ 分子的另一个研究热点。生物炼油主要是指用海藻将 CO$_2$ 分子转化为以生物柴油为代表的燃料的过程。在众多非粮食生物质中，藻类具备分布广泛、油脂含量高、适应环境能力强、生长周期短以及产量高等特点。

　　CO$_2$ 的甲烷重整主要指通过与 CH$_4$ 发生反应制备合成气的过程，它包含一个复杂的反应体系，具体可能发生的反应有：

$$CH_4 + CO_2 \longrightarrow 2CO + 2H_2$$

$$CO_2 + H_2 \longrightarrow CO + H_2O$$

$$2CH_4 \longrightarrow C_2H_2 + 3H_2$$

$$C_2H_2 \longrightarrow 2C + H_2$$

$$CO_2 + 4H_2 \longrightarrow CH_4 + 2H_2O$$

$$2CO \longrightarrow C + CO_2$$

$$CH_4 \longrightarrow C + 2H_2$$

根据重整活化的方式不同，分为高温裂解活化以及等离子体活化方式，前者俗称热重整，所使用的催化剂主要为 Ni 基催化剂，在热重整过程中，大量积碳由上述化学反应体系发生：一氧化碳歧化反应、甲烷分解反应以及乙炔分解反应都可能发生，其中一氧化碳歧化是放热反应。根据勒夏特列原理，反应在低温条件下迅速被引发，导致低温区催化剂的失活；而乙炔的分解则是吸热反应，对应于高温条件下催化剂的积碳失活过程。与热重整对应的是等离子体活化。等离子体是大量带电粒子组成的非凝聚系统，是物质存在的第四态。其主要特征是粒子间存在着长程库仑相互作用，其运动与电磁场运动紧密耦合。非平衡等离子体具有电子动能高以及体系温度低两个特点。这些电子与分子发生非弹性碰撞时，几乎所有气体分子被激发，包括 CO_2 分子。由于等离子体的存在，上述热重整反应变得可以在室温条件下发生。

1.3.2 超碱原子团簇对 CO_2 的活化

从前面的讨论可知，电子的转移能够引起活化。为了使活化更容易发生，可以使用电离势小的体系。Li、Na、K、Rb、Cs 原子的电离能分别为 5.39eV、5.14eV、4.34eV、4.18eV、3.89eV，而超碱原子团簇的电离势比超碱金属原子最小的电离势（3.89eV）更低，从而具有优异的活化能力。例如，Li_3F_2 的电离势为 3.80eV，属于超碱金属原子团簇。当它与 CO_2 分子相互作用时，发生一个电子的电荷转移，CO_2 分子被活化，产生两种稳定的吸附构型，相应的吸附能分别为 158kJ/mol 和 163kJ/mol[5]。这类由金属原子和非金属原子构成的超碱原子团簇还包括：Li_2F、Li_4N、M_3O（M = Li, Na, K）、$X(M_3O)_2$（X = F, Cl, Br; M = Li, Na, K）、$Br(Li_2F)_2$、$Br(Li_4N)_2$、$(LiF_2)(Li_3O)_2$、$(BeF_3)(Li_3O)_2$、$(BF_4)(Li_3O)_2$ 等。部分超碱原子团簇吸附 CO_2 分子的活化结构如图 1.9 所示。

除了含有 Li 金属原子的这类超碱原子团簇外，其他一些金属组成的团簇也具有类似的超碱金属特性。在铝团簇中，Al_{13}^- 非常引人注目。如 Jellium 模型所述[6]，中性 Al_{13} 团簇中的 39 个价电子，比闭壳层的 40 个电子少一个电子。将 Al_{13} 二十面体中的中心 Al 原子进行取代可以提高团簇的稳定性，同时调整其电子性质。例如，用拥有 5 个价电子的 P 或 N 原子掺杂可以得到一个含有 41 个价电子的超碱原子团簇[7, 8]。类似地，用第三周期过渡元素掺杂铝团簇（Al_5 和 Al_7），也可以发现这些团簇具有 CO_2 活化性能，其中 Sc 和 Ti 的掺杂效果最好。第三周期过渡元素掺杂 Al_5 的 CO_2 活化结构如图 1.10 所示。

除了这种简单的含有金属原子的超碱原子团簇外，人们还可以设计出由非金属元素构成的超碱原子团簇，如 $B_9C_3H_{12}$，这是因为 $B_{12}H_{12}^{2-}$ 中含有 26 个骨架电子，

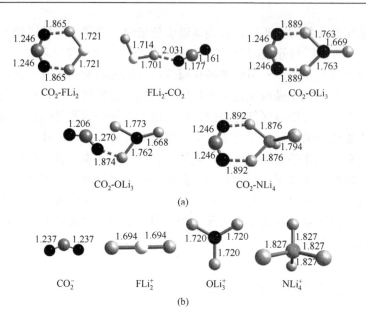

图 1.9　超碱原子团簇 FLi₂、OLi₃、NLi₄ 对 CO₂ 的活化构型（a）与自由空间中相应的
带电状态构型（b）（单位：Å）[5]

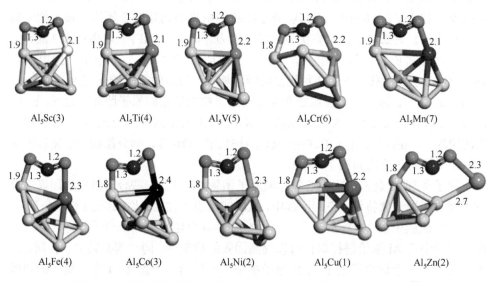

图 1.10　第三周期过渡元素掺杂 Al₅ 的 CO₂ 活化结构（单位：Å）[9]

满足 Wade-Mingos 规则[10]。当用 3 个 C 代替 1、7、9 位置上的 3 个 B 形成中性
的 $C_3B_9H_{12}$ 时，体系的总电子数为 51（$4 \times 3 + 3 \times 9 + 1 \times 12$），其中有 12 对电子
位于由 B—H 和 C—H 所形成的 σ 键上，体系的骨架电子数为 $51 - 24 = 27$，这比
Wade-Mingos 规则所需的电子数多一个，它所对应的电离势为 3.64eV，比 Li₃F₂

的电离势还低，因而是超碱原子团簇。$B_9C_3H_{12}$ 结构，最稳定的是具有高对称性 C_{3v} 的构型，几何键长如下：B—B 和 B—C 对应 1.79Å 和 1.72Å，其前线轨道带隙 HOMO-LUMO 值是 14.77eV，反映出体系在阳离子状态下极强的稳定性。红外吸收峰值主要在 870cm^{-1}、1100cm^{-1}、1230cm^{-1}、2700cm^{-1}、3200cm^{-1} 处，拉曼峰值主要在 870cm^{-1}、2700cm^{-1}、3300cm^{-1} 处。热力学计算表明体系在 800K 情况下稳定。当把 CO_2 分子引入到 $B_9C_3H_{12}$ 时，它们之间的距离是 2.32Å，NBO 电荷分析发现一共有 0.91 个电子从 $B_9C_3H_{12}$ 转移到 CO_2 上，这就使得 O—C 延长到了 1.29Å 和 1.28Å，O＝C＝O 键角由 180°变为 131°，从而 CO_2 被这个由全非金属元素所构成的超碱原子团簇活化。图 1.11 给出了相应的几何构型。

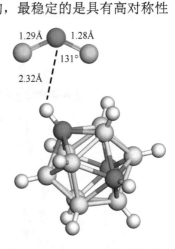

图 1.11　$B_9C_3H_{12}$ 超碱原子团簇对 CO_2 的活化[10]

1.3.3　超卤原子团簇对 CO_2 的活化

卤族（halogen）元素包括氟（F）、氯（Cl）、溴（Br）、碘（I）和砹（At），具有高的电子亲和能及强的反应活性和氧化性，它们在材料合成与改性方面的广泛应用极大地激励人们研究和开发超卤素（superhalogen），即电子亲和能比卤素原子的最大电子亲和能（3.6eV）更高的一类基团或分子。与卤素原子相比，超卤素表现出更加丰富的特征：电负性更大，结构更丰富，性质更新颖。根据这些特点，我们可以预期具有适当组分和结构的超卤原子团簇能够对 CO_2 产生活化。事实上，已经发现电子亲和能为 13.27eV 的 Sb_3F_{16} 能够氧化电离势为 13.8eV 的 CO_2 分子[11]。电荷分析表明，该超卤原子团簇能够从 CO_2 分子中提取 0.88 个电荷，C—O 键变短且分子的几何发生弯曲从而以氧化的方式被活化。Sb_3F_{16}-CO_2 的两种几何结构与能量如图 1.12 所示。基于超卤原子团簇的结构和组成单元的多样性与灵活性，我们还可以设计出更多、更有效的超卤原子团簇来活化 CO_2。

1.3.4　电子阴离子化合物对 CO_2 的活化

从超碱原子团簇和超卤原子团簇活化的难易程度对比可以看出，与氧化的方式相比，用还原的方式活化 CO_2 更容易些，只要体系含有足够多的低电离能的电子，活化便可实现。除了前面所讨论的超碱原子团簇外，还有一类周期性的二维

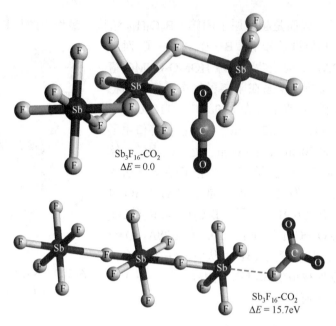

Sb_3F_{16}-CO_2
$\Delta E = 0.0$

Sb_3F_{16}-CO_2
$\Delta E = 15.7eV$

图 1.12　Sb_3F_{16}-CO_2 的两种几何结构与能量[11]

和三维电子阴离子化合物具有较多低电离能电子。其基本特点是，电子本身作为阴离子被限域在层间或空腔中，具有高的迁移率和低的功函数。例如，二维电子阴离子化合物$[Ca_2N]^+\cdot e^-$（通常标记为 $Ca_2N:e^-$）的电子迁移率为 520cm²/(V·s)，电子的平均散射时间为 0.6fs，电子的平均自由程为 0.12μm，电子的功函数为 2.6～3.5eV；三维电子阴离子化合物$[Ca_{24}Al_{28}O_{64}]^{4+}\cdot 4e^-$的电子浓度可达 $2.3\times10^{21}cm^{-3}$，室温下的电导率为 1.5×10^3S/cm，其电子的功函数为 2.4eV，远低于前面我们所讨论的超碱原子团簇的电离势[12]。当引入 CO_2 时，发生电荷转移，导致 CO_2 被活化。图 1.13 显示了三维电子阴离子化合物$[Ca_{24}Al_{28}O_{64}]^{4+}\cdot 4e^-$所发生的活化过程。除了

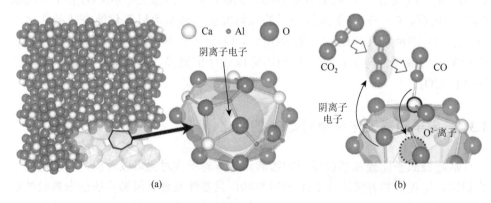

(a)　　　　　　　　　　(b)

图 1.13　$[Ca_{24}Al_{28}O_{64}]^{4+}\cdot 4e^-$结构单元（a）与 CO_2 活化过程示意图（b）[12]

上面提及的两种体系外，其他的电子阴离子化合物还有 Li_4N、Cs_3O、Na_2Cl，它们可视为超碱原子团簇 Li_4N、Cs_3O、Na_2Cl 的三维对应物。此外，还有 Sr_2P、Ba_2P、Ba_2As、CaF、SrF、BaF 等，这些体系均可用来活化 CO_2 分子。

1.4　CO_2 电催化还原概况

电催化 CO_2 转化研究在最近几十年间取得了重要进展。以 CO_2 为原料进行电化学催化转化，实质是将电能转换成化学能。CO_2 的电化学催化转化主要有两种方法：①直接电化学还原 CO_2 合成高附加值化工原料或燃料；②以 CO_2 作为羧基源的有机电羧化反应。我们在这里主要讨论前者。CO_2 的电化学还原可以在低温和高温下，在气相、水相和非水相中通过二、四、六和八电子还原途径进行。主要还原产物是一氧化碳（CO）、甲酸（HCOOH）或甲酸盐（$HCOO^-$）、草酸（$H_2C_2O_4$）或草酸盐（$C_2O_4^{2-}$ 在碱性溶液中）、甲醛（CH_2O）、甲烷（CH_4）、乙烯（CH_2CH_2）、乙醇（CH_3CH_2OH）以及其他化合物。CO_2 还原的热力学电化学半反应及其相关的标准电极电位列于表 1.3 中。

表 1.3　CO_2 电化学还原相关半反应的标准电极电势[2]

反应	电极电位/(V $vs.$ RHE)
$CO_2(g) + 4H^+ + 4e^- \longrightarrow C(s) + 2H_2O(l)$	0.21
$CO_2(g) + 2H_2O(l) + 4e^- \longrightarrow C(s) + 4OH^-$	-0.627
$CO_2(g) + 2H^+ + 2e^- \longrightarrow HCOOH(l)$	-0.250
$CO_2(g) + H_2O(l) + 2e^- \longrightarrow HCOO^-(aq) + OH^-$	-1.078
$CO_2(g) + 2H^+ + 2e^- \longrightarrow CO(g) + H_2O(l)$	-0.106
$CO_2(g) + H_2O(l) + 2e^- \longrightarrow CO(g) + 2OH^-$	-0.934
$CO_2(g) + 4H^+ + 4e^- \longrightarrow CH_2O(l) + H_2O(l)$	-0.070
$CO_2(g) + 3H_2O(l) + 4e^- \longrightarrow CH_2O(l) + 4OH^-$	-0.898
$CO_2(g) + 6H^+ + 6e^- \longrightarrow CH_3OH(l) + H_2O(l)$	0.016
$CO_2(g) + 5H_2O(l) + 6e^- \longrightarrow CH_3OH(l) + 6OH^-$	-0.812
$CO_2(g) + 8H^+ + 8e^- \longrightarrow CH_4(g) + 2H_2O(l)$	0.169
$CO_2(g) + 6H_2O(l) + 8e^- \longrightarrow CH_4(g) + 8OH^-$	-0.659
$2CO_2(g) + 2H^+ + 2e^- \longrightarrow H_2C_2O_4(aq)$	-0.500
$2CO_2(g) + 2e^- \longrightarrow C_2O_4^{2-}(aq)$	-0.590

续表

反应	电极电位/(V *vs.* RHE)
$2CO_2(g)+12H^++12e^- \longrightarrow CH_2CH_2(g)+4H_2O(l)$	0.064
$2CO_2(g)+8H_2O(l)+12e^- \longrightarrow CH_2CH_2(g)+12OH^-$	−0.764
$2CO_2(g)+12H^++12e^- \longrightarrow CH_3CH_2OH(l)+3H_2O(l)$	0.084
$2CO_2(g)+9H_2O(l)+12e^- \longrightarrow CH_3CH_2OH(l)+12OH^-$	0.744

从 20 世纪初到 80 年代初期，CO_2 还原的电化学催化材料的研究主要集中在汞齐化的 Zn、Cu 和 Pb 等金属材料，主要产物也多为 HCOOH。80 年代中期，研究发现将数种金属和半导体作为电极时能催化还原为 CH_3OH，还原电流密度不足 $1mA/cm^2$。紧接着，Hori 等[13]发现对 Cu 金属电极施加 $5mA/cm^2$ 的电流密度时 CO_2 能被还原为 CH_4 和 C_2H_4。至今，绝大部分金属几乎均被纳入实验范围。Hori 等[13]曾按照主要还原产物的不同将块材金属分为四个类型：第一类产 $HCOO^-$，如 Pb、Hg、Sn、Bi；第二类产 CO，如 Au、Ag、Zn、Ga；第三类产可观量的烃类与少量醇类，只有 Cu；第四类只产 H_2，如 Ni、Fe、Pt、Ti 等。具体情况见表 1.4。

表 1.4　金属表面 CO_2 还原产物的法拉第效率（0.1mol/L KHCO₃，18.5℃）[13]

金属元素	电极电位/(V *vs.* NHE)	电流密度/(mA/cm²)	法拉第效率/%						
			CH₄	C₂H₄	EtOH	PrOH	CO	HCOO⁻	H₂
Pb	−1.63	5.0	0.0	0.0	0.0	0.0	0.0	97.4	5.0
Hg	−1.51	0.5	0.0	0.0	0.0	0.0	0.0	99.5	0.0
Tl	−1.60	5.0	0.0	0.0	0.0	0.0	0.0	95.1	6.2
In	−1.55	5.0	0.0	0.0	0.0	0.0	2.1	94.9	3.3
Sn	−1.48	5.0	0.0	0.0	0.0	0.0	7.1	88.4	4.6
Cd	−1.63	5.0	1.3	0.0	0.0	0.0	13.9	78.4	9.4
Bi	−1.56	1.2	-	-	-	-	-	77.0	-
Au	−1.14	5.0	0.0	0.0	0.0	0.0	87.1	0.7	10.2
Ag	−1.37	5.0	0.0	0.0	0.0	0.0	81.5	0.8	12.4
Zn	−1.54	5.0	0.0	0.0	0.0	0.0	79.4	6.1	9.9
Pd	−1.20	5.0	2.9	0.0	0.0	0.0	28.3	2.8	26.2
Ga	−1.24	5.0	0.0	0.0	0.0	0.0	23.2	0.0	79.0
Cu	−1.44	5.0	33.3	25.5	5.7	3.0	1.3	9.4	20.5
Ni	−1.48	5.0	1.8	0.1	0.0	0.0	0.0	1.4	88.9
Fe	−0.91	5.0	0.0	0.0	0.0	0.0	0.0	0.0	94.8
Pt	−1.07	5.0	0.0	0.0	0.0	0.0	0.0	0.1	95.7
Ti	−1.60	5.0	0.0	0.0	0.0	0.0	痕量	0.0	99.7

1.5 CO_2 电催化还原的基本步骤和影响因素

根据表 1.3，从热力学角度来看，当经历 2、4、8 或 12 等不同电子数的电化学还原过程后，CO_2 便能转化为 HCOOH、CO、HCHO、CH_3OH、CH_4、C_2H_4 等产物。随着 pH 值由小到大，上述反应的电极电势出现不同速率的负向增大，但是在水相反应中，CO_2 还原发生的电位区间与氢解离反应（hydrogen evolution reaction，HER）有很大区域重合。值得注意的是，上述反应方程式只是从热力学角度考量了反应的趋势和可能性，并不涉及反应的动力学，如速率、路径、机理等。在实际反应中，动力学因素常掌控着一个反应的速率、进程和方向。

多相催化的一般步骤包括：①反应物从体相扩散到催化剂表面；②反应物吸附在催化剂表面；③反应物发生表面反应并生成产物；④产物从催化剂表面脱附，最后产物扩散到体相中。其中吸附、表面反应和脱附几个步骤发生化学反应。典型的 CO_2 还原反应的第一步，一般是 CO_2 直接从阴极电极或间接从介质中获得电子生成中间产物，如 CO_2^-。该中间产物吸附在电极表面进行下一步反应，向哪一条或者哪几条反应路径进行反应，则在很大程度上受到反应条件的影响。常见的反应条件包括催化剂或电极的组成、表面形貌、晶面、施加电极电势、电解液的组成和浓度、溶液 pH、反应压力、温度等。上述种种反应条件的影响，常通过改变催化剂表面反应物种的吸附方式与强度而实现，实质上反映的是反应路径和机理的变化。早在 20 世纪 80 年代末就有研究者根据其实验现象推测 Cu 催化剂表面可能进行的反应路径有三个关键点：CO_2 获得一个电子后形成活化态；C 作为反应中间体出现；CO 是生成烃的关键中间产物。由于涉及多电子转移，多个基元反应不仅造成多方向的反应路径，还形成超电势累积，提高了起始电势的要求。

块材金属单质是研究最早的电催化剂，其表面结构显著影响着 CO_2 还原产物的分布。Hori 等[13]研究发现不同单晶晶面的 Cu 电极对应不同的产物分布，如 Cu(111)显著有利于 CH_4 的生成，而 Cu(100)却表现出明显的 C_2H_4 选择性。Tang 等[14]分别对多晶 Cu 表面进行电抛光，电抛光后在表面沉积 Cu 纳米颗粒，电抛光后在表面溅射 Ar 原子等三种处理方式后用于催化 CO_2 还原反应，三种材料表面产生的还原产物分布有明显不同。电抛光 Cu 电极上产 H_2 最多，沉积了 Cu 纳米颗粒的 Cu 电极则对 C_2H_4 和 CO 选择性最好，而溅射 Ar 原子的 Cu 电极对 C_2H_4 和 CO 的选择性差不多。Kim 等[15]对几个比例的 AuCu 合金的催化效果进行比较发现，Au_3Cu 甚至比 Au 的产 CO 能力更强。表面形貌、晶面取向与成分的调控对产物选择性的影响在电化学表征中可部分表现为塔费尔（Tafel）斜率的改变，该斜率值越小，表面反应速率越快。

此外，研究还发现改变施加电极电势能明显调控还原产物的分布。早期 Hori

等[13]在 0.1mol/L KHCO$_3$ 中用 Cu 电极催化 CO$_2$ 还原，发现随着施加电极电势的逐渐负移，主产物由 HCOOH 变为 CO，再变为 CH$_4$ 和 C$_2$H$_4$，对应的法拉第效率（Fradayic efficiency，FE）也经历由小变大再减小的过程。从结果可获得如下推论：从 HCOOH 到 CO 再到烃，三类产物的电势窗口逐渐负移。而由前所述半反应的理论还原电位可知：烃所对应的值最正，其次为 CO，HCOOH 最负。这说明不同产物在 Cu 催化剂表面还原的超电势需求不同：烃最多，CO 次之，HCOOH 最少。加上其他实验证据，研究者们普遍认为，HCOOH 无法在 Cu 催化剂表面继续还原；CO 是 CO$_2$ 还原经历的必要中间产物；在不同电势窗口内，CO 能被进一步还原为不同的烃。也就是说，CO 或者 CO$_2$ 作为起始反应物在类似环境下，在 Cu 表面应当获得相近的产物分布。

　　电解液浓度影响产物分布主要是溶液的 pH 改变造成的，因为溶液中质子浓度直接关系着 HER 的竞争力和 CO$_2$ 反应加氢步骤的难易程度。水相还原 CO$_2$ 的电解液多配制为中性或弱酸性，由于 CO$_2$ 还原为烃类需要结合大量质子，HER 也需要质子之间的两两结合，即反应过程中电极表面通常是偏碱性环境。而偏碱性条件中，非贵金属催化剂易变质失活，并使得 CO$_2$ 加氢难度增大。此时，搅拌溶液能有效提高本体溶液与催化剂表面之间的传质速率，减小电极表面的扩散层厚度。离子液体作为介质的优势在于它对 CO$_2$ 的溶解度更高，且能够很好地抑制 HER，从而有利于 CO$_2$ 还原反应 FE 的提高。针对金属电极，尤其是单质 Cu 电极在水相电化学还原 CO$_2$ 过程中容易失活的现象，研究者们认为这是由于配制电解液的试剂不纯，含有微量 Fe、Zn 等重金属离子，在电还原 CO$_2$ 过程中它们沉积在催化剂表面活性位点，使其失活；或者电极在材料制备过程中残留的有机物引起失活。这二者可通过在实验前对电解液进行预电解纯化，或对催化剂电极进行更细致的清洗而避免。还有一些研究者认为，金属电极失活的原因是在催化过程中某些中间产物或副产物的产生和累积使得金属表面活性位点丧失催化能力。这种情况则无法通过预电解纯化消除。

参 考 文 献

[1]　Höhne N，Fransen T，Hans F，et al. Bridging the gap：Enhancing mitigation ambition and action at G20 level and globally[R]. Nairobi：United Nations Environment Programme，2019.

[2]　Lide D R. CRC handbook of ghemistry and physics[M]. Boca Raton：CRC Press，2004.

[3]　Nakamura S，Hatakeyama M，Wang Y，et al. A basic quantum chemical review on the activation of CO$_2$//Jin F，He L N，Hu Y H. Advances in CO$_2$ Capture，Sequestration，and Conversion[M]. Washington：American Chemical Society，2015：123-134.

[4]　England W B，Rosenberg B J，Fortune P J，et al. *Ab initio* vertical spectra and linear bent correlation diagrams for the valence states of CO$_2$ and its singly charged ions[J]. The Journal of Chemical Physics，1976，65（2）：684-691.

[5]　Srivastava A K. Single-and double-electron reductions of CO$_2$ by using superalkalis：An *ab initio* study[J].

International Journal of Quantum Chemistry, 2018, 118（14）: 25598-22604.

[6]　de Heer W A. The physics of simple metal clusters: Experimental aspects and simple models[J]. Reviews of Modern Physics, 1993, 65（3）: 611-676.

[7]　Akutsu M, Koyasu K, Atobe J, et al. Experimental and theoretical characterization of aluminum-based binary superatoms of $Al_{12}X$ and their cluster salts[J]. The Journal of Physical Chemistry A, 2006, 110（44）: 12073-12076.

[8]　Wang B, Zhao J, Shi D, et al. Density-functional study of structural and electronic properties of Al_nN（$n = 2$-12）clusters[J]. Physical Review A, 2005, 72（2）: 023204-023209.

[9]　Sengupta T, Das S, Pal S. Transition metal doped aluminum clusters: An account of spin[J]. The Journal of Physical Chemistry C, 2016, 120（18）: 10027-10040.

[10]　Zhao T, Wang Q, Jena P. Rational design of super-alkalis and their role in CO_2 activation[J]. Nanoscale, 2017, 9（15）: 4891-4897.

[11]　Czapla M, Skurski P. Oxidizing CO_2 with superhalogens[J]. Physical Chemistry Chemical Physics, 2017, 19（7）: 5435-5440.

[12]　Toda Y, Hirayama H, Kuganathan N, et al. Activation and splitting of carbon dioxide on the surface of an inorganic electride material[J]. Nature Communications, 2013, 4（1）: 2378-2386.

[13]　Hori Y, Wakebe H, Tsukamoto T, et al. Electrocatalytic process of CO selectivity in electrochemical reduction of CO_2 at metal electrodes in aqueous media[J]. Electrochimica Acta, 1994, 39（1）: 1833-1839.

[14]　Tang W, Peterson A, Varela Gasque A S, et al. The importance of surface morphology in controlling the selectivity of polycrystalline copper for CO_2 electroreduction[J]. Physical Chemistry Chemical Physics, 2011, 14（1）: 76-81.

[15]　Kim S, Zhang Y J, Bergstrom H, et al. Understanding the low-overpotential production of CH_4 from CO_2 on MO_2C catalysts[J]. ACS Catalysis, 2016, 6（3）: 2003-2013.

第 2 章　理论计算方法

CO$_2$ 电催化转化的理论研究目前仍然处于发展阶段。其主要原因是理论研究存在两大难点：①精确描述 CO$_2$ 及其还原的中间产物（如一氧化碳）在表面的吸附与化学反应；②合理模拟电化学环境（如溶剂介质、质子以及电场）对于 CO$_2$ 电催化转化的附加影响。寻找合理的理论计算方法与模型以克服这两大难点就成为完善与推进相关理论研究的重中之重。本章将从这两个角度作为切入点，简要介绍目前的相关理论模拟工作中所采用的主要计算方法、适用条件与相关进展。

2.1　第一性原理计算

近年来，随着计算机性能的不断提升，众多高性能计算平台相继投入使用。由高性能计算机所支撑的数值计算方法得到了广泛应用，与传统的实验与理论方法一样，在科学研究中起到了重要的作用。对于材料设计与化学反应分析，使用数值计算手段对于传统的物理化学性质研究领域产生了重大的影响，不仅能够验证实验数据和挖掘微观机理，而且可以对没有实验研究甚至尚未合成的体系进行性质预测和结构筛选，从而引导实验研究。

量子力学的建立为人们从电子层次理解物质的结构和性能提供了有力的手段。体系的波函数遵从薛定谔方程，体系每一种可能状态都可以用基态波函数的线性叠加来表示，通过计算可以得到描述该体系的所有信息。而薛定谔方程的求解是一个非常复杂的问题。除了极少数理想化的体系外，薛定谔方程是无法做到精确求解的，只能够通过数值求解，对于多电子多原子的体系，这样的数值计算求解计算量巨大。为此，人们发展了基于电子密度的密度泛函理论（density functional theory, DFT）。本小节将简要介绍密度泛函理论的理论基础，包括 Born-Oppenheimer 近似、Hohenberg-Kohn 定理、交换关联项、赝势方法等。

2.1.1　Born-Oppenheimer 近似

在处理多粒子体系时，体系的哈密顿量受到电子动能项、原子核动能项、电子相互作用项、原子核相互作用项以及原子核-电子相互作用项的影响。多粒子体系的哈密顿量是一个 $3m + 3n$ 自由度的复杂方程（m 表示原子核数，n 表示电子数），直接求解所需的计算量非常大。

由于原子核质量比电子大得多，电子的响应速度比原子核快很多。当电子在高速运动时，原子核只是在平衡位置附近振动。如果将电子系统与原子核系统分开描述，那么在考虑电子运动时，可以假设原子核处于瞬时固定状态，即可将电子视为在原子核产生的外势场中运动；而在考虑原子核的运动时，则不考虑电子在空间的具体分布。这就是 1927 年提出的 Born-Oppenheimer 绝热近似[1]。

经过这样的近似处理，在描述电子运动的哈密顿量时，可以忽略原子核动能项和原子核相互作用项，而原子核-电子相互作用可以用晶格势场来进行描述。原本 $3m + 3n$ 自由度的哈密顿量计算可以被简化为一个 $3n$ 维度的问题，计算量极大地减少，从而为多粒子体系的模拟计算提供了便捷。

2.1.2　密度泛函理论

经过 Born-Oppenheimer 近似的简化后，多粒子体系的哈密顿量计算被简化为一个 $3n$ 自由度的问题。当所处理的体系所含电子数 n 足够大时，这样的计算代价依然非常高，对于电子与电子之间的相互作用仍需要进一步进行简化。1964 年，Hohenberg 和 Kohn 提出了著名的密度泛函理论[2]。密度泛函理论认为体系的哈密顿量取决于电荷密度，电子之间的交换关联势可以表示为密度泛函。密度泛函理论已经成为从电子尺度上研究原子、分子、团簇、一维材料、二维材料及三维块体材料电子结构以及其他物性的最有力的工具。以密度泛函理论为基础的第一性原理具有计算量小、容易实现等优点，也可以对较复杂的体系进行计算。Kohn 也因提出密度泛函理论而获得了 1998 年的诺贝尔化学奖。

Hohenberg-Kohn 第一定理指出体系的基态能量仅仅是电子密度的泛函，第二定理证明了以电子密度为变量将体系能量最小化即可得到基态能量和基态电子密度。下面对这两条定理进行阐述。

定理一：对于任意非均匀相互作用的电子体系，其外势场 V_{ext} 可以由基态的电子密度 $\rho_0(r)$（非简并）唯一确定（相差一常数的势场被视为同一势场）。体系的其他性质也由基态电子密度 $\rho_0(r)$ 确定。

定理二：在任意给定的外势场 V_{ext} 下，能量泛函 $E[\rho_0(r)]$ 的全局最小值就是严格的基态能量，对应的电子密度就是基态电子密度。在粒子数不变的条件下，通过能量泛函对密度函数的变分就得到系统的基态能量 E。

上述 Hohenberg-Kohn 定理表明电子密度函数是确定多粒子系统基态物理性质的基本变量，并且能量泛函对电子密度函数的变分可确定体系的基态。但仍存在下面三个基本问题：

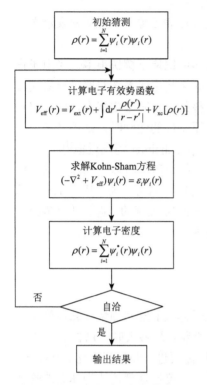

图 2.1　利用自洽场迭代方法求解
Kohn-Sham 方程的流程图

（1）如何确定电子密度函数 $\rho(r)$；

（2）如何确定动能泛函 $T(\rho)$；

（3）如何确定交换关联泛函 $E_{xc}(\rho)$。

根据 Hohenberg-Kohn 定理，要得到能量泛函 $E(\rho)$，必须确定电子密度函数 $\rho(r)$、动能泛函 $T(\rho)$ 和交换关联泛函 $E_{xc}(\rho)$。1965 年，Kohn 和 Sham[3]提出的 Kohn-Sham 方程解决了这一问题，极大地促进了密度泛函理论的实际应用。

他们的理论包含两条假设：①动能泛函 $T(\rho)$ 可以用已知的无相互作用电子系统的动能泛函 $T_s(\rho)$ 来替代，并且这个无相互作用系统与实际有相互作用电子系统具有相同的电子密度函数；②用 N 个单电子波函数 $\varphi_i(r)$ 构成密度函数 $\rho(r)$。在 Kohn-Sham 方程中，电子之间的量子多体相互作用都归结在交换关联泛函 $E_{xc}(\rho)$ 内。方程的求解过程如图 2.1 所示。

2.1.3　交换关联能量泛函近似

在 Kohn-Sham 方程框架下，虽然多电子系统的基态问题被转化为单电子问题，但是多体问题中复杂的交换关联部分被转移到交换关联能量泛函 $E_{xc}(\rho)$ 中，这也是唯一没有被确定的项。交换关联能量泛函 $E_{xc}(\rho)$ 的具体形式未知，若定义 $\varepsilon_{xc}(\rho)$ 为交换关联能密度，则有：

$$E_{xc}(\rho) = \int dr \rho(r) \cdot \varepsilon_{xc}(\rho) \qquad (2.1)$$

在密度泛函理论中，理论计算的精度直接由交换关联能量泛函的近似形式决定。寻找更好的交换相关近似就成为密度泛函理论体系发展的一条主线，对交换关联能量泛函的研究也一直是一个重要的课题。到目前为止，人们已经发展了多种方法进行简化近似，其中最为人们所熟知的是局域密度近似（local-density approximation，LDA）[3]和广义梯度近似（generalized gradient approximation，GGA）[4]两种方法。

局域密度近似是指体系中某一点的交换关联能可以近似用与该点电子密度相同的均匀电子气的交换关联能替代。密度泛函理论在 LDA 近似下对于许多半导体和一些金属的基态物理性质［如晶格常数、结合能（binding energy，BE）、力学特性等］均得到了与实验值吻合相当好的结果，对于大部分半导体和金属也能给出较好的价带结构。但是对于金属的 d 带宽度、半导体带隙的计算值总是偏小。这种偏差的来源是由于实际体系内的电子密度会随着位置变化有着较大的变化，当体系内电子密度变化幅度较大时，均匀电子气模型无法准确描述这一体系。

与 LDA 相比，GGA 由于考虑了非局域梯度项，更适合处理非均匀体系，对各种化学键的描述、形成能以及原子能量等的计算都有改进。但是 GGA 也存在不足，其对半导体材料能隙也会低估，对强关联体系的能带结构可能给出不正确的结果。同时 GGA 无法包含如范德瓦耳斯力之类的长程相互作用。GGA 中含有一个无量纲的增强因子，其具体形式可以多种不同的方式来表示，因而衍生出多种不同类型的 GGA 泛函，其中常用的泛函有 Perdew-Burke-Ernzerhof（PBE）[5] 泛函和 Perdew-Wang（PW91）[6] 泛函，而 PBE 在描述弱相互作用时更加准确。

为了获得更加准确的交换关联项，人们又进一步引入了杂化密度泛函。所谓杂化是指在密度泛函理论的交换关联能量泛函中引入 Hartree-Fock 方法中准确的交换能，这个交换能可以用从头计算法获得。1993 年，Becke[7] 首次提出了利用杂化方法构造密度泛函近似的概念，为 Hartree-Fock 的杂化使用提供了一种行之有效的方法，它可以得到更准确的物理量如键长、振动能以及带隙等。目前常用的杂化泛函有 B3LYP 泛函[7]、HSE06 泛函[8, 9]、PBE0 泛函[10]、B3P91 泛函[11] 等。这些泛函中都包含了多个可调参数，将理论计算值与实验值拟合后可以确定这些参数。

为提高计算效率，除了电子交换关联项以外，对于体系的外势场也需要进行近似来模拟相应体系的实际情况。对于外势场项，一般采用赝势方法进行处理。赝势指的是使用假想的势能来代替真实的势能。由于体系中原子的芯电子与价电子的能级差较大，一般只有价电子能够参与到化学反应中，而芯电子并不参与电子得失过程或化学成键。因此，为了减少在计算过程中芯电子的计算量，赝势方法中一般将原子核与芯电子视为一个整体。在构建赝势的过程中，一般选取一定的截断半径，在该区域外价电子与外界发生相互作用，而截断半径范围内则看作原子核以外的芯电子区域。截断半径以外的区域中，波函数与真实的波函数相同，而在截断半径内，波函数的振荡则不会像真实的波函数那么剧烈。由于描述与反应相关的截断半径外区域的波函数和实际波函数一样，计算得到的薛定谔方程的本征值与全电子计算得到的应该是相同的，同时由于不需要处理振荡剧烈的近原子核区域波函数，计算量得以大大简化。

赝势方法虽然计算量小，但是对于多种材料的计算与实验结果吻合度不高。于是人们又发展了新的方法：通过构造全电子波函数更加精准地描述体系价电子，将赝势波函数与全电子波函数进行特定的线性变换，构建出被广泛使用的投影缀加平面波（projector-augmented-wave，PAW）[12]。

2.2　密度泛函理论的计算误差

通常密度泛函理论的计算误差来自三个方面：方法误差、模型误差和数值误差。其中方法误差来自密度泛函理论本身的缺陷，模型误差则是计算中所用的结构模型选取构建带来的误差，数值误差则是在计算中由具体参数设置带来的误差。其中方法误差和模型误差在计算初期就可以通过选择合适的计算方法与建模来减小其影响，而数值误差则需要根据计算条件、计算精度要求等进行权衡。本小节将着重从方法误差和模型误差的角度进行讨论，以便将误差的影响降至最低。

2.2.1　方法误差

在密度泛函理论中，几乎所有的复杂性都隐藏在"交换关联泛函"中。交换效应起源于泡利不相容原理所带来的反对称性，而关联效应起源于其他复杂的需要用多个行列式才能描述的多体效应。由于目前没有系统方法构造普适的交换关联泛函，所使用的近似泛函就使得密度泛函理论对于物理特性的计算表现出不足，如低估化学反应的势垒、低估能隙、低估分子的分解能、低估电荷转移的激发能、高估电荷转移体系的结合能、高估分子和材料对电场的响应。这些密度泛函理论本身的误差主要来源于两大部分：

（1）非局域化误差，这起源于泛函高估电子之间的库仑排斥作用。这将导致化学反应的能垒被低估、能带的能隙被低估、共价相互作用能被低估。

（2）静态关联误差，这起源于用电荷密度描述简并态和近简并态的困难，这不仅给过渡金属化学和强关联体系（Mott 绝缘体、过渡金属氧化物等）带来影响，给具有多重键和多简并度的分子的分解计算带来影响，而且给闭壳层的自旋单态的准确计算带来困难。这些因素会造成结合能的计算不准确、对半导体能隙的低估、对强关联体系中局域的 d 或 f 轨道的交换劈裂严重低估。例如，广泛使用的 GGA 对电子的描述过度非局域化，导致过渡态的键长被高估，低估分子（如 H_2、O_2、H_2O、NH_3）的分解势垒，同时低估吸附原子的吸附能和扩散势垒。而杂化泛函通常高估电子的非动力学关联，高估结合能。广泛使用的 B3LYP 泛函对结合能和能垒的精度分别为 3～4kcal/mol 和 5～10kcal/mol（表 2.1），它们与化学精度相比还有相当的差距。表 2.1 给出了高精度计算中一些推荐泛函，但在实际计算中，对于大体系需要平衡计算量和精度。

表 2.1 推荐使用的用于高精度计算的泛函

类型	泛函	适用体系
Local GGA	B97-D3 revPBE-D3 BLYP-D3（BJ）	非共价相互作用 二聚体，团簇
Local meta-GGA	B97M-rV B97M-V	非共价相互作用及其他成键相互作用 原子化能量
Hybrid GGA	ωB97X-V ωB97X-D3 ωB97X-D	非共价相互作用 原子化能量 能量势垒
Hybrid meta-GGA	ωB97M-V	除自相互作用极强之外的一般体系

CO_2 的催化还原过程涉及了二氧化碳、一氧化碳、羟基等多种不同物种的表面吸附，需要通过第一性原理计算来得到这些中间物种的具体结构与能量信息。寻找一种能够准确描述催化剂表面吸附的密度泛函对于催化剂体系研究尤为重要。常用的泛函包括梯度近似泛函 PBE 和 BLYP，以及它们所衍生的杂化泛函 HSE 和 B3LYP，还有一些专门针对表面优化的泛函如 revPBE 和 RPBE。

过渡金属表面的 CO 吸附是实验和理论计算研究 CO_2 催化还原的重要标杆反应。现有的 DFT 方法在描述此类吸附时无法同时准确描述表面性质和吸附性质。不过通常情况下此类计算对于表面吸附态以及吸附能的计算精度要求更高，综合考虑操作便捷程度以及计算耗时问题，近年来的文献报道中 RPBE 方法较为常见，它对于吸附能以及吸附位点的判断较为准确。在一些着重判断吸附位点的研究中，也经常使用 HSE 进行计算并与 RPBE 法比较。

一氧化碳是一种简单的双原子分子，尽管其结构简单，但是它在金属表面上的吸附方式非常多样化[13, 14]。一氧化碳解离反应机理非常简单，但是其解离能随着吸附表面的合金化或者缺陷的引入而产生很大的变化[14]。可以说，一氧化碳吸附解离过程由于它在表面研究中的重要性，与氢的吸附解离过程一样，已经成为实验和理论研究的一个标杆反应[15]。

尽管一氧化碳的吸附解离过程有着这样的重要性，但目前的密度泛函计算无法准确地描述其在金属表面上所发生的该过程及其性质。主要的问题在于对吸附位点的确定以及对吸附能的计算。常见的描述一氧化碳吸附的模型是 Blyholder 模型[16]，其中主要用到 CO 的两个前线轨道的相互作用，分别为 5σ HOMO 和 2π* LUMO。与金属的相互作用生成 5σ 金属轨道与 5σ* 金属反键轨道，后者能量升高至费米能级以上，导致成键（电子配位）。同样的 2π* 金属混合态（电子反馈）也能够生成。简单的结构分析发现对于顶点位的吸附，5σ 金属相互作用相对较强，而 2π* 金属反馈相互作用则在空穴位吸附时较强[14, 17-23]。

对于 Cu、Rh 和 Pt(111)表面，GGA 下的 PBE 泛函预测的 CO 吸附位点为高配位位点（表面空穴位），而实际的实验结果显示顶点位的吸附更容易发生。对于 Ag 和 Au，计算预测结果也与实验结果不符[24, 25]。比较吸附能的计算，PBE 方法计算得到的吸附能也明显偏大。这种现象在计算其他金属表面上的 CO 吸附时也出现过。这种现象被称为 CO 吸附之谜[24]。许多证据都表明现有的局域或半局域泛函都不能正确地描述吸附物种对金属的电荷配对以及其接受的反馈配位电子间的微妙平衡。对泛函进行改进或采用超越密度泛函的其他方法（如随机相近似，random phase approximation，RPA）是未来研究的重要课题[26]。

在 PBE 泛函[5]中，交换能表示为

$$E_{\mathrm{x}}[n] = \int n(r)\epsilon_{\mathrm{x}}(r)\mathrm{d}r = \int n(r)\epsilon_{\mathrm{x}}^{\mathrm{LDA}}(n(r))F_{\mathrm{x}}(s(r))\mathrm{d}r \tag{2.2}$$

其中 s 是密度梯度，

$$s(r) = |\nabla n(r)| / [2(3\pi^2)^{\frac{1}{3}} n(r)^{\frac{4}{3}}] \tag{2.3}$$

F_{x} 是局域交换增强因子，

$$F_{\mathrm{x}}(s) = 1 + \kappa - \frac{\kappa}{1 + \mu s^2 / \kappa} \tag{2.4}$$

对于 PBE 泛函，其增强因子表达式中 $\kappa = 0.804$，$\mu = 0.2159$，由此计算可得

$$F_{\mathrm{x}}(s) \leqslant 1.804 \tag{2.5}$$

由此推断其交换能满足以下条件：

$$n(r)\epsilon_{\mathrm{x}}(r) \geqslant 1.679 n(r)^{\frac{4}{3}} \tag{2.6}$$

由于 $\epsilon_{\mathrm{x}}(r)$ 受此限制，交换能满足 Lieb-Oxford 条件：

$$E_{\mathrm{x}}[n] \geqslant E_{\mathrm{xc}}[n] \geqslant -1.679 \int n(r)^{\frac{4}{3}} \mathrm{d}r \tag{2.7}$$

将 F_{x} 对于密度梯度 s 作图可得图 2.2（a）。Lieb-Oxford 条件可以以图中横线表示。

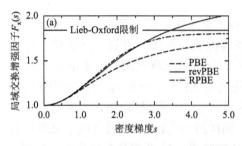
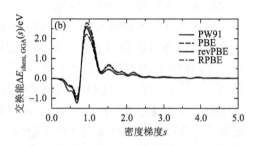

图 2.2　不同 GGA 泛函的局域交换增强因子（a）以及不同 GGA 泛函交换能与 LDA 方法交换能差值（b）随密度梯度 s 的变化[27]

Zhang 等[28]对 PBE 泛函验证后发现其对于一些体系能量计算无法做到较好的预测，尤其是对含有 d 电子的金属与小分子相互作用的体系。为了改进计算，将增强因子中的 $\kappa = 1.245$，修正过后的 revPBE 对于此类体系计算所得结果与实验值吻合程度高于 PBE 泛函。实际的计算中，交换能始终满足 Lieb-Oxford 条件，F_x 对密度梯度 s 作图不难发现在密度梯度较大时其并不满足 Lieb-Oxford 条件。

对于 GGA 方法，其交换能与 LDA 方法交换能的区别可以表示为

$$\Delta E_{chem,GGA}(s) = \int \sum_{i=AM,A,M} p_i n_i(r)\{\epsilon_{i,GGA}(r) - \epsilon_{i,LDA}(r)\}\delta(s - s_i(r))\mathrm{d}r \qquad (2.8)$$

$$E_{chem,GGA} - E_{chem,LDA} = \int_0^\infty \Delta E_{chem,GGA}(s)\mathrm{d}s \qquad (2.9)$$

能量差如图 2.2（b）所示，不难看出 revPBE 与 PBE 之间的能量区别主要出现在密度梯度 $0.5 < s < 2.5$ 的范围内，而此范围对应的 revPBE 的 F_x 依然满足 $F_x(s) \leqslant 1.804$ 条件。

在此基础上，Hammer 等[27]提出了一个新的修正方案 RPBE。在 RPBE 中，$F_x(s)$ 修正既能够使得计算所得的能量与实验值吻合较好，又能够保证 $F_x(s) \leqslant 1.804$ 条件在全范围内得到保证。$F_x(s)$ 表达式表示如下：

$$F_x(s) = 1 + \kappa(1 - e^{-\mu s^2/\kappa}) \qquad (2.10)$$

其中 $\kappa = 0.804$。对于密度梯度较小的情况下，其增强因子表现与 PBE 和 revPBE 相同：

$$F_x(s) \to 1 + \mu s^2, \quad s \to 0 \qquad (2.11)$$

在 $s < 2.5$ 时，revPBE 与 RPBE 的 $F_x(s)$ 非常相似，其计算所得的化学吸附能也非常相近。而 s 继续增大时，RPBE 的 $F_x(s)$ 依然满足 Lieb-Oxford 条件。

从计算结果上看，revPBE 与 RPBE 在描述 CO 在金属表面的吸附位点与吸附能上更加接近实验值，与 PBE 相比能够更好地描述表面催化中的关键因素。而 revPBE 与 RPBE 两个泛函之间没有明显的优劣区别，计算结果也非常接近。除了 CO* 以外，其他常见于 CO_2 还原催化反应的中间体的吸附能也会由于选用密度泛函不同而发生变化。通过计算 Pt、Ni、Co、Cu 和 Au 表面的各吸附中间体可以发现，PBE 与 RPBE 计算结果之间存在系统误差，PBE 计算所得结果的吸附更强，误差约为 0.3eV[29]。具体到不同的吸附中间体，系统误差略有不同，分别为 *COH（0.45eV）＞ *COOH（0.29eV）＞ *CHO（0.27eV）＞ *CO（0.17eV）。因此，在 CO_2 的电化学还原计算中，更加倾向于使用能够更好描述表面吸附的 revPBE 或 RPBE 泛函。

2.2.2　模型误差

对于均相催化剂，计算中通常会直接建立催化剂分子模型，尤其是对于已知

结构的催化剂分子，一般建构的催化剂结构均较为准确。对于这一类分子模型，催化反应计算中的误差来源主要来自以下几个方面：

（1）分子与分子之间的相互作用。均相催化剂根据操作环境，浓度可能较大，也有可能以稀溶液形式存在。对于高浓度催化剂溶液，可能会有催化剂分子之间的二聚或多聚，催化剂的活性可能会由此发生变化，也会有多个催化剂分子共同催化还原一个 CO_2 分子的情况；而对于稀溶液，在建立模型时则需要考虑建立足够大的分子间距离，避免分子间的相互影响。

（2）催化剂以及反应物与反应溶剂的相互作用。对于均相反应，不同的溶剂选用对于催化反应影响很大，在均相催化剂的模拟计算中，溶剂分子的存在不能忽略，需要考虑溶剂对于催化剂分散形态的影响。而溶剂对于反应过程的影响将在 2.3 节中具体讨论。

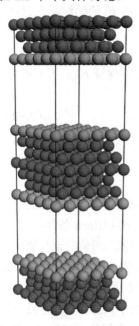

图 2.3　模拟表面的片层模型

在模拟多项催化剂的表面催化时，通常使用团簇模型（cluster model）和片层模型（slab model）。前者通常用于绝缘体，其优点在于很容易处理带电体系。但对于金属表面，计算收敛很慢。而片层模型（图 2.3）被广泛使用于模拟金属、半导体和绝缘体的表面。片层的厚度与真空层的厚度是控制模型误差的两个参数，基本要求是：片层要足够厚使得上下两表面不发生相互作用，同时真空层也要足够厚，使得相邻的两个片层之间不发生相互作用。对于不同的化学组成和不同的物理量，它们所需要的厚度通常是不同的。在实际计算中需要仔细检验物理量对这两个参数的收敛性。另外，为了消除或减少片层模型的表面能相对于其厚度的不收敛性，在计算块体的参考能时可使用与片层模型有相同表面取向的元胞，这样可以消除布里渊区积分的误差。

而对于一些具有多孔或低维结构特征的新型催化剂，模型的建立一般依据实验获得的表征数据尽可能准确地建模。在维也纳从头算模拟软件包（Vienna *Ab initio* simulation package，VASP）计算中，计算模型的输入文件需要具有一定的空间周期性，对于包含周期性的结构体系，建模时一般准确按照获得的晶胞数据建立，保证关键结构的准确；而对于不含周期性的体系，建立模型时一般需要重点保留其结构特征，建立一个具有高度结构相似性或代表性的周期性模型；对于一些负载于基底上且与基底相互作用较强的低维材料，一般建模时需要加入基底的周期性结构。对于均相反应，周期性的反应模型的建立与结构模型要求相同，需要依据催化剂浓度选择合适的真空层厚度，避免催化剂分子间的干扰。对于非均相反应，则需要根据反应物浓度调整催化反应计算所用晶胞的大小。低浓度吸附模型下，催化反应孤立存在时，表面吸附物种之间的距离应大于 10Å。实际计算中，可以通过逐步调整计算用超胞的大小实现计算量与吸附能精确程度之间的微妙平衡。在表面缺陷和掺杂的计算中，也应该参考此建模要求。对于金属有机化合物等反应活性中心分散的结构，则按照原有的活性中心分散度进行计算。

获得较为符合实际结构特征的几何模型后，还需要考虑建立催化反应的模型。建立合理的催化反应模型，才能够保证催化反应计算的准确性。对于 CO_2 的催化反应，由于其反应过程中的反应路径与反应中间体种类丰富，在建模时，需要充分考虑所有可能的中间体与反应路径。对于 CO_2 还原反应（CO_2 reduction reaction，CO_2RR），常见的反应类型如 1.4 节所讨论的，而对于部分存在实验表征的催化体系，则可以参考实验获得的产物以及表征数据，对催化路径进行预测。中间体模型的建立关系到催化反应路径以及能量的准确性，建立时还需要考虑吸附位点、空间取向等影响，不同的初始结构优化后可能会得到不同的中间体结构。对于溶液中的反应，一般也需要考虑溶剂的影响，具体的计算细节将在下一节中进行讨论。

2.3 电催化中的热力学理论

对于电化学反应的理论模拟，除了要考虑 DFT 理论方法本身所带来的能量计算的误差外，还需要考虑电化学界面与气固界面本质的不同。电化学还原 CO_2 在水溶液或者特定有机溶剂中进行，溶剂化效应首先会给体系的能量带来一定程度的变化；与此同时，由于质子、氢氧根、碱金属离子与碳酸根离子等（缓冲液成分）的存在，电化学界面处存在一定大小的电场和电势，由于构建模型大小的限制，体系功函数在反应过程中会有明显的改变。因此，DFT 描述电场和电势带来的效应本身也存在着一定的挑战。此外，在电极化的电化学界面处，反应发生时电子转移处于非平衡状态，DFT 的时间空间尺度对该状态的描述存在较高的难度。近年来，为了较好地兼顾对电化学界面的充分描述以及较小的计算量，研究人员从不同角度构造了不同的单胞模型，同时运用了一系列简化理论模型对这些单胞模型进行描述。在这里我们选取了几种比较有代表性的模型，对其原理做简要介绍。

2.3.1 计算氢电极模型

电化学反应的计算中，通常的研究对象为反应过程中单侧电极上发生的化学反应，即半反应。由于主要研究的电极反应均为半反应，反应式中除了分子之外，还常有离子和电子的参与。带电离子的第一性原理计算较为复杂，而电子的能量计算更是无法直接通过第一性原理来进行。在计算的过程中，需要将这些带电粒子的能量转化为可以计算的对象。计算氢电极模型（computational hydrogen electrode，CHE）就是一种用于处理电化学还原反应的计算模型。

计算氢电极模型由 Nørskov 等[30]在 2004 年提出，最初用于处理氧还原（oxygen reduction reaction，ORR）反应。随后，这一模型被广泛应用于其他含有质子-电子对转移的还原电极半反应[31]。以我们之前讨论过的 CO_2 还原反应中的 CO_2 活化吸附为 *COOH 为例：

$$CO_2 + * + H^+(aq) + e^- \longrightarrow *COOH$$

该过程的反应自由能可以表示为

$$\Delta G_1 = \Delta G(*COOH) - \Delta G(*) - \Delta G(CO_2) - \Delta G(H^+) - \Delta G(e^-) \quad (2.12)$$

为了处理质子电子对的能量，引入可逆氢电极（reversible hydrogen electrode，RHE）作为参考，由于标准氢电极的电极电势定义为 0V，即在 H_2 分压为 1bar、H^+ 浓度为 1mol/L 的情况下，该电极反应的电极电势为 0V，反应自由能也为 0。则有

$$RHE \overset{def}{=} 0V \quad (2.13)$$

$$H^+ + e^- \rightleftharpoons \frac{1}{2}H_2 \quad (2.14)$$

$$\Delta G(H^+) + \Delta G(e^-) = \frac{1}{2}\Delta G(H_{2(g)}) - eU \quad (2.15)$$

其中，U 为电极反应的外加电势。一组质子-电子对的自由能可以用 1/2 个氢气的自由能和电荷外压乘积之和来替代。对于我们之前讨论的 ΔG_1，则可以表示为

$$\Delta G_1 = \Delta G(*COOH) - \Delta G(*) - \Delta G(CO_2) - \frac{1}{2}\Delta G(H_{2(g)}) + eU \quad (2.16)$$

通过第一性原理计算，能够得到反应中间体的单点能 ΔE 和零点能（zero point energy，ZPE）。在一些实验中，碱性的环境能够更好地描述催化反应的一些性质，因此根据溶液的酸碱性平衡进行换算后，反应的自由能可表示为

$$\Delta G = \Delta E + \Delta ZPE - T\Delta S + k_BTpH \quad (2.17)$$

对于一些反应式中含有其他离子如 OH^- 的电极反应，也可通过它与已知反应得到含有质子-电子对的反应式再进行计算。

综上所述，CHE 模型是一个基于模拟真空表面各个吸附物种的吸附能大小，在后续过程中引入外势场、溶剂化等校正项，不包含真实化学反应以及动力学过程的简化热力学模型。

自从 CHE 模型提出以来，它被广泛应用于预测新型电催化体系在氧还原、氢

析出等能源转换过程中的超电势大小，进而评估催化体系的催化性能。在大部分的实验与理论计算相结合的工作中，该模型表现出优异的与实验的一致性。

对于 CO_2 的电催化还原而言，由于在金属电极表面存在与氧还原金属催化剂表面所发生的相类似的质子-电子对协同转移过程，CHE 模型同样被用来预测反应的超电势、最优反应路径以及可能的目标产物。该模型只注重真空条件下单点能的精确计算，避免了溶剂分子、过渡态计算与电场强度等引入导致的复杂化问题，使得在保证计算相对准确性的同时也避开了较大的计算代价，是近年来模拟 CO_2 电催化还原环境的最常用的计算模型。

CHE 模型的构建依然存在其过于理想化的一面，在实际计算时存在一些不足。其主要缺陷包含以下几点：①CHE 模型的计算依赖于对反应中间体的单点能计算，而具体的反应中间体的筛选依然在很大程度上依赖于经验和遍历搜索，存在着实际中间体没有被考虑到或者过多可能中间体耗费计算的情况。②CHE 模型计算所得能量为热力学数据，仅能从反应可行性的角度判断催化剂的性能。而实际的催化反应，除了热力学判据之外，动力学判据即反应速率更为重要。反应速率可以由反应能垒计算得出，而反应能垒则由过渡态的能量得出。在 CHE 模型中，质子-电子对转移反应的能垒被简化为一个在常温下可以跨越的定值，一定程度上会低估实际的反应能垒，造成催化路径判断上的错误：例如质子转移到碳端或者氧端的能垒是完全不同的，前者往往高到无法忽略。③反应中溶剂的影响被大大简化，溶剂对中间物种和小分子的影响被简化为溶剂化能校正，但实际反应中，溶剂的存在可能会直接影响中间物种的形态，或者溶剂分子参与催化反应。在一些反应中，溶剂分子如 H_2O 可能会直接参与到质子传递的过程中，从而带来反应能垒的变化。④溶剂 pH 的影响预测与实际不符。由于 CHE 模型中，pH 校正项不随反应变化，各反应的自由能随 pH 变化其差值和相对位置不会发生变化，则反应选择性不会有变化。而实际反应中，以 CO2RR 为例，碱性环境能够有效抑制 HER 反应的发生，这一现象无法用 CHE 模型解释[32]。

在催化计算中，通常在 CHE 模型的基础上，需要再对溶剂化效应或者过渡态能量进行单独计算来验证热力学判据结果的可靠性。

2.3.2　质子-吸附氢穿梭模型

上一小节中已经提到，对于质子-电子对在溶液中具体的转移过程以及相关的反应能垒和过渡态，CHE 模型是完全忽略的。为了体现出溶剂分子的存在及其关键作用，研究者不断寻找新的模型以期能更好地描述反应机理。

研究发现在铜表面利用 CO_2 热催化合成甲醇的过程中，微量水蒸气分子的存在可以降低关键的加氢反应的能垒[33]。受此启发，为了体现出 H_2O 分子的存在对电催化过程的影响，相似的模型被引入到电催化还原的领域，该模型被称为质子-吸附氢穿梭模型[34]。

　　以 CO 在溶液中的加氢过程为例（图 2.4），在此模型中，用来模拟每一步质子-电子对转移反应的始态不仅包含 CHE 模型中存在的吸附物种（如图中的*CO），还包含一个真实存在的原子吸附氢（*H），以及若干个 H$_2$O 分子。*H 与 CO$_2$ 转化的中间产物的吸附态（*CO）之间的距离被设定为恰好可以容纳若干个以范德瓦耳斯吸附形式存在的 H$_2$O 分子。这些 H$_2$O 分子之间互相以 O—H 氢键连接，与此同时，首尾两端的 H$_2$O 分子也分别与*H 以及*CO 以氢键连接，而在质子-电子对转移的终态，*H 结合至首端 H$_2$O 分子，推动其与相邻 H$_2$O 分子以氢键键合的氢原子转移至相邻 H$_2$O 分子上，后续每个 H$_2$O 分子形成氢键的氢原子都像这样以多米诺骨牌效应的形式转移至与之相邻的 H$_2$O 分子上，直至尾端的 H$_2$O 分子将氢原子转移至*CO，完成加氢过程。从化学分子式的角度来看，中间的一系列 H$_2$O 分子的化学配比并未发生变化，实质是*H 与 H$_2$O 分子链尾端质子通过一系列媒介 H$_2$O 分子进行交换，该模型还可称为水媒介模型：其中 H$_2$O 分子作为媒介传导*H 至 CO$_2$ 中间产物的吸附态上，完成加氢过程。

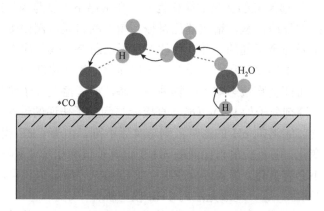

图 2.4　CO 在溶液中加氢过程的质子-吸附氢穿梭模型[34]

　　由于质子-吸附氢穿梭模型中包含若干个 H$_2$O 分子，在加氢前与加氢后，研究者可以像模拟 CO$_2$ 的热催化转化那样，模拟 CO$_2$ 电催化还原的过渡态以及反应能垒，从而将动力学因素对 CO$_2$ 电催化还原的产物以及超电势的影响纳入考量。该模型与 CHE 模型的类似之处在于均采用非电化学体系的能量数据代替电化学体系对应的数据，回避了 DFT 对于电化学非平衡态界面的处理难度。而质子-吸附氢穿梭模型中包含真实存在的真空反应以及对应的反应动力学，这是 CHE 模型所不具备的；另外，CHE 模型将 CO$_2$ 电催化还原的超电势归因于每一步质子-电子对转移反应自由能变的不均衡，而质子-吸附氢穿梭模型将超电势的产生归结于反应能垒下降的程度与外加电势下调的程度相关性，当所模拟的非电化学体系吸附氢穿梭的能垒降低至室温可以跨越时，所对应的外加电势即可近似地看作 CHE 模型中的 U。

接下来，我们将简要介绍该模型如何将一个非电化学的 *H 穿梭转移的能垒与真实的外加电势下对应的电化学反应的反应能垒关联起来。

首先，我们考虑离子-电子对直接描述的电化学反应。对于包含离子-电子对转移的一般性的电化学反应 $*A + H^+(aq) + e^- \longrightarrow *AH$ 而言，其势能变化可以通过 Marcus 理论进行描述。如图 2.5 所示，根据 Marcus 理论，上述电化学反应的反应物（$*A + H^+(aq) + e^-$）与产物（$*AH$）的自由能可以模拟为两个抛物线形的势阱。反应物中质子的化学势与其在体相电解液中的化学势相等，而电子的化学势则与外加电势 U 的大小有关，为 $-eU$。两个抛物线势阱的最低点分别对应于 $*A + H^+(aq) + e^-$ 以及 $*AH$ 的基态能量。而两抛物线的交点处对应的能量代表着反应过渡态的能量。当外加电势的大小由 U_0 变为 U 时，两抛物线之间的相对位置在垂直方向平移的量可以看作反应自由能变随着外加电势的变化，即 $\Delta G(U) - \Delta G(U_0) = F(U - U_0)$，其中 F 是法拉第常量。而两抛物线的交点此时也将向下平移一定程度，但其垂直方向的位移显然不足 $F(U - U_0)$。抛物线交点在垂直方向的位移代表着反应的活化能随着外加电势的变化，可以写作：

$$\Delta G_{act}(U) - \Delta G_{act}(U_0) < F(U - U_0) \qquad (2.18)$$

$\Delta G_{act}(U) - \Delta G_{act}(U_0)$ 与 $\Delta G(U) - \Delta G(U_0)$ 是否存在定量的关系？根据 Bulter-Volmer 理论，$*A + H^+(aq) + e^- \longrightarrow *AH$ 的活化能 $\Delta G_{act}(U)$ 与外加电势 U 之间存在着线性关系，如图 2.5 所示，具体形式可以表示为

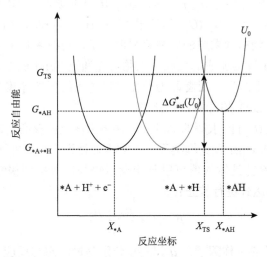

图 2.5　反应物（$*A + H^+(aq) + e^-$）与产物（$*AH$）的自由能势阱[34]

$$\Delta G_{act}(U) = \Delta G_{act}(U_0) + \beta F(U - U_0) \tag{2.19}$$

$$\Delta G_{act}(U) - \Delta G_{act}(U_0) = \beta[\Delta G(U) - \Delta G(U_0)] \tag{2.20}$$

这里 β 被称为对称因子，其可以表征反应物与产物所对应的抛物线势阱的曲率的相似程度。其大小随着具体反应及外部条件的不同，一般在 0.3~0.7 范围内变化。

从上文可以看出，只要知道反应 $*A + H^+(aq) + e^- \longrightarrow *AH$ 在一个任取的特定电势 U_0 下的活化能 $\Delta G_{act}(U_0)$ 以及对称因子 β 的大小，那么即可推算出该反应在其他外加电势 U 下的活化能的大小。但是前面已经提到，$\Delta G_{act}(U_0)$ 在当前 DFT 理论水平下，囿于电化学界面建模的种种困难，是无法做到精确求解的。

求解 $\Delta G_{act}(U_0)$ 这个问题可以通过将电化学反应与非电化学反应进行串联而解决。对于电化学反应 $*A + H^+(aq) + e^- \longrightarrow *AH$，我们可以把它看作下面两个连续发生的非电化学反应的叠加：

$$*A + H^+(aq) + e^- \longrightarrow *A + *H$$

$$*A + *H \longrightarrow *AH$$

其中，$*A + *H$ 被称为反应 $*A + H^+(aq) + e^- \longrightarrow *AH$ 的参考态。图 2.5 中标示了 $*A + H^+(aq) + e^- \longrightarrow *AH$ 的始态、参考态和终态的抛物线势阱。此时，U_0 不再是一个任取的特定电势，而对应于使得 $*A + H^+(aq) + e^- \longrightarrow *A + *H$ 达到平衡所需的平衡电势，即在该 U_0 下始态和参考态的自由能是相等的。该电势可以通过 CHE 模型精确求得。由于 $*A + H^+(aq) + e^- \longrightarrow *A + *H$ 只伴随着一个类似于 Volmer 步骤的反应过程，势阱形状的变化不会非常剧烈，可以近似认为在外加电势 U_0 之下，$*AH$ 的势阱与 $*A + *H$ 的势阱交点的高度等于 $*AH$ 的势阱与 $*A + H^+(aq) + e^-$ 的势阱交点的高度，即 $*A + H^+(aq) + e^- \longrightarrow *AH$ 的活化能 $\Delta G_{act}(U_0)$ 等于 $*A + *H \longrightarrow *AH$ 的活化能 $\Delta G_{act}^*(U_0)$。尽管 $\Delta G_{act}(U_0)$ 的数值在 DFT 的条件下无法做到精确求解，但是由于 $\Delta G_{act}^*(U_0)$ 对应着 $*A + *H \longrightarrow *AH$ 这样一个非电化学反应，DFT 是可以做到精确求解的。需要强调的是，$*A + *H \longrightarrow *AH$ 并非我们常规理解的真空下 $*H$ 直接加成的反应，而是可能通过 Tafel 机理或者 Heyrovsky 机理在水分子的助力下发生，后者即为前面我们重点解释的穿梭模型。二者能垒的相互高低需要通过 DFT 的计算进行比较。

在解决了 $\Delta G_{act}(U_0)$ 的求解的基础上，接下来面临的核心问题便是对称因子 β 的求解。在 Bulter-Volmer 理论框架下，β 被近似视为一个与外加电势无关的常量，一般取 0.5 左右。β 的具体数值可以基于反应物与过渡态偶极矩诱导的局域电场变化，通过以下表达式进行校正：

$$\beta' = \beta + \frac{\mu_{TS} - \mu_R}{d} \tag{2.21}$$

式中，β' 是校正后的对称因子；μ_{TS} 与 μ_R 分别是过渡态与反应物的偶极矩；d 是估算的双电层厚度，一般为 3Å 左右。

在 Bulter-Volmer 理论框架下另一种校正手段是采用多过渡态内延法估算 β。这种方法的核心思路是，对特定的 $*A + H^+(aq) + e^- \longrightarrow *AH$，基于基本的化学直觉，寻找两个不同的参考态。参考态 1 和参考态 2 相对于始态，均可利用 CHE 模型求出二者对应的平衡电势 U_0' 与 U_0''。基于式（2.19），对于任取的外加电势 U，由于反应过渡态的活化能不会随着参考态的变化而变化，因而有恒等式成立：

$$\Delta G_{act}'(U_0') + \beta F(U - U_0') = \Delta G_{act}''(U_0'') + \beta F(U - U_0'') \tag{2.22}$$

对上式消元移项得到：

$$\beta = \frac{\Delta G_{act}''(U_0'') - \Delta G_{act}'(U_0')}{F(U_0'' - U_0')} \tag{2.23}$$

下面采用 CO_2 电催化还原过程中具体的基元反应 $*CO_2 + H^+(aq) + e^- \longrightarrow$ $*COOH$ 对内延法估算 β 进行举例说明。

如图 2.6 所示，$*CO_2 + H^+(aq) + e^- \longrightarrow *COOH$ 可以分别找到两种参考态。由参考态 1 开始的反应类似于图 2.6 中 $*H$ 在 H_2O 分子诱导下的穿梭过程；由参考态 2 开始的反应则类似于 $H_5O_2^+$ 与 CO_2 复合物中质子在复合物诱导下的穿梭过程。

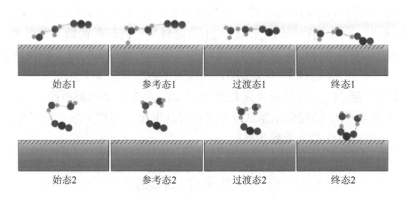

始态1　　　　参考态1　　　　过渡态1　　　　终态1

始态2　　　　参考态2　　　　过渡态2　　　　终态2

图 2.6　CO_2 电催化还原过程的质子-吸附氢穿梭模型[34]

这两个过程对应的 $\Delta G_{act}'(U_0')$、$\Delta G_{act}''(U_0'')$、U_0' 以及 U_0'' 依次为 1.00eV、0.0075eV、-0.19V 和 -2.19V。可以发现，对于该 CO_2 电催化还原的第一步基元反应，在 2 个 H_2O 分子作媒介的穿梭模型下，通过双过渡态内延法计算得到的对称因子 β 的数值（0.496）十分接近 0.5。这从侧面验证了直接采用 0.5 的数值对于部分电化学基元反应是完全适用的。双过渡态内延法的局限在于，并非对于每一个纳入研究的电化学基元反应，都能同时建模寻找到多个过渡态，这表明该方法的通用性并不是很强。

需要指出的是在 Marcus 理论框架下，由于抛物线势阱交叉点随着外加电势 U 的移动，即使对于同一个电化学反应 $*A + H^+(aq) + e^- \longrightarrow *AH$，$\beta$ 也会随着 U 的变化而变化，具体形式可以写作活化能 $\Delta G_{act}(U)$ 对 U 的一阶偏导，即

$$\beta(U) = \frac{\partial \Delta G_{act}(U)}{\partial U} \tag{2.24}$$

在较为接近 0V $vs.$ RHE 的外加电势 U 下，β 近似取 0.5 并不会显著影响最终计算得到的 $\Delta G_{act}(U)$ 的大小。但是当外加电势 U 显著下降，例如达到 $-1.0V$ $vs.$ RHE 时，β 在 0.3~0.7 范围内浮动可能给特定的电化学反应的计算能垒带来超越 DFT 计算精度（0.1eV 左右）的误差，即需要进一步寻找合理的估算 β 的方法。目前对电势 U 相关的 β 做合理的估算，主要采用构建参考态与终态的抛物线势阱方法来实现。

对于参考反应 $*A + *H \longrightarrow *AH$（过渡态 $*A\cdots H$），参考态 $*A + *H$ 与终态 $*AH$ 的自由能 G 关于反应坐标 X 的抛物线势阱函数关系式如下：

$$G_{*A+*H}(X) = \left(\frac{G_{*A\cdots H} - G_{*A+*H}}{X_{*A\cdots H}^2} \right) X^2 \tag{2.25}$$

$$\begin{aligned} G_{*AH}(X,U) &= \left[\frac{G_{*A\cdots H} - G_{*AH}(U_0)}{(X_{*A\cdots H} - 1)^2} \right] (X-1)^2 + G_{*AH}(U_0) \\ &\quad - G_{*A+*H} + e(U - U_0) \end{aligned} \tag{2.26}$$

其中，$X_{*A\cdots H}$、$G_{*A\cdots H} - G_{*A+*H}$、$G_{*A\cdots H} - G_{*AH}(U_0)$ 项均为非变量，且除了 $X_{*A\cdots H}$ 项以外，剩余两项的数值均可基于非电化学参考反应的 DFT 计算而求得。基于上面的讨论可以看出，两个抛物线的交点 $X_{*A\cdots H}(U)$ 是外加电势 U 的函数。在点 $X_{*A\cdots H}(U)$ 处，两抛物线的纵坐标 G 是相等的，此时的大小即为外加电势 U 下的反应活化能：

$$\Delta G_{act}(U) = G_{*A+*H}[X_{*A\cdots H}(U)] = G_{*AH}[X_{*A\cdots H}(U)] \tag{2.27}$$

由于活化能 $\Delta G_{act}(U)$ 的具体函数形式已知，为关于 U 的解析函数，对称因子 $\beta(U)$ 随外加电势 U 的变化根据式（2.24）可以求出，同样为关于 U 的解析函数。

$X_{*A\cdots H}$ 可以写作如下函数形式：

$$X_{*A\cdots H} = \frac{\gamma_{*A\cdots H} - \gamma_{*A+H^+(aq)+e^-}}{\gamma_{*AH} - \gamma_{*A+H^+(aq)+e^-}} \tag{2.28}$$

这里 γ 代表一个与反应坐标密切相关的物理量，有两种手段可以描述 γ。第一种手段是用参考态、过渡态和终态的穿梭质子转移过程所达到的最终位点与最后一个穿梭质子之间的距离 d 来描述 γ；第二种手段则是用始态（注意不是参考态）、过渡态和终态的布居电荷 q 来描述 γ。

我们仍以 CO₂ 电催化还原过程中具体的基元反应 $*CO_2 + H^+(aq) + e^- \longrightarrow *COOH$ 为例对上面一系列基于 Marcus 理论推算 $\beta(U)$ 的过程进行说明[35]。在利用距离 d 来描述 γ 时，基元反应的参考态选用图 2.6 中的参考态 1，即由 2 个 H_2O 分子诱导下的 $*H$ 穿梭过程。

　　表 2.2 列举了分别采用距离 d 和布居电荷 q 来描述 γ 时，始态（或参考态）、过渡态和终态的相应数值以及通过这些数值求出的 $X_{*A\cdots H}$。为了探究参考态中参与诱导*H 穿梭的 H_2O 分子数目的影响，单个 H_2O 分子诱导下的*H 穿梭过程的相应计算数值也被纳入表中。可以发现，利用距离 d 来描述 γ 计算得出的 $X_{*A\cdots H}$ 随诱导 H_2O 分子数目的波动更为剧烈，而利用布居电荷 q 来描述 γ 计算得出的 $X_{*A\cdots H}$ 则相对较为平稳，且采用 2 个 H_2O 分子诱导下的*H 穿梭作为参考态时，γ 选择布居电荷或距离所得 $X_{*A\cdots H}$ 数值差异较小。这表明，采用单个 H_2O 分子作为穿梭媒介的参考态并不可靠。

表 2.2　始态（或参考态）、过渡态和终态的距离 d 和布居电荷 q 以及 $X_{*A\cdots H}$ [35]

		γ			$X_{*A\cdots H}$
		始态（参考态）	过渡态	终态	
$*CO_2 + H^+(aq) + e^- + 2H_2O \longrightarrow$	q/e	32.01	32.81	33.40	0.58
$*COOH + 2H_2O$	$d/\text{Å}$	2.37	1.31	0.99	0.77
$*CO_2 + H^+(aq) + e^- + H_2O \longrightarrow$	q/e	24.01	25.39	25.35	1.03
$*COOH + H_2O$	$d/\text{Å}$	2.79	1.59	0.99	0.67

　　由于在参考态与始态达到相同能量的平衡电势 U_0 之下，计算抛物线势阱函数 $G_{*A+*H}(X)$ 和 $G_{*AH}(X,U)$ 所需要的除 $X_{*A\cdots H}$ 以外的其他数据在 DFT 框架下的计算值完全相同，抛物线势阱的形状及交叉点自然取决于 $X_{*A\cdots H}$ 的计算数值，也取决于 γ 的数值。图 2.5 中标示了 2 个 H_2O 分子诱导下的*H 穿梭过程中，抛物线势阱形状、活化能 $\Delta G_{act}(U)$ 随 U 的变化以及 $\beta(U)$ 随 U 的变化。在实验常用的 U 区间内（$-1.5\sim-0.5V$ vs. RHE），两种方法计算得出的 $\Delta G_{act}(U)$ 最大相差约 0.3eV，已经超出了 DFT 计算误差的范围。这从侧面证明了对于 $\beta(U)$ 采取修正的重要性。

　　至此，$\Delta G_{act}(U)$ 的精确计算所面临的障碍均得到解决。只要依据上述基本方程，推算出所有电化学基元反应在室温下可以进行（$\Delta G_{act}(U) \leqslant 0.4eV$）时对应的 U，那么即可得到所需的最低的超电势 η。

　　相对于 CHE 模型，质子-吸附氢穿梭模型最大的优越之处在于，所构建的穿梭媒介模型在反应过程中功函数变化较小，因而摆脱了 CHE 模型中功函数变化对于有限单胞带来的能量计算误差以及由此得出的非正常低的质子转移势垒的不利影响。而该模型存在以下缺点：

　　（1）该模型并未彻底解决恒定电荷与恒定电势计算之间的误差，以 $*CO_2 + H^+(aq) + e^- \longrightarrow *COOH$ 为例，计算过程中功函数带来的能量变化仍可达 $0.2\sim0.3eV$。

　　（2）质子-电子对 $H^+(aq) + e^-$ 与原子吸附氢*H 能量之间的误差在水媒介模型

中通过 U_0 的设定加以解决，而实际电催化还原过程中随着催化剂表面的差异，原子吸附氢是否能成为加氢反应的氢来源的主要部分在实验工作中是存在争议的，随体系的变化而不同。

（3）势阱抛物线形状差异会给非电化学反应替代电化学反应的计算精度带来影响。

（4）溶液动力学的影响在该模型中同样被忽略，取而代之的是有限个或者有限层溶剂分子外加真空层，这给反应能垒的计算增加了额外的不确定性。

2.3.3　外延法校正模型

相比于 CHE 模型等不包含真实溶剂层或对真实溶剂层进行人为设定的简化手段，电化学界面的从头计算模拟在避免对溶剂或者电荷使用经验性的模型假定方面无疑具有先天性的优势，从而引起了科学家的极大兴趣。这个领域的主要挑战在于，在各种计算软件中，这类模拟是在恒电荷的背景下进行的，界面处的电荷密度以及对应的电势会随着反应路径而发生改变。另外，真实的电化学界面是在恒电势条件下存在的，对应到理论模型，其尺寸应当无穷大。换句话说，在实际电催化体系中，反应是在恒电势条件下进行的；而在 DFT 周期性边界条件的计算中，模拟的单胞体系的电荷在反应前后是恒定的。由于溶剂层的质子转移至电极的过程伴随着正电荷由溶液向电极的转移，此时单胞的功函数及电极电势是处在不断变化中的。对于有限尺度的单胞模拟，恒电荷条件下 DFT 对特定电催化反应的能量计算结果与实际电催化体系在恒电势条件下的能量变化必然存在着一定的系统性误差。

目前人们主要通过两种手段降低这种由于恒电势与恒电荷之间的区别而产生的系统误差。第一种手段是单胞外延法[36]，第二种手段是电荷外延法[37]。

单胞外延法的基本思想可用图 2.7 来说明：当模拟采用的单胞较小时，溶剂层所能容纳的质子化水分子数目会比较有限，此时，当一个质子从溶剂层转移到电极表面时，溶剂层或者电极表面的电荷数目会发生非常剧烈的变化。反过来，随着模拟采用的单胞的不断扩大，溶剂层容纳的质子化水分子数目会不断上升，由此带来的效应是，单个质子从溶剂层转移至电极表面时，电化学界面处电荷密度的变化将不再那么明显。由于电荷密度的变化与功函数的变化近似呈线性关系，被模拟体系功函数随着电化学反应的发生而产生的变化效应也将不再明显。一旦单胞的体积趋向于无穷大，那么此时排除溶剂重排等效应，电化学质子转移反应所带来的对功函数的影响也将趋近于 0。

由于体系相对于标准氢电极的电极电势 U_{SHE} 与功函数 Φ 之间存在着如下线性关系：

$$U_{\text{SHE}} = \frac{\Phi - \Phi_{\text{SHE}}}{e} \tag{2.29}$$

当单胞体积趋向于无穷大时，体系电极电势 U_{SHE} 的变化也将趋近于 0，此时模拟的过程也近似成为恒电势过程。所以，只要分别在足够多不同大小的单胞下，对特定质子-电子对协同转移基元反应的反应能变 ΔE 以及活化能 E_a 进行计算，同时记录每个单胞在反应前后的功函数变化 $\Delta \Phi$，在二维坐标系中，列出 $\Delta E / E_a$ 相对于 $\Delta \Phi$ 的各个散点并进行函数拟合，即可求出 $\Delta \Phi$ 趋近于 0 时对应的 ΔE 与 E_a 的值，二者可以近似看作实验中恒电势条件下对应反应的反应能变以及活化能。

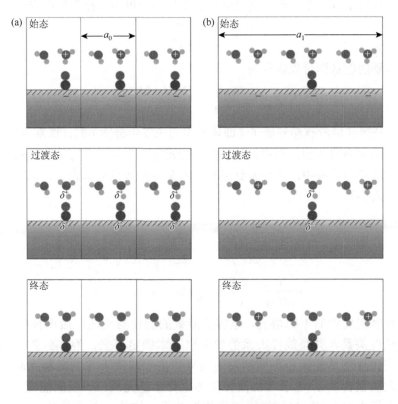

图 2.7 CO 加氢模型示意图[36]

(a) 小单胞模型；(b) 外延后的大单胞模型

可以证明：相对于功函数的变化 $\Delta \Phi$，反应能的变化 ΔE 以及活化能 E_a 的函数关系可以通过线性拟合来得到。

对于给定的穿越电化学界面的电荷转移过程，能量的变化可以细分为两个部分，即所谓单纯的"化学"贡献 E_{chem} 以及静电相互作用的贡献 E_{elstat}：

$$E = E_{\text{chem}} + E_{\text{elstat}} \tag{2.30}$$

其中化学贡献 E_{chem} 的大小是不受电化学界面电势变化的影响的，在对电化学界面模拟的过程中，无论单胞大小如何变化，E_{chem} 均可看作一个常数。而对于静电相互作用的贡献 E_{elstat}，考虑单个质子转移的情况，当质子转移的过程不伴随取向发生明显改变的强偶极吸附物以及剧烈的溶剂重组效应时，静电组分 E_{elstat} 是完全电容性的，与电容器能量 E_{capac} 相等，即 $E_{\text{elstat}} = E_{\text{capac}}$。假定一个单胞中带电离子电荷数为 q，单胞中表面原子的数目为 N，那么表面电荷密度大小 θ 为

$$\theta = \frac{q}{N} \tag{2.31}$$

根据经典电容模型，单胞构成的电容器体系的单表面原子的电容 C 为

$$C = -\frac{e\theta}{U - U_{\text{pzc}}} \tag{2.32}$$

电容器的能量则可以表示为

$$E_{\text{capac}} = \frac{Ne^2\theta^2}{2C} = \frac{N(U - U_{\text{pzc}})^2}{2C} \tag{2.33}$$

其中 U_{pzc} 是溶剂层没有额外质子（即体系电荷未发生分离）时，体系的电极电势。若考虑不同大小的单胞，而它们的表面电荷密度 θ 在反应前有相同的初始值，在发生目标反应的过程中，从始态到终态，电荷转移数目近似为 1，此时电容器能量变化的大小为

$$\Delta E_{\text{capac}} = \frac{Ne^2\left(\theta - \frac{1}{N}\right)^2}{2C} - \frac{Ne^2\theta^2}{2C} = \frac{Ne^2}{2C}\left(\frac{1}{N^2} - \frac{2\theta}{N}\right) \tag{2.34}$$

$$= \frac{e^2}{2CN} - \frac{e^2\theta}{C} = -\frac{1}{2}e\Delta U - e$$

随着单胞尺寸的不断增大，电容器能量的变化与反应前后电极电势的变化不仅呈线性关系，并且线性关系的斜率也基本确定下来，为 0.5 左右。由于反应能的变化量随单胞大小不同而发生的变化主要取决于该电容器能量的变化，对于给定的包含质子-电子对协同转移的电化学基元反应，反应能变 ΔE 随着反应前后电极电势差值 ΔU 同样近似呈线性关系。这就是单胞外延法成立的理论基础。

对于这类电化学基元反应的活化能 E_a 进行排除有限单胞系统误差的计算，单胞外延法同样可以加以应用。与计算 ΔE 略有区别的是，由始态至过渡态或者由过渡态至终态，电荷转移数目并不近似为 1，而是随着过渡态与始态或者终态的接近程度而发生着非常明显的变化。换句话说，此时电荷转移的量与基元反应本身的特性存在非常明显的关系。可以预见，在对过渡态活化能进行单胞外延法计算时，E_a 与 ΔU 随单胞变化的线性拟合是可以继续得到应用的，此时线性关系的

斜率需要自行求出，而非直接应用 0.5 这个系数。一般而言，在负的 ΔU 区间内，对应的斜率会更高；反之亦然。

对单胞外延法的核心思路总结如下：考虑特定的包含质子-电子对在电化学界面协同转移的反应，分别采用不同大小的带有质子化水分子层的单胞，在每个单胞水分子层的质子化程度相同的初始条件下，对反应前后的 ΔE 以及 E_a 进行第一性原理计算，同时通过常用的计算体系功函数的手段（VASP 等商业化软件包均可实现），对反应前后的 ΔU （或 $\Delta\Phi$ ）进行第一性原理计算。将二者在直角坐标系中进行线性拟合，即可得到 ΔU 趋近于 0 时，ΔE 或者 E_a 所趋近的值。这个值即可看作对实验中恒电势条件下目标反应的反应能变或者活化能的理论预测值。

单胞外延法的优点在于，其对于给定反应的计算数值由于是通过线性外延的手段而得到的，因而比较精确。其主要缺点源于不断扩充单胞而带来的较高的计算代价。对于某些研究对象，如氢析出反应中的 Volmer 及 Heyrovsky 基元反应，体系中仅包含 $1\sim2$ 个质子或吸附氢，相对而言其可用性较佳；对于 CO_2 电化学还原，其包含的基元反应数目明显增多，且每个基元反应相关的吸附态包含的原子个数也明显上升。我们知道，自旋未极化的 DFT 的计算代价与电子数的三次方成正比，对于 CO_2 的电化学还原，该方法将会带来极高的计算代价。

近年来，研究者同样基于经典电容器模型，又提出了一种所谓的电荷外延法来处理恒电荷模拟与恒电势实验存在的系统误差[37]。其基本思想在于，对给定的质子-电子对转移过程，在给定的单胞中，由转移前的始态/过渡态 1 至转移后的终态/过渡态 2，电容器能量的变化为

$$
\begin{aligned}
E_{capac,2} - E_{capac,1} &= N\left(\frac{e^2\theta_2^2}{2C} - \frac{e^2\theta_1^2}{2C}\right) = \frac{e^2}{2CN}(q_2^2 - q_1^2) \\
&= \frac{e^2}{2CN}[(q_2 - q_1)^2 + 2q_1(q_2 - q_1)] \\
&= \frac{e^2(q_2 - q_1)}{2CN}\left[-\frac{CN(U_2 - U_1)}{e} - \frac{2CN(U_1 - U_{pzc})}{e}\right] \\
&= e(q_2 - q_1)\left[-\frac{(U_2 - U_1)}{2} - (U_1 - U_{pzc})\right]
\end{aligned}
\tag{2.35}
$$

式中，$U_2 - U_1$ 以及 $q_2 - q_1$ 随着单胞体积的不断扩充，会逐渐趋近于 0；$U_1 - U_{pzc}$ 项事实上代表在恒电势 U_1 条件下，静电相互作用对于态 1 至态 2 的能量变化的贡献。从态 1 到态 2，总的能量变化可以写为如下形式：

$$
E_2(U_2) - E_1(U_1) = [E_2(U_1) - E_1(U_1)] - \frac{e(q_2 - q_1)(U_2 - U_1)}{2}
\tag{2.36}
$$

再将电极电势写为功函数的形式并重新对公式各项进行移项，即可得到：

$$E_2(\Phi_1) - E_1(\Phi_1) = [E_2(\Phi_2) - E_1(\Phi_1)] + \frac{(q_2 - q_1)(\Phi_2 - \Phi_1)}{2} \qquad (2.37)$$

式中，$q_2 - q_1$ 可以通过利用商业化软件如 VASP 等，对体系的电荷布居进行对应的分析得到；$\Phi_2 - \Phi_1$ 项可以通过计算反应前后，态 1 和态 2 对应的功函数作差求得；$E_2(\Phi_2)$ 和 $E_1(\Phi_1)$ 可以分别直接通过计算态 2 和态 1 的单点能而求得，从而 $E_2(\Phi_1) - E_1(\Phi_1)$ 的值便可以容易求出。该数值便可看作对实验中恒电势 Φ_1 下目标反应的能量变化（或活化能）的理论预测。

　　相比于单胞外延法，电荷外延法引入了特定单胞大小下反应前后电化学界面处电荷分离程度的计算，省去了不断扩充单胞大小这一过程。其优势在于，对包含复杂基元反应组合的电化学反应，如本书重点关注的 CO₂ 电催化还原，其计算量小得多，只需要计算单个较小的单胞的目标基元反应，并纳入电荷分析这一考量因素，即可得到与单胞外延法计算数值较为相近的结果。其缺点在于，相比于单胞外延法的多单胞计算，其单个单胞的计算肯定会存在一定程度的不确定性，导致数值并不那么精确。但对于常见电化学反应，其对恒电势与恒电荷所带来的误差的控制，已经可以达到令人满意的水平，不同单胞下电荷外延法的计算数值与单胞外延法相比，其差值基本均在 DFT 本身固有的系统误差范围内。对于两大类常见的电化学基元反应——Volmer 反应与 Heyrovsky 反应），利用两种方法所得的计算结果的比较如表 2.3 和表 2.4 所示。

表 2.3　Volmer 反应的单胞外延法与电荷外延法计算结果[36, 37]

外延法		$E_{FS} - E_{IS}$ /eV	$\Phi_{FS} - \Phi_{IS}$ /eV	$E_{TS} - E_{IS}$ /eV	$\Phi_{TS} - \Phi_{IS}$ /eV	$q_{FS} - q_{IS}$ /e	$q_{TS} - q_{IS}$ /e	ΔE / eV	E_a / eV
单胞外延	3×2	−0.03	2.37	0.14	0.19	−0.57	−0.01	−0.70	0.14
	3×4	−0.52	0.91	0.01	−0.12	−0.49	0.02	−0.75	0.01
	3×6	−0.52	0.62			−0.46		−0.67	
	6×4	−0.63	0.37			−0.44		−0.71	
电荷外延								−0.83	0.06

表 2.4　Heyrovsky 反应的单胞外延法与电荷外延法计算结果[36, 37]

外延法		$E_{FS} - E_{IS}$ /eV	$\Phi_{FS} - \Phi_{IS}$ /eV	$E_{TS} - E_{FS}$ /eV	$\Phi_{TS} - \Phi_{FS}$ /eV	$q_{FS} - q_{IS}$ /e	$q_{TS} - q_{IS}$ /e	ΔE / eV	E_a / eV
单胞外延	3×3	−0.08	2.92	0.71	−1.55	−0.75	0.31	1.01	0.48
	3×4	0.20	2.07	0.62	−0.76	−0.78	0.28	1.00	0.52
	3×6	0.43	1.28	0.56	−0.25	−0.81	0.26	0.94	0.53
	6×4	0.67	1.00			−0.84		1.09	
电荷外延								0.96	0.54

相比于前两类模型，外延法模型由于引入了足够的溶剂化分子层与质子，在描述水溶液为主的电化学界面方面占据先天性的优势。恒电势和恒电荷系统误差的校正部分也可与前两类模型相结合，达到修正已有模型的目的。其主要缺点在于，始态的设定存在着一定的不确定性。例如，在 CO_2 还原的条件下，在金属催化剂表面，表面吸附物种覆盖率的设定是先验性的，而非从头自洽性的，这可能给最终的能量数据带来相应的误差。表面吸附物种与体系电势的关系在这些模型中也难以体现出来。此外，外延法模型在建模时包含的真实溶剂化层仍然局限在厚度可观的真空层的下方，无法体现出真实电化学体系中的液态环境。

2.3.4　双参考模型

前面已经提到，外延法模型考虑到了 CO_2 电催化还原的过程中，理论建模的恒电荷条件带来的质子-电子对协同转移反应前后电极表面功函数的差异，以及由此所带来的与实验近似恒电势过程之间的能量差异。而外延法模型的一个弱点在于，无论是单胞外延还是电荷外延，建模所用的溶剂化模型仍旧是一个部分溶剂化模型。尽管相比于 CHE 模型或者质子-吸附氢穿梭模型，其溶剂化真实包含的水分子已经从无到有，从若干个独立的水分子拓展到了层状周期性的水分子层，但是水分子层与下一个镜像的电极层之间仍然包含厚度可观的真空层，以确保在诸如 VASP 这样的计算软件中对于周期性体系的偶极修正以及电场修正能够应用。真空层给建模带来的最大的问题在于，无法有效实现对于电化学界面的电极化过程。另一个问题在于，在结构优化的过程中，水分子层由于外接真空层，可能所得到的能量最优结构中水分子的排布会呈现出远离真实情况的构型。

有必要发展一种全溶剂化模型以克服上述部分溶剂化模型存在的劣势，该模型被称为双参考模型[38]。在双参考模型中，原本存在于两个催化剂表面模型镜像之间的真空层完全采用溶剂分子（水溶液一般采用水分子）进行填充，每层水分子之间的距离可以通过调控以使得模型中水分子的密度与现实中水的密度足够接近。填充水分子时每层水分子一般按照六角形冰中的水分子结构进行排布。在引入吸附物种之后，为了保持溶剂密度近似恒定，需要移除吸附物种周边的一个或更多个水分子。这样一来，对于电化学界面的电极化过程可以通过人为加入一定量的电荷，并在周期性体系中引入相反背景电荷而实现。

双参考模型应用的最大挑战在于对能量的精确计算，而能量的精确计算面临的核心问题与外延法模型类似，即特定电极化条件（外加电荷大小）下系统电极电势 U 怎样精确计算。对于非电极化和电极化的全溶剂化体系，双参考模型分别引入了两个参考体系来计算此时体系的电极电势 U，这也正是双参考模型命名的由来。以下分别对这两种参考体系以及电极电势 U 的计算过程做简要介绍。

对于不带电荷的全溶剂化模型而言，计算催化剂表面的功函数 Φ 的绝对大小由于溶剂层的存在，缺乏无限远处真空的静电势为 0 的点作为参考，而变得十分困难。第一个参考体系着力于解决这个问题。参考体系一以优化完成的全溶剂化模型作为基础，与全溶剂化模型的不同之处在于它在全溶剂化模型的单胞的溶剂层的正中央插入了约 20Å 的真空层。在插入真空层以后，通过一个单点能计算（无需重新结构优化），便可以计算参考体系一的单胞中每个位点的静电势 ϕ_{xyz}。对于催化剂表面的法向每一个不同位移 z 下的所有点的 ϕ_{xyz} 求平均值 ϕ_z，即可得到 ϕ_z 相对于 z 的变化曲线。DFT 计算得到的催化剂片层中心以及真空层中心的静电势平均值分别计作 $\phi_z(C)$ 与 $\phi_z(V)$。由于真空层厚度足够大，其中心处的静电势可以近似为 0。以此为基准，对于 ϕ_z 的变化曲线整体进行平移，可以得到校正后的催化剂片层中心处的平均静电势 $\phi'_z(C)$，其大小为

$$\phi'_z(C) = \phi_z(C) - \phi_z(V) \tag{2.38}$$

在参考体系的基础上，对于全溶剂化的模型体系，可以运用类似的手段，作出 ϕ_z 相对于 z 的变化曲线，如图 2.8 所示。此时，DFT 计算得到的催化剂片层中心处的平均静电势的大小计为 $\phi_z^{sol}(C)$。参考体系一与全溶剂化模型体系产生联系的纽带即为全溶剂化模型中，校正后的催化剂片层中心处的平均静电势的大小 $\phi_z^{sol'}(C)$ 与 $\phi'_z(C)$ 相等。全溶剂化模型中，由 $\phi_z^{sol}(C)$ 校正为 $\phi_z^{sol'}(C)$ 所需要的校正值 $\Delta\phi_z^{sol}$ 的大小为

$$\Delta\phi_z^{sol} = \phi_z^{sol}(C) - \phi'_z(C) = \phi_z^{sol}(C) - \phi_z(C) + \phi_z(V) \tag{2.39}$$

由于全溶剂化模型的电极的费米能级 ϕ_{Fermi}^{sol} 可以通过 DFT 直接求出，全溶剂化模型的功函数 Φ_{sol} 为

$$\Phi_{sol} = -\frac{\phi_{Fermi}^{sol} - \Delta\phi_z^{sol}}{e} \tag{2.40}$$

根据上式可以求出此时全溶剂化模型体系相对于 SHE 的电极电势 U_{SHE}^{sol}：

$$U_{SHE}^{sol} = -\frac{\phi_{Fermi}^{sol} - \Delta\phi_z^{sol} + \Phi_{SHE}}{e} \tag{2.41}$$

通过如上步骤，双参考模型对于未发生电荷诱导电化学界面电极化的体系的电极电势的精确求解通过参考体系一的应用得以实现。

对于带电荷而导致电化学界面电极化的全溶剂化体系，在应用参考体系一时，由于用于中和的相反背景电荷会均匀分布于参考体系一的真空中，此时对于电极电势的精确计算，参考体系一不再适用，需要引入第二个参考体系进行校正。参考体系二相对于未带电的全溶剂化体系，结构基本相同，但是增加了电荷。由于相反背景电荷与溶剂层的水分子屏蔽了电极化引起的电极电势变化，可以近似

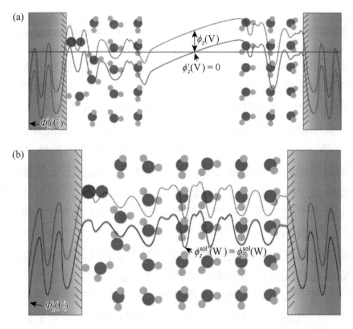

图 2.8　全溶剂化的模型体系中 ϕ_z 相对于 z 的变化曲线[38]

（a）真空的参考胞用来确定作为校正的绝对真空电势；（b）液相参考胞在 $q=0$ 与 q 为正电荷时的静电势变化

认为，水分子层正中心的静电势在带电的参考体系二以及不带电的全溶剂化体系中，是近似相等的。若将 DFT 计算出的二者的静电势分别用 $\phi_z^{\text{sol},q}(\text{W})$ 以及 $\phi_z^{\text{sol}}(\text{W})$ 加以表示，那么，校正后的不带电全溶剂化体系水分子层正中心的静电势大小 $\phi_z^{\text{sol}'}(\text{W})$ 为

$$\phi_z^{\text{sol}'}(\text{W}) = \phi_z^{\text{sol}}(\text{W}) - \Delta\phi_z^{\text{sol}} \qquad (2.42)$$

将 $\phi_z^{\text{sol},q}(\text{W})$ 校正至与 $\phi_z^{\text{sol}'}(\text{W})$ 相等时所需的校正值 $\Delta\phi_z^{\text{sol},q}$ 的大小为

$$\Delta\phi_z^{\text{sol},q} = \phi_z^{\text{sol},q}(\text{W}) - \phi_z^{\text{sol}'}(\text{W}) = \phi_z^{\text{sol},q}(\text{W}) - \phi_z^{\text{sol}}(\text{W}) + \Delta\phi_z^{\text{sol}} \qquad (2.43)$$

由于电极化之后的全溶剂化模型的电极的费米能级 $\phi_{\text{Fermi}}^{\text{sol},q}$ 同样可以通过 DFT 直接求出，电极化后的全溶剂化模型相对于 SHE 的电极电势 $U_{\text{SHE}}^{\text{sol},q}$ 的大小为

$$U_{\text{SHE}}^{\text{sol},q} = -\frac{\phi_{\text{Fermi}}^{\text{sol},q} - \Delta\phi_z^{\text{sol},q} + \Phi_{\text{SHE}}}{e} \qquad (2.44)$$

带电荷全溶剂化模型的电极电势的精确求解可以通过参考体系的引入得以实现。

2.4　过渡态搜索算法

过渡态是化学反应过程中判断一个反应动力学可行性的一个重要依据。与局域能量稳态的中间体不同，过渡态并不是稳态结构，而是反应路径上的能量最高点。在第一性原理计算中，由于 Born-Oppenheimer 近似的简化，原子核相对于电子来说是固定不动的势场。当一组原子核坐标确定时，该状态下体系的能量即确定。我们将能量随着原子核坐标变化的曲面称为势能面。从势能面的角度来看，作为稳态的中间体处于势能面的凹陷处。由中间体 1 向中间体 2 发展的路径可以有若干条，其中能量最低的路径被称为最低能量路径（minimum energy path，MEP）。最低能量路径也就是化学反应中由中间体 1 生成中间体 2 所采用的反应路径。在这条路径上存在能量最高点，即为过渡态。过渡态在势能面上处于鞍点位置，其能量对原子核坐标的一阶导数为 0，只在反应路径方向上的曲率为负值，而其他方向上的曲率则为正。过渡态拥有一个虚频，对应的就是过渡态能量的二阶导数矩阵的本征值为负。

过渡态的确定是认识了解反应机理的一个关键步骤，通过过渡态确定势垒高度后可以计算得出相关的反应速率。当然，并不是所有的化学反应都有过渡态的存在，例如一些自由基反应，就不存在过渡态，它们的反应速率只与反应物浓度有关。实验上，过渡态处于能量最高点，存在时间极短，实验上极难观测到。在一些实验中，借助于飞秒脉冲红外激光光谱，已经可以观测到接近过渡态时的分子构型结构。但飞秒激光光谱适用性较窄，且无法在观察到的多种中间构型中准确判断过渡态。而过渡态能量的确定则更加复杂，通常依赖于调控反应的表观反应速率来进行化学动力学上的推断，极为复杂。

目前，通过计算化学方法来预测反应过渡态是一个非常有效的手段，能够较为准确地判断反应中的构型变化与能量变化。不过目前基于势能面搜索过渡态存在这一个问题：过渡态是自由能面上的最低能量路径上的能量最高点，一般为了简化计算，采用势能面来代替自由能面。一般情况下，由于自由能的主要贡献源于势能部分，所以多数情况下势能面与自由能面一致。但随着温度升高，熵变贡献使得自由能面与势能面形状不再一致，由势能面搜索获得的过渡态不一定是自由能面上的过渡态。下面将分别介绍模拟计算中过渡态结构的构建以及过渡态的计算。

2.4.1　过渡态结构构建

在势能面上搜索过渡态时，已知的信息为该过渡态所处反应的反应物与产物的初始结构。为了能够更为高效地确定最低能量路径与过渡态，需要在始态与终态之间设定一些初始优化位点，从这些位点出发，能够较为快速地确定最低能量路径，从而获得过渡态的相关结构与能量信息。这些初始优化位点的设定所对应的就是过渡态结构的初始猜测，所构建的结构与最终结果越接近，计算量越小。

对于少部分常见的反应机理，其反应路径以及机理明确，反应机理中的中间结构可以通过手动构建，但手动构建中间结构费时费力，在一些计算方法中，还要求构建多个中间结构。在大多数计算工作中，都会采用脚本方式来生成合适的中间结构。

一种比较常见的中间结构生成方法为线性插值法（linear interpolation，LI），如 VTST 软件包中自带的 nebmake 脚本[39]。线性插值法中，中间结构的原子坐标信息源于始态结构与终态结构之间的笛卡儿坐标的线性插值，其计算方法可表示为

$$r_{L,i}^{\kappa} = r_i^{\alpha} + \kappa(r_i^{\beta} - r_i^{\alpha}) / p \qquad (2.45)$$

原子 i 在始态 α 与终态 β 之间共计构建有 $p-1$ 个中间结构，其中 $r_{L,i}^{\kappa}$ 为原子 i 的第 κ 个中间结构的原子坐标。

从计算方法可知，线性插值法是一种非常简单的原子坐标构建方法，能够在始态和终态之间均匀地构建一条线性路径。这种计算方法在处理过程中可能会生成原子间距离过近的情况，进而在计算中导致结构的势能过大，优化过程出现过多耗时甚至是报错。一种简单的处理方法是对生成结构进行逐个检查，确保没有原子距离过近的情况出现，并进行手动调整。线性插值法主要适用于在体系边界发生的坐标移动，对于不含基团旋转的单原子迁移过程描述较好，但并不适用于复杂的分子反应体系。

另一种可行的中间结构生成方法是结构相关的原子对势方法（image dependent pair potential method，IDPP）[40]。在 IDPP 方法中，不再是对原子坐标进行线性插值，而是对原子间的距离进行插值。定义原子 i 与 j 之间的间距为 d_{ij}，$\sigma = x, y, z$

$$d_{ij} = \sqrt{\sum_{\sigma}(r_{i,\sigma} - r_{j,\sigma})^2} \qquad (2.46)$$

$$d_{ij}^{\kappa} = d_{ij}^{\alpha} + \kappa(d_{ij}^{\beta} - d_{ij}^{\alpha}) / p \qquad (2.47)$$

即在插值过程中，以原子间的始态距离和终态距离作为插值的始态和终态，其插值效果如图 2.9 所示。

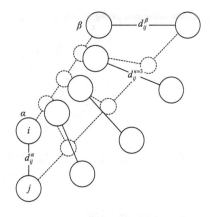

图 2.9　一对原子对的插值中间结构示意图[40]

虚线为线性插值法结果；实线为 IDPP 方法结果

对于 n 个原子的体系，线性插值法的计算量为 $3n-6$，而原子对距离的计算量为 $n(n-1)/2$，且原子坐标的插值不能严格满足约束条件，需要进行折中处理。可以设置一个目标函数，求原子对距离与目标值的方差的总和，来判断生成中间结构的好坏。

$$S_\kappa^{IDPP}(r) = \sum_i^N \sum_{j>1}^N \omega(d_{ij}) \left(d_{ij}^\kappa - \sqrt{\sum_\sigma (r_{i,\sigma} - r_{j,\sigma})^2} \right)^2 \qquad (2.48)$$

$$\omega(d) = 1/d^4 \qquad (2.49)$$

其中，ω 为加权因子，用来区别不同原子对对目标函数 S^{IDPP} 的贡献。对于距离较小的原子对，它们之间可能存在化学键或者较强的相互作用，对于生成的中间结构的能量贡献较大，应优先满足这些原子对之间的距离插值。而对于距离较远的原子对，原子间可能不存在明显的相互作用。可以将目标函数 S^{IDPP} 看作一个描述原子间距与均匀差值原子间距区别的"能量函数"。这个能量函数构成一个随原子坐标变化的"势能面"，通过过渡态计算的微动弹性带（nudged elastic band，NEB）[41, 42]，一样可以得到符合这个"能量函数"的最优插值中间结构。

通过 IDPP 方法构建的构建结构与线性插值法相比，原子间的距离更为合理，尤其是对于基团旋转的处理保留了更多的整体性结构，有效避免了不合理结构的生成。尽管中间结构的生成需要使用 NEB 方法，但基于原子间距的目标函数计算简单，并不会耗费过多的计算机时。同时，合理的初始结构能够大大节省过渡态计算中势能计算的耗时。以图 2.10 的甲基旋转为例，IDPP 方法生成的初始结构用于过渡态搜索，其耗时仅为线性插值法初始结构搜索的 1/3。

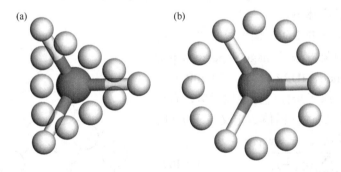

图 2.10　乙烷分子中甲基旋转分别用线性插值法（a）和 IDPP 方法（b）构建的过渡态计算中间结构[40]

2.4.2　过渡态计算

在势能面上，过渡态结构的能量对坐标的一阶导数为 0，只有在反应坐标方向上曲率（对坐标二阶导数）为负，而其他方向上皆为正时，它才是能量面上的一阶鞍点。过渡态结构的能量二阶导数矩阵（Hessian 矩阵）的本征值仅有一个负值，这个负值表示过渡态拥有唯一虚频。若将分子振动简化成谐振子模型，这个负值便是频率公式中的力常数，开根号后即得虚数。

　　由于过渡态结构存在时间极短，所以很难通过实验方法获得，直到飞秒脉冲激光光谱的出现才使检验反应机理成为可能。理论计算方法在目前是预测过渡态最强大的工具，但计算上仍有一些困难：例如，其附近势能面相对于平衡结构平坦得多，低水平方法难以准确描述，难以预测过渡态结构，缺乏绝对可靠的方法（如优化到能量极小点可用的最陡下降法）。

　　搜索过渡态的算法一般结合从头算、DFT 方法，在半经验或者小基组条件下，难以像描述平衡结构一样正确描述过渡态结构，使得计算尺度受到了限制。目前的计算方法有基于初猜结构、基于反应物与产物结构、基于内禀反应坐标以及反应链（chain-of-states）方法，这里我们以反应链方法中的微动弹性带方法、爬坡微动弹性带方法以及基于初猜结构的中间结构对（DIMER）方法为例，讲解过渡态的计算。这几种方法也是目前催化反应计算中常用的过渡态计算方法。

1. 微动弹性带方法

　　NEB 方法[41, 42]是一种求已知反应物和产物之间的鞍点和最低能量路径的方法。这是一种反应链方法，也就在反应物到产物之间插入一系列结构，共插入 $p-1$ 个，反应物编号为 0，产物编号为 p。优化过程针对的不是单个的点，而是所有点协同运动，以一个函数的形式整体进行优化。优化过程中，每个点受到一个势能力的作用，使得该点沿着势能面向能量极小值移动。同时每个点还受到一个弹簧力，弹簧力连接该点以及邻近的点，能够保持优化中相邻点之间的距离保持均衡。弹簧力的引入保证了优化中的各点不会分别向始态和终态的两个能量低点移动。在 NEB 方法中，每个点在平行于路径切线上受到的力仅为弹簧力在这个方向上的分量，每个点在垂直于路径切线方向的受力只等于势能力在此方向上的分量。这样弹簧力垂直于路径的分量就被投影掉了，从而避免了弹簧力设置过大导致势能力无法将路径优化至最低能量路径的情况。而平行于路径的分量完全保留，一定程度上保证了各点的分散分布。而势能力在路径方向上的分量被舍去，避免了各点优化过程中的聚集。而垂直于路径方向的势能力分量则保证各点均处于最低能量路径上（图 2.11）。

　　通过这样的设置，经过 NEB 方法计算后，就能够得到一组分布于最低能量路径上的中间结构。由于势能力的设置，中间各点仅能够保证分布于最低能量路径上，而无法确定具体的鞍点的位置。通过 NEB 方法，我们仅能够得到靠近过渡态位置附近的中间结构的原子坐标信息，而鞍点则依然需要通过其他方法来进行确定。

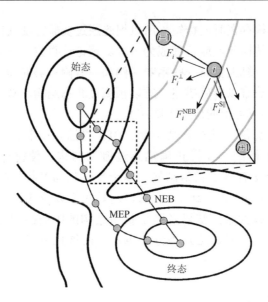

图 2.11　NEB 方法优化示意图[41]

2. 爬坡微动弹性带方法

爬坡微动弹性带（climbing image nudged elastic band，CI-NEB）方法[41, 42]是基于 NEB 方法进行的一种修正，目的是确定最低能量路径上的最高点。CI-NEB 在 NEB 的基础上，对能量最高点受力的定义进行了修正。在 CI-NEB 中，能量最高点不会受到相邻点的弹簧力的限制，不会被拉离过渡态位置。而在势能力方向上，垂直于路径的势能力分量保持不变，将该点局限于最低能量路径上。在平行于路径方向上，在 NEB 中被忽略的势能力分量符号反转，使得该点的坐标沿着路径向能量最高点爬升。通过这样的设置，保证了计算中能量最高点被固定于过渡态位置。

CI-NEB 方法一般会与 NEB 方法配合使用，先用 NEB 方法确定最低能量路径，再换用 CI-NEB 方法搜索过渡态。通过这种方式能够较为准确地得到过渡态的原子结构和能量信息。

3. 中间结构对方法

DIMER 方法[43-45]是一种高效的在势能面上定位鞍点的方法。在 DIMER 方法中，构建了一对中间结构，利用这对中间结构对来搜索鞍点。其搜索方法如图 2.12 所示，DIMER 方法的每一步包括旋转中间结构对和平移中间结构对两步。中间结构在势能面上的两个点 R_1 和 R_2 组成一个中间结构对，其能量分别为 E_1 和 E_2，所受到的势能力分别为 F_1 和 F_2。两个点间距为 $2\Delta R$，ΔR 为定值，中点为 R，中间

结构对方向为 $\bar{N}$ 。那么 R 点的受力为 $F_R = (F_1 + F_2)/2$ 。Dimer 的总能量为 $E_R = (E_1 + E_2)/2$ 。沿着中间结构对方向 $\bar{N}$ 上的势能面曲率可以表示为

$$C = \frac{(F_1 - F_2) \cdot \bar{N}}{2\Delta R} \tag{2.50}$$

在旋转过程中，保持 R_1 和 R_2 中点位置 R 不变作为轴，旋转中间结构对至能量 E_R 最小。在势能面上进行旋转时，R 点在中间结构对方向 $\bar{N}$ 上的势能面曲率 C 与 E_R 线性相关。当中间结构对的总能量最小时，该方向的曲率 C 就是最小的。当最终 R 收敛到过渡态位置时，中间结构对就会平行于虚频方向。

$$F = \begin{cases} -F_{R'}^{\parallel}, & C > 0 \\ F_R - 2F_{R'}^{\parallel}, & C < 0 \end{cases} \tag{2.51}$$

在平移过程中，依据 R 点曲率的不同，优化所受的力 F 有所不同。当 $C > 0$ 时，R 点位于一个能量极小值的区域内，此时所受的力为势能力平行于 $\bar{N}$ 分量的反方向，促使 R 点离开区域极小值。当 $C < 0$ 时，R 点位于鞍点或高阶鞍点的二次区域内，此时所受的力为势能力减去 2 倍的平行于 $\bar{N}$ 分量的反方向，使得 R 点在垂直于 $\bar{N}$ 方向上向能量低点移动，在平行于 $\bar{N}$ 方向上保持在高点。利用旋转和平移中间结构对的方法，能够准确地在势能面上找到鞍点位置，从而确定过渡态。

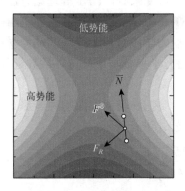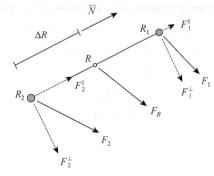

图 2.12 　中间结构对方法优化示意图[44]

势能力平行于 $\bar{N}$ 的分量为 $F^{\parallel}$，垂直于 $\bar{N}$ 的分量为 $F^{\perp}$

　　NEB 和 CI-NEB 方法计算一般需要设置 3～5 个中间结构，当始态和终态的结构差异过大时，为了保证计算的准确性，需要设置的中间结构数目往往更多。DIMER 方法仅计算两个中间结构，一定程度上节省了计算资源，能够快速确定过渡态位置。另外，DIMER 方法仅适用于过渡态鞍点搜索，NEB 和 CI-NEB 方法则能够得到更多反应路径信息。通常在具体的计算中，也经常使用 NEB 方法来辅

助 DIMER 方法确定一个离鞍点较近的 R 点。CI-NEB 方法和 DIMER 方法在计算上没有明显的优劣区别，主要视计算资源和研究对象进行选择。

2.5　微动力学模拟

前面提到，DFT 对电化学反应的外延法模拟需要预先设定表面物种覆盖率，并非从头自洽得到。微动力学模拟结合 DFT 的计算可以很好地克服这一个问题。微动力学模拟主要用于预测所考察反应条件下表面每种吸附物质的覆盖率以及不同类型基元反应在这样的反应条件下的相对速率的高低。一个微动力学模型的构建需要纳入一系列基元反应，这些基元反应包含催化剂表面活性位点吸附的反应物、产物和中间产物。微动力学模型的特点在于其构建无需提前假定基元反应的本质、反应决速步以及反应中特定吸附物质的表面覆盖率。实验数据包含的信息往往并不充分，无法从这些数据中提取足够多有用的信息以获取所有必要的动力学参数。尽管在这些动力学参数中只有特定的几个可以明显控制整个催化过程的反应速率，但是在模拟初始时我们是无法预测到底是哪几个参数会有这样明显的作用。初始的对反应速率的估算往往需要纳入比实际的重要动力学参数更多的参数。此时，微动力学模拟的一个弱点就体现了出来：其结果高度依赖于对结合能、活化能、频率因子等输入参数的初猜。从这个角度来看，DFT 等理论方法与微动力学模型相结合就变得十分具备吸引力，DFT 可以从分子原子的层面上给出更多的且数据严格可信的与表面化学反应相关的动力学参数，如反应的动力学能垒以及结合能等，通过过渡态理论等可以将这些动力学参数与反应速率常数进行关联，进而采用微动力学模型处理[46]。

考虑一个基元反应 *A + *B $\rightleftharpoons$ *C + *D，这里*表示表面物种。那么此时，该反应的正向平衡常数 K 的大小可以用如下公式进行表示：

$$K = \exp\left(-\frac{\Delta G^{\ominus}}{k_{\mathrm{B}}T}\right) = \exp\left(\frac{\Delta S^{\ominus}}{k_{\mathrm{B}}}\right)\exp\left(-\frac{\Delta H^{\ominus}}{k_{\mathrm{B}}T}\right) \tag{2.52}$$

式中，k_{B} 表示玻尔兹曼常量；T 表示反应温度；$\Delta G^{\ominus}$、$\Delta H^{\ominus}$ 和 $\Delta S^{\ominus}$ 则分别表示标况下反应的自由能变、焓变和熵变。

焓变 $\Delta H^{\ominus}$，即等压反应热，在反应动力学模拟过程中是一个十分重要的参数，对于反应的化学平衡起着至关重要的作用。DFT 计算 $\Delta H^{\ominus}$ 主要通过对于系统总单点能 E 的有效计算达到相应目的，这里我们引入结合能的概念来做进一步阐释。由于吸附物种与表面结合而成的体系*A、无吸附物种的纯净表面*以及气相状态下未吸附的物种 A 三者的单点能根据 DFT 的基本原理可以轻易求出能量及其变化：

$$BE(*A) = E(*A) - E(*) - E(A) \qquad (2.53)$$

$$\Delta H^{\ominus} = \sum_{i=1}^{n} BE(product) - \sum_{i=1}^{m} BE(reactant) - \Delta H_{gas} \\ + E_{corr}(ZPE) + E_{corr}(thermal) \qquad (2.54)$$

其中 m 和 n 分别表示反应物和产物的数目；ΔH_{gas} 是指气相未吸附的对应物种之间的反应热；$E_{corr}(ZPE)$ 是指吸附物种的零点能对数据的校正；$E_{corr}(thermal)$ 是指温度效应对焓变 $\Delta H^{\ominus}$ 的校正。

$E_{corr}(ZPE)$ 的计算自然而然需要对每个物种的 ZPE 进行精确计算。无论对于吸附物种还是自由状态下的双原子或多原子气相分子，ZPE 都是该物种在 0K 温度下仍然存在的振动能量的表征。ZPE 的计算公式表示如下[47]：

$$ZPE = \frac{1}{2} \sum_{\kappa} h\nu_{\kappa} \qquad (2.55)$$

其中，κ 是该物种的振动模式；ν_{κ} 即代表一个物种不同振动模式所对应的频率。

$E_{corr}(thermal)$ 的计算则要相对而言复杂些。其主要包含两大部分，即内能项 U 的校正与热容项 C 的校正。振动对于这两项的贡献与 DFT 方法计算出的频率的关联需要运用到统计热力学的知识。对于气相反应物种而言，振动模式有 $3n-6$ 或者 $3n-5$ 种（n 为气相分子所含原子个数）。每个振动模式都对应着一个特征振动温度 $\Theta_{v,\kappa}$，可以用如下表达式表示：

$$\Theta_{v,\kappa} = \frac{h\nu_{\kappa}}{k_B} \qquad (2.56)$$

振动对内能项的贡献 U_{vib} 的校正与对热容项的贡献 C_{vib} 的校正均与 $\Theta_{v,\kappa}$ 密切相关。对于 U_{vib}，其与 $\Theta_{v,\kappa}$ 的关系式可以表示为

$$U_{vib} = R \sum_{\kappa} \Theta_{v,\kappa} \left(\frac{1}{2} + \frac{1}{e^{\frac{\Theta_{v,\kappa}}{T}} - 1} \right) \qquad (2.57)$$

而对于 C_{vib}，其与 $\Theta_{v,\kappa}$ 的关系式可以表示为

$$C_{vib} = R \sum_{\kappa} e^{\frac{\Theta_{v,\kappa}}{T}} \left[\frac{\Theta_{v,\kappa}}{T(e^{\frac{\Theta_{v,\kappa}}{T}} - 1)} \right]^2 \qquad (2.58)$$

平动和转动对于热容项的贡献 C_{trans} 和 C_{rot} 的计算公式为

$$C_{trans} = C_{rot} = \frac{3}{2} R \qquad (2.59)$$

由于热容项 C 对能量的校正为 $\int C dT$，很容易由 DFT 计算出的单点能数据以及频率数据得到 $\Delta H^{\ominus}$ 的数值。

与振动模式相关的另一重要的热力学量是振动熵 S_{vib}，它可以由配分函数 $q_{v,\kappa}$

导出。根据谐振子模型近似，振动模式对于配分函数贡献的总和可以表示为如下的连乘形式：

$$q_{\mathrm{vib},\kappa} = \prod_{\kappa} \frac{\mathrm{e}^{-\frac{\Theta_{v,\kappa}}{2T}}}{1 - \mathrm{e}^{-\frac{\Theta_{v,\kappa}}{T}}} \tag{2.60}$$

振动对某物种熵的贡献分量 S_{vib} 可以用如下表达式表示：

$$S_{\mathrm{vib}} = R\left[\ln q_{\mathrm{vib},\kappa} + T\left(\frac{\partial \ln q_{\mathrm{vib},\kappa}}{\partial T}\right)_{\mathrm{vib},\kappa}\right] = R\sum_{\kappa}\left[\frac{\frac{h\nu_{\kappa}}{k_{\mathrm{B}}T}}{\mathrm{e}^{\frac{h\nu_{\kappa}}{k_{\mathrm{B}}T}} - 1} - \ln(1 - \mathrm{e}^{-\frac{h\nu_{\kappa}}{k_{\mathrm{B}}T}})\right] \tag{2.61}$$

平动和转动对于气相分子的熵的贡献大部分可以通过查阅物理化学手册而得到，对于手册数据缺乏的情况，则可以通过对于分子质量以及分子转动惯量的计算加以补充。平动对熵的贡献 S_{trans} 的计算公式为

$$S_{\mathrm{trans}} = R\left[\ln\frac{(2\pi m k_{\mathrm{B}}T)^{\frac{3}{2}}}{h^3} + \ln\frac{k_{\mathrm{B}}T}{P} + \frac{5}{2}\right] \tag{2.62}$$

而转动对熵的贡献 S_{rot} 的计算公式为

$$S_{\mathrm{rot}} = R\left[\ln\frac{8\pi^2\sqrt{8\pi^3 I_{x1}I_{x2}I_{x3}}(k_{\mathrm{B}}T)^{\frac{3}{2}}}{\sigma_r h^3} + \frac{3}{2}\right] \tag{2.63}$$

在这两个公式中，P 是气相物种的分压；I_{x1}、I_{x2} 和 I_{x3} 是三个方向的转动惯量；σ_r 是转动对称数。

对于 CO₂ 的电化学还原而言，大部分的中间产物是以吸附物种的形式附着在催化剂表面，其平动和转动模式被对应于表面弛豫的平动与转动的振动模式所取代。此时，频率最低的两个模式对应于弛豫的平动，其计算独立于上述公式之外；而弛豫转动对应的振动模式以及原有的振动模式则仍可以套用上述计算公式。此时，这些振动模式有 $3n-2$ 种，而非 $3n-5$ 或 $3n-6$ 种。

弛豫平动对应的振动模式对于熵的贡献依赖于物种扩散能垒 E_{diffu} 的高低。其对于熵变贡献的计算，可以首先假设吸附物种扩散的势能面可以用吸附位点周围所构成的谐振势阱模型近似。那么，谐振势阱的深度即可以 E_{diffu} 的高低作为评判的标准。由于 E_{diffu} 的大小即为一个物种从势能面的一个能量极小点到最邻近的另一个能量极小点沿着最低能量路径时所需的活化能，其既可以通过第一性原理严格推算得到，也可通过计算物种在模型表面不同吸附位点的吸附能，利用 BEP（Bell-Evans-Polanyi）关系估算得到，弛豫振动模式的频率即为能量的二阶导。能量微扰基于谐振子模型计算公式为

$$E = -\frac{E_{\text{diffu}}}{2}\cos\left(\frac{2\pi x}{l}\right) \tag{2.64}$$

频率计算公式很容易推导出:

$$\nu = \frac{1}{2\pi}\sqrt{\frac{k}{m}} = \frac{1}{2\pi}\sqrt{\frac{E_{\text{diffu}}}{2m}\left(\frac{2\pi}{l}\right)^2} \tag{2.65}$$

将上述公式计算出的频率代入熵计算公式中,即可计算得到吸附物种的弛豫平动对于熵的贡献。

综合上述过程,基于第一性原理计算得到的相关单点能和频率数据,我们可以精确计算得到每一个需要研究的目标反应在特定温度下的平衡常数值。

解决了平衡常数的问题以后,下一个需要考虑的重要问题是目标反应正向与逆向的速率常数。通过 DFT 手段计算这些反应的速率常数依据反应种类的不同,所依托的理论基础也有一定差异。对于包含新键形成与旧键断裂的反应,速率常数的计算依托于过渡态理论。过渡态理论最重要的一条假设为,反应物与被活化的复合物(过渡态)之间存在一个准平衡的过程。仍旧考察基元反应 $*\text{A} + *\text{B} \rightleftharpoons *\text{C} + *\text{D}$,该基元反应的势能面是确定的,势能面上的鞍点即为过渡态,这里用 $\text{AB}^{\neq}$ 来表示。那么,此时包含过渡态的正向与逆向的基元反应可以表示为如下形式:

$$*\text{A} + *\text{B} \xrightleftharpoons[]{k_{\text{for}}^{\neq}} \text{AB}^{\neq} \xrightarrow{k_{\text{for}}} *\text{C} + *\text{D} \tag{2.66}$$

$$*\text{C} + *\text{D} \xrightleftharpoons[]{k_{\text{rev}}^{\neq}} \text{AB}^{\neq} \xrightarrow{k_{\text{rev}}} *\text{A} + *\text{B} \tag{2.67}$$

那么,整个基元反应的速率可以用如下的公式表示:

$$r = r_{\text{for}} - r_{\text{rev}} = k_{\text{for}}\theta_{\text{A}}\theta_{\text{B}} - k_{\text{rev}}\theta_{\text{C}}\theta_{\text{D}} \tag{2.68}$$

正向反应速率常数的计算用到了过渡态理论,其表达式如下所示[48]:

$$\begin{aligned}
k_{\text{for}} &= \frac{k_{\text{B}}T}{h}\exp\left(\frac{\Delta S_{\text{for}}^{\ominus \neq}}{k_{\text{B}}}\right)\exp\left(-\frac{E_{\text{a}}^{\ominus \neq}}{k_{\text{B}}T}\right) \\
&= \frac{k_{\text{B}}T}{h}\exp\left(\frac{S_{\text{AB}^{\neq}}^{\ominus} - S_{*\text{A}}^{\ominus} - S_{*\text{B}}^{\ominus}}{k_{\text{B}}}\right)\exp\left(-\frac{E_{\text{a}}^{\ominus \neq}}{k_{\text{B}}T}\right)
\end{aligned} \tag{2.69}$$

式中,$A = \frac{k_{\text{B}}T}{h}\exp\left(\frac{\Delta S_{\text{for}}^{\ominus \neq}}{k_{\text{B}}}\right)$,被称为指前因子;$r_{\text{for}}$ 和 r_{rev} 分别代表正向和逆向反应的速率;k_{for} 和 k_{rev} 是正向和逆向反应速率常数;θ_{A}、θ_{B}、θ_{C} 和 θ_{D} 分别代表上述 $*\text{A}$、$*\text{B}$、$*\text{C}$、$*\text{D}$ 四个物种的表面覆盖率;$S_{\text{AB}^{\neq}}^{\ominus}$ 是过渡态的熵,其计算方法与前面提到的计算反应物和产物的熵的方法类似;$E_{\text{a}}^{\ominus \neq}$ 则是正向反应的活化能,其计算方法与 E_{diffu} 类似,既可以通过 DFT 方法直接计算获得,也可以基于 BEP

关系计算相关反应物和产物的吸附能间接推算得出。由于平衡常数与正向反应速率之间存在着如下关系：

$$K = \frac{k_{for}}{k_{rev}} \qquad (2.70)$$

在正向反应速率常数 k_{for} 与平衡常数 K 已知的情况下，逆向反应速率常数 k_{rev} 很容易求出。

对于单纯的不包含明显化学键生成与断裂的吸附及脱附过程，其正向速率常数的计算则基于另外一种常用的理论，即碰撞理论。根据碰撞理论，吸附反应速率可以表示为

$$r = \frac{\sigma^{\ominus}(T,\theta)P_{ad}}{\sqrt{2\pi m_{ad} k_B T}} \exp\left(-\frac{E_a}{k_B T}\right) \qquad (2.71)$$

式中，$\sigma^{\ominus}(T,\theta)$ 表示气相物种的黏附概率，是温度和表面覆盖率的函数；P_{ad} 表示气相物种的分压；m_{ad} 为物种的分子量；E_a 是气相分子吸附至表面过程中所需的活化能，某些分子吸附过程不伴随活化，此时该项为 0。该反应速率的单位转换为转化数（turn over frequency，TOF）时，需要乘以单位活性位点所占据的表面积，这里往往采用 $10^{-15}cm^{-2}$。经过这样的处理，碰撞过程的反应速率也可以精确求出。

在合适的表面模型上进行的 DFT 计算可以给研究者提供一系列用来抓住表面化学本质的变量。为了使得反应模型更加可靠，研究者往往采用进一步的精细调控的方式来加深对多个不同机理的认识。与此同时，可以对一系列不同反应条件下同一催化剂的催化性能的变化进行有效的预测。基于给定基元反应正向与逆向反应速率的相对高低，评判该基元反应是可逆、不可逆还是准平衡状态成为可能，评价不同反应条件下何种机理是主要的反应机理也可以通过比较这些并行机理内包含的基元反应速率的相对高低而得以实现。经过精细调控的反应模型还可以给出不同反应条件下各表面吸附物种的覆盖率，从而便于研究者评判某种表面吸附物种是否为表面主要覆盖的反应物种。这些表面物种覆盖率的信息，反过来又可以成为对动力学模型进行简化的数据基础，对某些表面物种覆盖率做合理的近似，往往可以得出基于解析表达式的传统动力学模型。从详细的微动力学模型还可以得出不同反应条件下的表观活化能信息以及反应级数信息，从而便于研究者从更为宏观的角度考察一个包含多组基元反应的总反应体系。

首先，在这里阐述微动力学如何体现每个基元反应对总反应速率的影响。在一系列基元反应步骤中，决速步是对总反应速率影响最大的步骤。文献报道表明，通过保持某个基元反应步骤的平衡常数恒定，与此同时改变该步骤的正向与逆向反应速率，然后计算总反应速率的相对变化，即可确定该特定步骤对于整个反应

流程的动力学层面重要性的高低。根据这样一种思想，研究者提出了速率控制度
（degree of rate control，DRC）的概念[49]。第 i 个反应步骤的 DRC，即 $X_{\text{RC},i}$，可
以用如下公式进行计算：

$$X_{\text{RC},i} = \frac{k_i}{r}\left(\frac{\delta r}{\delta k_i}\right)_{k_{j\neq i},K_i} \tag{2.72}$$

式中，k_i 是第 i 个反应步骤的速率常数；r 是总反应速率；$k_{j\neq i}$ 和 K_i 分别是非 i 步
骤的速率常数以及第 i 个步骤的平衡常数，这两项在计算过程中是保持恒定的。

其次，微动力学可以用来确定反应级数与反应活化能。总反应速率可以用阿
伦尼乌斯速率表达式表示[50]：

$$r = A_0 \exp\left(-\frac{E_{\text{app}}}{RT}\right)\prod_i P_i^{\alpha_i}(1-\beta) \tag{2.73}$$

式中，A_0 是频率因子；α_i 是总反应基于物种 i 的反应级数；E_{app} 是表观活化能；
β 是对称因子，与总反应平衡常数 K 密切相关，两者之间的关系式如下：

$$\beta = \frac{1}{K}\frac{\prod_i^{\text{product}} P_i^{\sigma_i}}{\prod_i^{\text{reactant}} P_i^{\sigma_i}} \tag{2.74}$$

式中，σ 是化学计量数；P 是反应物的分压（活度）。根据微动力学模拟，反应级
数 α_i 与表观活化能 E_{app} 随着反应条件的变化可以分别用如下公式来表示：

$$\alpha_i = \left(\frac{\partial \ln r}{\partial \ln y_i}\right)_{T,P} \tag{2.75}$$

$$E_{\text{app}} = RT^2\left(\frac{\partial \ln r}{\partial T}\right)_{P,y_i} \tag{2.76}$$

式中，y_i 表示反应混合物中第 i 个物种的摩尔比。这样，无需实验数据的引入，
反应级数和表观活化能在不同反应框架下的变化即可以用来构建与阿伦尼乌斯公
式类似的速率计算公式。只需在获知低压条件下模型催化剂的动力学相关数据的
前提下，即可对更高压强的条件下的反应做出有效的预测。

将微动力学与 Tafel 分析相结合，可以给出副反应对 CO_2 电化学还原目标反
应的影响程度以及目标反应的电流-电势曲线等重要信息。电流-电势曲线对于评
估电极反应动力学十分重要。Tafel 斜率的理论计算（续超电势计算）常常利用
Tafel 分析手段加以阐释。该方法主要分析外加电势引起的电流响应的敏感性高
低，也就是 Tafel 斜率。Tafel 斜率提供了电化学反应决速步的重要信息。实验上
获得的 Tafel 斜率可以与基于微动力学计算并假设各种不同决速步获得的 Tafel 斜
率进行比较，以推断哪些步骤是比较合理的、可能出现的反应决速步。由于这些
推断过程往往过于复杂，参数较多，从简化过程的角度出发，不同中间产物的覆

盖率往往近似取 0 或者 1。这种简化使得电化学家更容易分析表面动力学过程。在许多研究中，这种简化都被广泛应用。正如上面提到的，表面覆盖率实际随电极电势可以发生较为明显的变化，这种简化过程往往导致对于真实的随着中间产物覆盖率而变化的表面电极反应动力学的描绘并不十分精确。更重要的是，不变覆盖率假设可能对于恒压恒电流的稳态条件比较适用，而对于 Tafel 曲线的测定条件，即变压条件，可能会带来不可预知的误差。在已经报道的一些研究中，Tafel 斜率随着外加势场的变化已经得到了一定程度的重视。正如上面所述，这些研究中的外加电势以及表面中间产物覆盖率并未得到详细描述，已报道的描述也往往基于 Butler-Volmer 方程，这并不能完全合理解释表面覆盖率项。

下面以 HER 等过程相应的 Tafel 斜率变化的研究[51]为例，基于微动力学，着重阐述以下两点：①Tafel 斜率与表面中间产物的覆盖率之间的关系。对于 HER 与氢氧化反应（hydrogen oxidation reaction，HOR）而言，对应的需要研究覆盖率的吸附中间产物为 M—H；而对于 ORR 和氧解离反应（oxygen evolution reaction，OER）而言，中间产物则为 M—OOH、M—O、M—OO—以及 M—OH。这里 M 代指表面位点；②Butler-Volmer 方程在哪些情况下可以应用于研究电极反应动力学。电催化反应的表面动力学，即 Tafel 斜率与中间产物覆盖率之间的相互关系，可以为电势变化导致的 Tafel 斜率的变化暗含的反应机理变化提供较为满意的解释。

一般而言，Tafel 分析包含两个重要参数：Tafel 斜率以及交换电流密度。Tafel 关系可用如下经验公式表示：

$$\eta = a + b \lg j \tag{2.77}$$

式中，η 指超电势；j 指电流密度；b 即为 Tafel 斜率。理论上，形式简单的电化学氧化还原反应可以用如下 Butler-Volmer 方程来表示：

$$j = j_0 [e^{-\alpha f \eta} - e^{(1-\alpha) f \eta}] \tag{2.78}$$

式中，α 为转移系数；$f = F/RT$；j_0 为交换电流密度。该方程的中括号内的两项分别表示氧化反应与还原反应所对应的电流密度。

首先，这里考虑正反应速率显著大于其逆向反应的情况。由 Butler-Volmer 方程可推出下式：

$$\eta = \frac{RT}{\alpha F} \ln j_0 - \frac{RT}{\alpha F} \ln j \tag{2.79}$$

等式右边第一项即对应式（2.77）中的 a，这表明，超电势与电流密度对数做图的截距大小可以推导出交换电流密度的大小。Tafel 斜率的大小可以体现反应遵循何种机理，而交换电流密度的大小则可以体现催化剂本征活性有多大。在评估电化学活性时，Tafel 分析往往结合 Butler-Volmer 方程。上面已经提到，Tafel 斜率可以用来分析基元反应以及决速步骤，下面基于微动力学模拟，研究者分别讨论

HER、HOR、ORR、OER 四种类型反应的 Tafel 斜率随着电势大小的变化。由于 HER/HOR 或者 OER/ORR 之间是相互耦合的，接下来进一步讨论每个耦合反应对的决速步。由于耦合反应对的决速步可能不相同，一种好的 HER 催化剂未必是好的 HOR 催化剂，OER/ORR 亦然。Butler-Volmer 方程仅限于描述可逆电催化反应。

HER 通常用如下两种方法描述。第一种是水合质子的还原，化学表达式如下：

$$2H_3O^+ + 2e^- \longrightarrow H_2 + 2H_2O$$

第二种则是水分子的还原，化学表达式如下：

$$2H_2O + 2e^- \longrightarrow H_2 + 2OH^-$$

首先讨论第一种情况：

水合氢离子还原反应包括三个步骤：Volmer 步骤、Heyrovsky 步骤与 Tafel 步骤。三个步骤的化学方程式分别如下：

Volmer 步骤： $H_3O^+ + e^- + M \longrightarrow M-H + H_2O$

Heyrovsky 步骤： $M-H + H_3O^+ + e^- \longrightarrow H_2 + H_2O + M$

Tafel 步骤： $2M-H \longrightarrow H_2 + 2M$

M 指代未占据表面位点。由于每种步骤对总反应速率均有影响，存在多种不同的动力学表达式。

当 Volmer 步骤决定总反应速率时，其他步骤就不予考虑。此时，Volmer 步骤正向反应速率为

$$r_{VH} = k_{VH} a_{H_3O^+} (1-\theta) \tag{2.80}$$

该速率决定了总反应速率的大小。由于该步骤是一个包含电子转移的反应步骤，动力学反应速率常数的大小依赖于外加电势的大小，具体如下：

$$k_i = k_i^\ominus \exp(-\alpha_i f \eta_i) \tag{2.81}$$

或

$$k_{-i} = k_{-i}^\ominus \exp[(1-\alpha_i) f \eta_i] \tag{2.82}$$

$k^\ominus$ 指标准速率常数。

基于 Volmer 步骤决定总 HER 速率的假设，很容易理解的是，吸附 H 的消耗速率要更快，所以 H 的表面覆盖率应当近似为 0。将反应速率常数的表达式代入反应速率计算式，就得到：

$$r_{VH} = k_{VH}^\ominus a_{H_3O^+} \exp(-\alpha_{VH} f \eta_{VH}) \tag{2.83}$$

而电流 I 与反应速率 r 的关系式为：

$$I = nFAr \tag{2.84}$$

式中，F 为法拉第常数；n 为反应包含的电荷转移个数；A 为电催化剂的表面积。将 r 的计算式代入上式即可得到：

$$I = nFAk_{VH}^{\ominus}a_{H_3O^+}\exp(-\alpha_{VH}f\eta_{VH}) \tag{2.85}$$

当 Heyrovsky 步骤决定总反应速率时，该步骤的反应物、吸附中间产物 H 需要加以考虑。此时，Volmer 步骤的正向与逆向反应近似保持平衡。逆向反应速率表达式为

$$r_{-VH} = k_{-VH}a_{H_2O}\theta \tag{2.86}$$

由于其与正向反应速率此时近似相等，两者联立可解得此时表面覆盖率表达式：

$$\theta = \frac{K_{VH}^{\ominus}a_{H_3O^+}}{a_{H_2O}\exp(f\eta_{VH}) + K_{VH}^{\ominus}a_{H_3O^+}} \tag{2.87}$$

$$K_{VH}^{\ominus} = \frac{k_{VH}^{\ominus}}{k_{-VH}^{\ominus}} \tag{2.88}$$

而 Heyrovsky 步骤的正向反应速率计算式为

$$r_{HH} = k_{HH}a_{H_3O^+}\theta \tag{2.89}$$

结合上述几式，此时电流计算表达式为

$$I = nFA\frac{k_{HH}^{\ominus}K_{VH}^{\ominus}a_{H_3O^+}^2\exp(-\alpha_{HH}f\eta_{HH})}{a_{H_2O}\exp(f\eta_{VH}) + K_{VH}^{\ominus}a_{H_3O^+}} \tag{2.90}$$

当 Tafel 步骤决定总反应速率时，反应物 M—H 同样由 Volmer 步骤生成，此时 Heyrovsky 假设下表面覆盖率的解析表达式仍然有效，而此时，Tafel 步骤的正向反应速率成为决速速率，其解析表达式为

$$r_T = k_T^{\ominus}\theta^2 \tag{2.91}$$

此时电流计算表达式为

$$I = nFAk_T^{\ominus}\left[\frac{K_{VH}^{\ominus}a_{H_3O^+}}{a_{H_2O}\exp(f\eta_{VH}) + K_{VH}^{\ominus}a_{H_3O^+}}\right]^2 \tag{2.92}$$

由于 Tafel 步骤并不包含电子转移，电流大小随外加电势的变化实际上是由于 H 表面覆盖率的变化导致的。

下面讨论第二种情况，即 H_2O 的还原。与水合氢离子的还原相似，H_2O 的还原同样包含 Volmer、Heyrovsky 与 Tafel 步骤。方程式分别如下：

Volmer 步骤：$H_2O + e^- + M \longrightarrow M—H + OH^-$

Heyrovsky 步骤：$M—H + H_2O + e^- \longrightarrow H_2 + OH^- + M$

Tafel 步骤的形式则与水合氢离子还原的对应步骤形式完全相同。同样，在这里分别考虑几种步骤决定总反应速率的不同情况。

当 Volmer 步骤决定总反应速率时，其正向反应速率表达式为

$$r_{VW} = k_{VW}a_{H_2O}(1-\theta) \tag{2.93}$$

类似地，此时表面中间产物覆盖率近似为 0，结合电流计算表达式得到：

$$I = nFAk_{vw}^{\ominus} a_{H_2O} \exp(-\alpha_{vw} f \eta_{vw}) \tag{2.94}$$

当 Heyrovsky 步骤决定总反应速率时，同样地，Volmer 步骤的正逆向反应速率近似相等，表面覆盖率的解析表达式为

$$\theta = \frac{K_{vw}^{\ominus} a_{H_2O}}{a_{OH^-} \exp(f \eta_{vw}) + K_{vw}^{\ominus} a_{H_2O}} \tag{2.95}$$

此时 Heyrovsky 步骤的正向反应速率为

$$r_{HW} = k_{HW} a_{H_2O} \theta \tag{2.96}$$

综合电流计算表达式，代入得

$$I = nFA \frac{k_{HW}^{\ominus} K_{vw}^{\ominus} a_{H_2O}^2 \exp(-\alpha_{HW} f \eta_{HW})}{a_{OH^-} \exp(f \eta_{vw}) + K_{vw}^{\ominus} a_{H_2O}} \tag{2.97}$$

当 Tafel 步骤是反应决速步时，与之前的情况类似，Volmer 步骤的正逆反应速率近似相等，所以覆盖率的解析表达式仍旧适用。此时，电流计算表达式如下

$$I = nFAk_T^{\ominus} \left[\frac{K_{vw}^{\ominus} a_{H_2O}}{a_{OH^-} \exp(f \eta_{vw}) + K_{vw}^{\ominus} a_{H_2O}} \right]^2 \tag{2.98}$$

至此，对 HER 的不同机理、不同步骤的电流-电势关系分析全部完成。

文献中，对于不同电催化剂与电解液条件下得到的不同大小的 Tafel 斜率都有报道。以 C 为载体的 Pt 基电催化剂（Pt/C），是目前最为广泛研究的 HER 催化剂，它在 0.5mol/L 硫酸中的 Tafel 斜率为 30mV/dec[52]，在燃料电池中的 Tafel 斜率为 120mV/dec[53]，在 0.5mol/L 氢氧化钠溶液中的 Tafel 斜率则为 125mV/dec[54]。尽管这些不同可以被归因于溶液 pH 值的不同，但是需要注意的是，这些报道中获得 Tafel 曲线所施加的外加电势的大小范围是不同的。30mV/dec 的图像是在较低的外加电势范围下得到的，而 120mV/dec 的图像所对应的外加电势的范围更广。上述数据暗示研究者，Tafel 斜率的确与外加电势的大小以及由此导致的中间产物覆盖率的变化密切相关。对于体相 Pt 圆盘电极的研究表明，其 Tafel 斜率与外加电势之间存在强关联性。随着超电势的增大，在 0.5mol/L 硫酸溶液中，其 Tafel 斜率开始在 36～68mV/dec 范围，此后上升至 125mV/dec。[54]此外，Pt 对于 HER 的催化活性与晶面取向也密切相关。Pt(100)晶面，Tafel 斜率随着超电势的变化可由 55mV/dec 变为 150mV/dec。Pt(110)晶面则由 75mV/dec 变为 140mV/dec。Pt(111) 晶面在 0.1mol/L 氢氧化钾溶液中则不存在 Tafel 斜率的跃迁，一直保持在 140～150mV/dec[55]。这些例子都从侧面表明，考虑外加电势不同的情况下的 Tafel 斜率对于反应机理的理解十分重要。

除了纯金属电极，金属硫化物、磷化物以及氮化物对于 HER 的催化活性同样有大量实验报道。在 0.5mol/L 硫酸电解液中，MoS_2 电催化剂的 Tafel 斜率范围为

94～110mV/dec[52, 56]，在 pH = 0.24 硫酸中则为 55～60mV/dec[57]。当 MoS$_2$ 结合在氧化石墨烯表面时，其 Tafel 斜率进一步降低为 41mV/dec，以正丁基锂还原处理时，其降低为 43mV/dec[52, 56]。MoP 以及边缘硫化的 MoP 在 0.5mol/L 硫酸中 HER 的 Tafel 斜率为 50mV/dec，并且也随着超电势的增大而变化[58]。在 0.1mol/L 高氯酸中，δ-MoN 以及 Co$_{0.6}$Mo$_{1.4}$N$_2$ 这样的氮化物同样体现出随超电势增大而升高的 Tafel 斜率[59]。这些例子都雄辩地证明，理论上对于超电势影响下的电流密度以及 Tafel 斜率的变化是十分必要的，无论是金属还是硫化物、磷化物、氮化物，都体现了 Tafel 斜率随着外加电势发生变化的特性。但是这些分析目前还未应用到 CO$_2$ 电催化还原中，原因是 CO$_2$ 电催化还原的质子耦合电子转移反应相比于 HER 和 HOR 多得多。

参 考 文 献

[1] Born M，Oppenheimer R. Zur quantentheorie der molekeln[J]. Annalen der Physik，1927，389（20）：457-484.

[2] Hohenberg P，Kohn W. Inhomogeneous electron gas[J]. Physical Review，1964，136（3B）：B864-B871.

[3] Kohn W，Sham L J. Self-consistent equations including exchange and correlation effects[J]. Physical Review，1965，140（4A）：A1133-A1138.

[4] Perdew J P，Yue W. Accurate and simple density functional for the electronic exchange energy：Generalized gradient approximation[J]. Physical Review B，1986，33（12）：8800.

[5] Perdew J P，Burke K，Ernzerhof M. Generalized gradient approximation made simple[J]. Physical Review Letters，1996，77（18）：3865.

[6] Perdew J P，Wang Y. Accurate and simple analytic representation of the electron-gas correlation energy[J]. Physical Review B，1992，45（23）：13244.

[7] Becke A D. A new mixing of Hartree-Fock and local density-functional theories[J]. The Journal of Chemical Physics，1993，98（2）：1372-1377.

[8] Heyd J，Scuseria G E，Ernzerhof M. Hybrid functionals based on a screened Coulomb potential[J]. The Journal of Chemical Physics，2003，118（18）：8207-8215.

[9] Krukau A V，Vydrov O A，Izmaylov A F，et al. Influence of the exchange screening parameter on the performance of screened hybrid functionals[J]. The Journal of Chemical Physics，2006，125（22）：224106.

[10] Paier J，Hirschl R，Marsman M，et al. The Perdew-Burke-Ernzerhof exchange-correlation functional applied to the G2-1 test set using a plane-wave basis set[J]. The Journal of Chemical Physics，2005，122（23）：234102.

[11] Becke A D. Density-functional thermochemistry. III. The role of exact exchange[J]. The Journal of Chemical Physics，1993，98（7）：5648-5652.

[12] Blöchl P E. Projector augmented-wave method[J]. Physical Review B，1994，50（24）：17953.

[13] Somorjai G A. Modern surface science and surface technologies：An introduction[J]. Chemical Reviews，1996，96（4）：1223-1236.

[14] van Santen R A，Neurock M. Molecular Heterogeneous Catalysis：A conceptual and Computational Approach[M]. Hoboken：John Wiley & Sons，2009.

[15] Somorjai G A，Li Y. Introduction to Surface Chemistry and Catalysis[M]. Hoboken：John Wiley & Sons，2010.

[16] Blyholder G. Molecular orbital view of chemisorbed carbon monoxide[J]. The Journal of Physical Chemistry，

1964，68（10）：2772-2777.

[17]　van Santen R. Symmetry rules in chemisorption[J]. Journal of Molecular Structure，1988，173（1）：157-172.

[18]　van Santen R A. Coordination of carbon monoxide to transition-metal surfaces[J]. Journal of the Chemical Society，Faraday Transactions 1：Physical Chemistry in Condensed Phases，1987，83（7）：1915-1934.

[19]　van Santen R. Theoretical aspects of heterogeneous catalysis[J]. Progress in Surface Science，1987，25（1-4）：253-274.

[20]　Kresse G，Gil A，Sautet P. Significance of single-electron energies for the description of CO on Pt(111)[J]. Physical Review B，2003，68（7）：073401-073404.

[21]　Gil A，Clotet A，Ricart J M，et al. Site preference of CO chemisorbed on Pt(111) from density functional calculations[J]. Surface Science，2003，530（1-2）：71-87.

[22]　Mason S E，Grinberg I，Rappe A M. First-principles extrapolation method for accurate CO adsorption energies on metal surfaces[J]. Physical Review B，2004，69（16）：161401.

[23]　Stroppa A，Kresse G. The shortcomings of semi-local and hybrid functionals：What we can learn from surface science studies[J]. New Journal of Physics，2008，10（6）：063020.

[24]　Feibelman P J，Hammer B，Nørskov J K，et al. The CO/Pt(111) puzzle[J]. The Journal of Physical Chemistry B，2001，105（18）：4018-4025.

[25]　Gajdoš M，Eichler A，Hafner J. CO adsorption on close-packed transition and noble metal surfaces：Trends from ab initio calculations[J]. Journal of Physics：Condensed Matter，2004，16（8）：1141-1164.

[26]　Alaei M，Akbarzadeh H，Gholizadeh H，et al. CO/Pt(111)：GGA density functional study of site preference for adsorption[J]. Physical Review B，2008，77（8）：085414-085420.

[27]　Hammer B，Hansen L B，Nørskov J K. Improved adsorption energetics within density-functional theory using revised Perdew-Burke-Ernzerhof functionals[J]. Physical Review B，1999，59（11）：7413.

[28]　Zhang Y，Yang W. Comment on "generalized gradient approximation made simple"[J]. Physical Review Letters，1998，80（4）：890.

[29]　Akhade S A，Luo W，Nie X，et al. Theoretical insight on reactivity trends in CO_2 electroreduction across transition metals[J]. Catalysis Science & Technology，2016，6（4）：1042-1053.

[30]　Nørskov J K，Rossmeisl J，Logadottir A，et al. Origin of the overpotential for oxygen reduction at a fuel-cell cathode[J]. The Journal of Physical Chemistry B，2004，108（46）：17886-17892.

[31]　Peterson A A，Abild-Pedersen F，Studt F，et al. How copper catalyzes the electroreduction of carbon dioxide into hydrocarbon fuels[J]. Energy & Environmental Science，2010，3（9）：1311-1315.

[32]　Maheshwari S，Li Y，Agrawal N，et al. Density functional theory models for electrocatalytic reactions[J]. Advances in Catalysis，2018，63：117-167.

[33]　Zhao Y F，Yang Y，Mims C，et al. Insight into methanol synthesis from CO_2 hydrogenation on Cu(111)：Complex reaction network and the effects of H_2O[J]. Journal of Catalysis，2020，281（1）：199-211.

[34]　Rostamikia G，Mendoza A，Hickner M，et al. First-principles based microkinetic modeling of borohydride oxidation on a Au(111) electrode[J]. Journal of Power Sources，2011，196（22）：9228-9237.

[35]　Akhade S，Bernstein N，Esopi M，et al. A simple method to approximate electrode potential-dependent activation energies using density functional theory[J]. Catalysis Today，2017，288（1）：63-73.

[36]　Rossmeisl J，Skúlason E，Björketun M，et al. Modeling the electrified solid-liquid interface[J]. Chemical Physics Letters，2008，466（1）：68-71.

[37]　Chan K，Nørskov J. Electrochemical barriers made simple[J]. The Journal of Physical Chemistry Letters，2015，

6 （14）：2663-2668.

[38] Taylor C, Wasileski S, Filhol J S. First principles reaction modeling of the electrochemical interface: Consideration and calculation of a tunable surface potential from atomic and electronic structure[J]. Physical Review B, 2006, 73 (16): 165402.

[39] Henkelman G. SCRIPTS[EB/OL]. http://theory.cm.utexas.edu/vtsttools/scripts.html. 2021-11-01.

[40] Smidstrup S, Pedersen A, Stokbro K, et al. Improved initial guess for minimum energy path calculations[J]. The Journal of Chemical Physics, 2014, 140 (21): 214106.

[41] Jónsson H, Mills G, Jacobsen K W. Nudged elastic band method for finding minimum energy paths of transitions// Berne B J, Ciccotti G, Coker D F. Classical and Quantum Dynamics in Condensed Phase Simulations: Proceedings of the International School of Physics[M]. Singapore: World Scientific, 1998.

[42] Henkelman G, Jónsson H. Improved tangent estimate in the nudged elastic band method for finding minimum energy paths and saddle points[J]. The Journal of Chemical Physics, 2000, 113 (22): 9978-9985.

[43] Xiao P, Sheppard D, Rogal J, et al. Solid-state dimer method for calculating solid-solid phase transitions[J]. The Journal of Chemical Physics, 2014, 140 (17): 174104.

[44] Henkelman G, Jónsson H. A dimer method for finding saddle points on high dimensional potential surfaces using only first derivatives[J]. The Journal of Chemical Physics, 1999, 111 (15): 7010-7022.

[45] Heyden A, Bell A T, Keil F J. Efficient methods for finding transition states in chemical reactions: Comparison of improved dimer method and partitioned rational function optimization method[J]. The Journal of Chemical Physics, 2005, 123 (22): 224101.

[46] Hansen H A, Varley J B, Peterson A A, et al. Understanding trends in the electrocatalytic activity of metals and enzymes for CO₂ reduction to CO[J]. The Journal of Physical Chemistry Letters, 2013, 4 (3): 388-392.

[47] Ochterski J W. Thermochemistry in Gaussian[EB/OL]. https://gaussian.com/thermo/. 2000.

[48] Wittreich G R, Alexopoulos K, Vlachos D G. Microkinetic modeling of surface catalysis//Andreoni W, Yip S. Handbook of Materials Modeling. Applications: Current and Emerging Materials[M]. Cham: Springer International Publishing, 2020: 1377-1404.

[49] Wolcott C, Medford A, Studt F, et al. Degree of rate control approach to computational catalyst screening[J]. Journal of Catalysis, 2015, 330 (1): 197-207.

[50] Filot I A W. Introduction to Microkinetic Modeling[M]. Eindhoven: Technische Universiteit Eindhoven, 2018.

[51] Shinagawa T, Garcia-Esparza A T, Takanabe K. Insight on tafel slopes from a microkinetic analysis of aqueous electrocatalysis for energy conversion[J]. Scientific Reports, 2015, 5 (1): 13801-13821.

[52] Li Y, Wang H, Xie L, et al. MoS₂ nanoparticles grown on graphene: An advanced catalyst for the hydrogen evolution reaction[J]. Journal of the American Chemical Society, 2011, 133 (19): 7296-7299.

[53] Durst J, Simon C, Hasché F, et al. Hydrogen oxidation and evolution reaction kinetics on carbon supported Pt, Ir, Rh, and Pd electrocatalysts in acidic media[J]. Journal of The Electrochemical Society, 2014, 162 (1): F190-F203.

[54] Conway B E, Bai L. Determination of adsorption of OPD H Species in the cathodic hydrogen evolution reaction at Pt in relation to electrocatalysis[J]. Journal of Electroanalytical Chemistry and Interfacial Electrochemistry, 1986, 198 (1): 149-175.

[55] Marković N M, Sarraf S T, Gasteiger H A, et al. Hydrogen electrochemistry on platinum low-index single-crystal surfaces in alkaline solution[J]. Journal of the Chemical Society, Faraday Transactions, 1996, 92 (20): 3719-3725.

[56] Lukowski M A, Daniel A S, Meng F, et al. Enhanced hydrogen evolution catalysis from chemically exfoliated

metallic MoS₂ nanosheets[J]. Journal of the American Chemical Society，2013，135（28）：10274-10277.

[57] Jaramillo T F，Jørgensen K P，Bonde J，et al. Identification of active edge sites for electrochemical H₂ evolution from MoS₂ nanocatalysts[J]. Science，2007，317（5834）：100-102.

[58] Kibsgaard J，Jaramillo T F. Molybdenum phosphosulfide：An active，acid-stable，earth-abundant catalyst for the hydrogen evolution reaction[J]. Angewandte Chemie International Edition，2014，53（52）：14433-14437.

[59] Cao B，Veith G M，Neuefeind J C，et al. Mixed close-packed cobalt molybdenum nitrides as non-noble metal electrocatalysts for the hydrogen evolution reaction[J]. Journal of the American Chemical Society，2013，135（51）：19186-19192.

第3章　金属电极还原 CO_2 的理论研究

3.1　金属电极表面 CO_2 电催化还原性能及变化趋势的理论研究

表 1.4 列出了 Hori 等[1]测量的不同多晶金属电极表面在标况下的恒电流电解的产物分布，以及其所对应的 FE、电流密度和阴极电势的值。根据产物 FE 的不同，可以将金属电极大致分为如下五类：

（1）甲酸盐活性金属：Pb-Bi 对甲酸盐的形成有较强的选择性。

（2）CO 活性金属：Au-Zn 表面生成 CO 的 FE 较高。

（3）H_2 活性金属：Ni-Ti 的表面主要发生氢析出反应。

（4）C_x 活性金属：只有 Cu 表面主要产生短链烃类与醇类化合物。

（5）合成气金属：Pd 与 Ga 的表面 CO 与 H_2 的生成均占有较大比例。

可以发现，H_2 活性金属电极在所有电极中占比最高，与之鲜明对应的是 C_x 活性金属与 CO 活性金属种类的匮乏。仅有 Cu 电极属于 C_x 活性金属，而 CO 活性金属也仅包括 Au、Ag 与 Zn。值得注意的是，产物的选择性与电极金属在元素周期表的位置存在一定程度的规律性。甲酸盐活性金属几乎全部位于ⅢA 至ⅤA 族，H_2 活性金属则主要为Ⅷ族过渡金属，而 C_x 活性金属与 CO 活性金属以ⅠB 族过渡金属为主。为了更好地理解这些结论所隐含的微观机理，多个研究组从不同角度进行了系统性的理论分析，所涉及的机理可归结为以下两个因素。

（1）CO_2 还原的中间产物 CO、C 等的吸附强度[2]。Ⅷ族过渡金属表面 CO 吸附强，ⅠB 族 Cu 表面 CO 吸附强度中等，ⅠB 族 Au 表面 CO 吸附微弱，导致在实验引发 CO_2 电催化反应的阴极电势区间内，Ⅷ族过渡金属表面 CO 与 C 的覆盖率几乎达到 100%，阻碍了 H 的吸附，进而阻碍了 CO 的进一步氢化；Cu 的表面在此电势区间内 CO 与 H 的覆盖率处于中等水平，CO 与 H 可以进一步反应产生碳氢化合物；Au 表面 CO 覆盖率过低，产物以 CO 为主，覆盖率与产物的关系如图 3.1 所示。

（2）CO_2 本身在金属表面的吸附强度。CO_2 在金属表面的吸附强度决定了其加氢的位点与势垒。当其吸附强度较弱时，其通过 H_2O 作为媒介传导加氢的势垒显著提升，COOH 及 CO 以及后续加氢的产物比例很低；而吸附强度较强时，CO_2

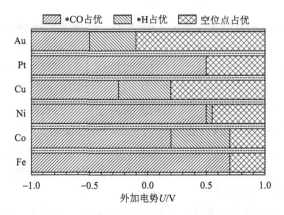

图 3.1　不同金属的覆盖率与产物的关系示意图[2]

本身会带有显著的负电性，有利于其加氢生成*COOH，从而最终产生 CO 以及 CO
的还原产物，反应路径如图 3.2 所示。二者的反应势垒高低在 Cu 表面得到了第一
性原理分子动力学的证实。

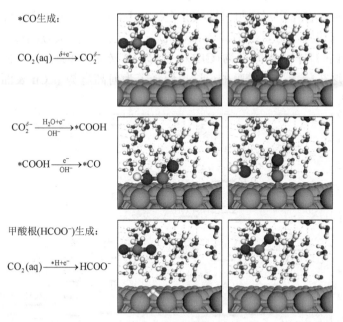

图 3.2　CO₂ 还原可能的反应路径[2]

　　对于上述金属表面上发生的反应其可能的反应路径，多项研究工作分别给出
了不同的观点。

　　Akhade 等[2]考察了模型的选择对中间产物结合能大小的影响，从而限制二氧

化碳电催化还原在过渡金属 Pt、Ni、Co、Cu、Au 表面的活性/选择性。为了推导电催化金属筛选的比例关系，在他们的分析中忽略了电势相关的反应动力学和中间产物在表面覆盖的竞争效应。他们关注的重点是表面模型的选择以及交换关联势的影响。此外，精确溶剂的存在对于中间产物吸附能的影响也是他们的关注重点。他们的结果显示 PBE 泛函计算得到的表面中间体的吸附能在密堆积表面相对于 RPBE 整体增强大约 0.3eV。在阶梯状表面，COOH 与 COH 的吸附能相比于密堆积表面减弱了大约 0.26eV。精确溶剂化的纳入会对 CO 加氢的限制电势存在显著的降低作用，并且表面效应与溶剂化效应的影响远大于线性关系的影响，进而有必要开展系统的 DFT 计算。

Hussain 等[3]则考虑了电势的影响以及反应吸附氢的作用，并用密度泛函理论计算了在过渡金属表面模型的各个基本反应步骤。在实验电势区间内，关于质子化的最低能量路径是遵从 Tafel 机理还是 Heyrovsky 机理这一问题，可以根据实际体系用 NEB 的计算结果给出答案。Cu 在相关电势区间 CO₂ 加氢的反应势垒为 0.5eV，而 Pt 表面反应势垒则达到 0.7eV，这解释了为何 Cu 的 CO₂ 电化学还原活性高于 Pt。在 Cu(111)表面，具体的反应路径及活化能随着电势的变化如图 3.3 所示。可以发现，在低阴极电势（即实验电势）下，CH₄ 的生成主要经历*COH 中间产物，反应的机理主要是 Heyrovsky 机理，当电势向阳极方向移动时，反应主要依据 Tafel 机理产生中间产物*CHO，而*CHO 转化为 CH₄ 需要经历 1.12eV 的反应势垒，这在能量上是禁阻的，这也解释了为何高电势下 Cu 表面几乎不产生

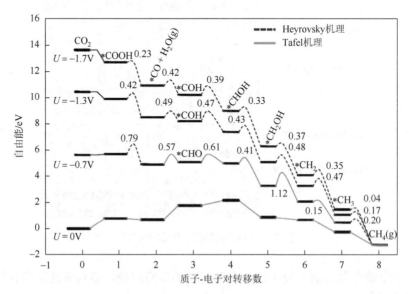

图 3.3　Cu(111)表面反应路径及活化能随着电势的变化（单位：eV）[3]

烃类。尽管上述二者的研究并未得到完全相同的反应机理和结论，但都突显了模型选择与 DFT 计算的重要性。

3.2　Cu 电极表面 CO_2 电催化还原的机理研究

3.2.1　单碳产物 CH_4 的生成

目前实验上广泛研究的金属电极中，Cu 电极是唯一能在水溶液中以高 FE 电催化 CO_2 产生 CH_4、C_2H_4 等轻质碳氢化合物的电极。而 Cu 电极表面激发 CO_2 进行电催化还原以及 CO_2 电催化还原的 FE 达到峰值所需要的超电势都很高，如实验报道的 CH_4 产生的起始阴极电势为 –0.8V *vs*. RHE，电流密度大小达到 $2mA/cm^2$ 时需要的电压大小则约为 –1.0V *vs*. RHE，如图 3.4 所示。过高的超电势导致巨大

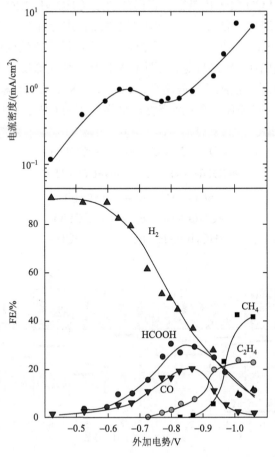

图 3.4　Cu(211)表面反应电流密度以及产物分布与外加电势的关系[4]

的能量浪费，限制了铜电极催化 CO$_2$ 还原在工业上的实际应用。如何降低超电势以激发反应的进行便成为理论研究的热点课题。

　　与一些基元电化学反应不同，在 CO$_2$ 电催化还原生成碳氢化合物的过程中，由于价态的剧烈变化，包含多步质子转移与电子转移过程，反应的复杂程度远超一些单电子或双电子转移的电化学反应。以 CH$_4$ 的生成为例，总的电极反应式如下所示：

$$CO_2 + 8H^+ + 8e^- \longrightarrow CH_4 + 2H_2O \quad (E^\ominus = +0.17V \ vs. \ RHE)$$

　　可以看出，该反应包含 8 个质子转移与 8 个电子转移步骤，涉及众多中间价态的中间产物粒子。在这种情况下，根据单方面实验数据或者理论计算结果并不难提出能完全自圆其说的反应路径，但是很难完全确定这些反应路径是唯一的。总体来说，由 CO$_2$ 经历中间产物 *COOH 转化为 *CO 并无争议，而 *CO 的进一步质子化路径十分多样。仅从理论计算的角度看，随 *CO 晶面取向的不同，研究者提出了三种主要的 CO 质子化路径。它们分别是 *CHO-*HCHO 路径[4]、*COH 路径[5]、*CHO-*CHOH 路径[6]。下面分别对这些路径进行详细介绍。

　　2010 年，Peterson 等[4]基于在氧还原以及氢析出反应等领域获得巨大成功的计算氢电极模型，提出在 Cu(211)模型表面 CO$_2$ 的电催化还原反应遵循 *CHO-*HCHO 路径，如图 3.5 所示。按照该反应路径，CO$_2$ 接受 8 个协同转移的质子-电子对，经过 *CO、*CHO、*HCHO 等中间产物，最终转变为 CH$_4$。其反应的基本历程如下所示：

$$CO_2 + H^+ + e^- + * \longrightarrow *COOH$$
$$*COOH + H^+ + e^- \longrightarrow *CO + H_2O$$
$$*CO + H^+ + e^- \longrightarrow *CHO$$
$$*CHO + H^+ + e^- \longrightarrow *HCHO$$
$$*HCHO + H^+ + e^- \longrightarrow *OCH_3$$

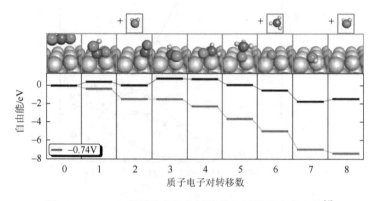

图 3.5　Cu(211)表面反应的中间体分布以及反应自由能[4]

$$*OCH_3 + H^+ + e^- \longrightarrow *O + CH_4$$
$$*O + H^+ + e^- \longrightarrow *OH$$
$$*OH + H^+ + e^- \longrightarrow * + H_2O$$

他们将实验中观察到的高超电势归结为每一步质子-电子对协同转移反应的自由能 ΔG 的变化。在这 8 个质子-电子对协同转移反应中，CO 接受质子-电子对生成 CHO 的 ΔG 最高，达 0.74eV。根据计算氢电极模型思想，为使得反应历程中所有质子-电子对协同转移反应的 ΔG 均降至 0 以下，所需要的阴极电势的最小值为–0.74V $vs.$ RHE。与总反应平衡电势 + 0.17V $vs.$ RHE 作比较，可得出激发目标反应所需超电势的大小为 0.91V。计算得到的起始阴极电势仅比实验值略高。进一步模拟表面形貌对超电势的影响表明，在密堆积的 Cu(111) 表面，中间产物的吸附强度整体低于阶梯状 Cu(211) 表面，导致激发目标反应所需超电势大小进一步升高约 0.2V[7]。由于多晶 Cu 电极既包含 Cu(111) 面也包含 Cu(211) 面，该结果可以解释单纯模拟 Cu(211) 表面所得超电势较多晶 Cu 电极表面实验数据略微偏低的情况。此外，该结果与恒电流电解实验测定的 Cu(211) 与 Cu(111) 晶面 CO₂ 电催化还原的超电势的相对高低趋势[8]相吻合。

Cu/ZnO/Al₂O₃ 催化剂热催化 CO₂ 氢化的主要产物为 CH₃OH 而非 CH₄[9]，体现出水溶液与电场的存在与否对反应历程起决定性的影响。计算氢电极模型下对此差异的解释[4]包含两点：①Cu(211)电极表面 $*OCH_3 \longrightarrow *O + CH_4$ 的反应自由能较 $*OCH_3 \longrightarrow CH_3OH$ 的反应自由能降低 0.27eV。根据统计热力学原理，0.27eV 的自由能差距将带来约 40000∶1 的 CH₄∶CH₃OH 的反应产物比率；②热催化与电催化还原过程中 H 源的差异与空间位阻效应相结合，在 Cu(211) 表面，中间产物 $*OCH_3$ 是以 O 端吸附，CH₃ 端指向晶面法向。在热催化条件下，H 主要源于合成气中 H₂ 在 Cu 表面断裂形成的原子吸附氢。由于相互之间距离更为接近，$*OCH_3$ 相邻位点的原子吸附氢更易接近 O 端，致使 CH₃OH 的生成占据主导地位；而 Cu 电极附近，H 主要源于溶液中的游离质子。由于 CH₃ 基团较大的空间位阻效应，水溶液中的质子难于接近 $*OCH_3$ 的 O 端，因而更容易与 CH₃ 端相结合形成 CH₄。

$*CHO$-$*HCHO$ 路径中间产物包含 HCHO，相应的电催化实验几乎观测不到 HCHO 终产物的存在，并且基于 HCHO 作为起始反应物的研究[10]表明，$*OCH_3$ 电催化还原的最终产物并非 CH₄，而是 CH₃OH。为解释这一现象，近年来更多理论推测的新型反应路径不断产生，Nie 等[5]提出的 $*COH$ 路径便是其中之一。与计算氢电极模型的近似真空不含 H₂O 分子的类气相模拟方法不同，其参考 H₂O 存在下 CO₂ 热催化还原的模拟工作，引入了单个/多个 H₂O 分子直至双层 H₂O 作为 H 的传输媒介，原子吸附氢直接参与氢化或通过水媒介传输质子化的势垒被作为评判超电势高低的标准。该路径的基本历程如下：（为简化形式，水分子存在下的直接氢化用 $*H$ 表示，水媒介质子化用 $H^+ + e^-$ 表示）

$$CO_2 + H^+ + e^- + * \longrightarrow *COOH$$

$$*COOH + H^+ + e^- \longrightarrow *CO + H_2O$$

$$*CO + H^+ + e^- \longrightarrow *COH$$

$$*COH + H^+ + e^- \longrightarrow *C + H_2O$$

$$*C + *H \longrightarrow *CH + *$$

$$*CH + *H \longrightarrow *CH_2 + *$$

$$*CH_2 + *H \longrightarrow *CH_3 + *$$

$$*CH_3 + *H \longrightarrow CH_4 + * + *$$

与*CHO-*HCHO 路径不同，Cu(111)晶面 H 传输至各中间产物的势垒高低与反应自由能的高低并不完全保持一致，尤其体现于中间产物 CO 的氢化（图 3.6）。分别考察*CO 氢化生成*CHO 与*COH，由于 C—H 键的弱极性与 O—H 键的强极性，水分子诱导的直接氢化以及水媒介质子化分别是两者的最优路径。*CO 氢化产生*COH 尽管自由能较*CO 氢化生成*CHO 高，前者 H 传输势垒相对于后者降低 0.18eV，表明反应势垒的计算在电场与溶液环境下不能完全忽略。因此，该反应路径中*COH 而非*CHO 是*CO 氢化的主要产物。使得所有加氢步骤的反应势垒均降低至 0.4V 以下（室温下反应可以进行）需要不高于–1.15V $vs.$ RHE 的阴极电势，即超电势相比于实验观测值略微偏高。

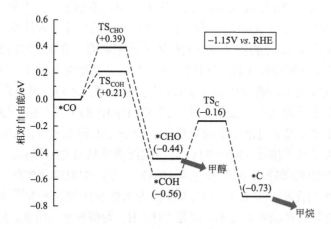

图 3.6　Cu(111)晶面 H 传输至各中间产物的势垒与反应自由能分布图[5]

基于 CHO 加氢的计算分析也进一步排除了其成为 CH$_4$ 生成过程中中间产物的可能性，在–1.15V 的外加电势下，CH$_3$OH 的生成仅需跨越 0.39eV 的反应势垒，而 CH$_4$ 的生成则需要跨越 0.40eV 的势垒。其能量最优路径为

$$*CHO + *H \longrightarrow *HCHO + *$$

$$*HCHO + *H \longrightarrow *OCH_3 + *$$

$$*OCH_3 + H^+ + e^- \longrightarrow *CH_3OH + *$$

在此基础上，基于溶剂化模型与 pH 校正改良后的水媒介模型 DFT 计算[11]表明，在酸性条件下的 Cu(111)晶面，CO_2 的还原同样以*CO 和*COH 作为中间产物，但是相比于*COH 质子化生成*C，其直接加氢生成*CHOH 的路径更易进行（图 3.7），对应的起始阴极电势为–0.80V $vs.$ RHE。

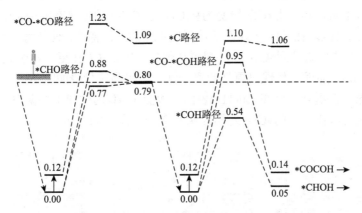

图 3.7　Cu(100)表面 CO_2 还原路径示意图（单位：eV）[11]

考察（111）晶面的 COH 过程以及（100）（211）晶面的*CHO-*HCHO/*CHOH 过程，可以发现二者的差异主要在于 CO 直接氢化与质子化过程的相对难易程度。在 C_2H_4 的生成中，这种晶面取向导致的 CO 加氢过程的差异同样可以体现，详见下一小节的介绍。而进一步考察（111）晶面的*COH 过程以及（100）晶面的*CHO-*CHOH 过程，可以发现，无论是静态 DFT 计算还是基于量子力学的分子动力学计算，直接氢化过程均倾向于 C 位点，而质子化过程则倾向于 O 位点。

3.2.2　双碳产物 C_2H_4 的生成

除了 CH_4，另一个在多晶 Cu 电极表面大量生成的含碳产物为 C_2H_4。总的电极反应式如下：

$$2CO_2 + 12H^+ + 12e^- \longrightarrow C_2H_4 + 4H_2O \quad (E^{\ominus} = +0.08V\ vs.\ RHE)$$

该反应包含 12 个质子转移与 12 个电子转移步骤，包含更为丰富的中间产物种类，此外，C_2H_4 的生成包含单碳中间产物的耦合，而耦合反应的反应自由能及反应势垒相对于外加电势以及溶液成分的变化更不敏感，由此为反应机理的分析带来了更多的不确定因素。也正因为此，对于 C_2H_4 生成机理的分析侧重于模拟 C—C 耦合步骤的具体形式。C—C 耦合的具体形式影响要素主要包含三个方面：晶面取向、溶液酸碱性以及外加电势。

　　首要的不确定因素是晶面取向对反应产物分布的影响。基于水媒介模型的 DFT 模拟[12]表明，C$_2$H$_4$ 更为偏好在 Cu(100)晶面为主的阶梯型表面如（711）面产生，（100）表面起着至关重要的作用。不同于 Cu(111)表面的*COH 路径，在 Cu(100)晶面*CO 氢化生成*CHO 的势垒与*CO 质子化生成*COH 势垒的相对高低发生了反转，导致*CHO 是主要中间产物，*CHO 之间相互耦合是 C$_2$H$_4$ 的主要来源。这种不同可以用两种晶面上*CO 转变为*COH 与*CHO 的过渡态的稳定性来解释。溶剂化的质子 H$_3$O$^{\delta+}$在（111）晶面上体现出更强的共价特性，使其稳定性增强。相应地，水媒介传导质子到*CO 的 O 端更加便捷，从而*COH 更容易生成；反过来，H$_3$O$^{\delta+}$在（100）晶面上体现出更强的离子性，更容易诱导表面吸附的 H 极化并与 CO 的 C 端直接耦合。而在 Cu(111)表面，少量 C$_2$H$_4$ 的生成主要源自于*COH 进一步质子化与氢化产生的*CH$_2$ 之间的相互耦合（图 3.8）[13]。

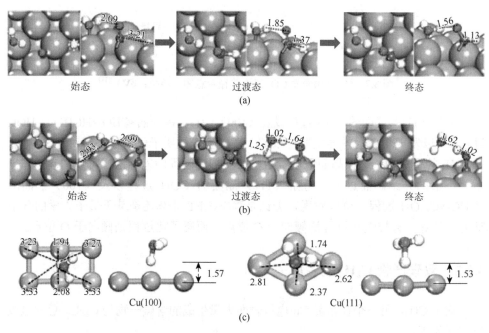

图 3.8　Cu(100)与 Cu(111)表面的 CO 氢化路径示意图（单位：Å）[13]

（a）*CO 氢化生成*CHO；（b）*CO 质子化生成*COH；（c）H$_3$O$^{\delta+}$在 Cu(100)和 Cu(111)表面的吸附结构

　　理论计算工作解释 pH 的高低对于 C—C 耦合步骤的影响在于调控*CO 质子化与*CO—*CO 耦合反应势垒的相对高低。基于溶剂化模型改良后的水媒介模型 DFT 计算[11]表明，不同于酸性溶液中 CH$_4$ 生成占据绝对优势，在中性水溶液中，

Cu(111)表面*CO 加氢生成*CHO，*CO 之间耦合为*CO—CO，*COH 的生成及后续氢化，以及*CO—COH 耦合四种路径，跨越的势垒十分接近，根据统计热力学公式预测出的 C_2H_4 与 CH_4 产物的摩尔比为 0.2：1，与实验相吻合。此时对应的起始电压为–1.17V $vs.$ RHE。pH 值进一步升高至 13 时，*CO 与*CO 之间的耦合反应占据主导地位，此时 C_2H_4 成为主要产物，对应的起始电压为–1.21V $vs.$ RHE。简而言之，与上述 Cu(100)晶面的*CHO—CHO、*CO—CO 或*CO—CHO 耦合机理不同，Cu(111)晶面在中性或碱性条件下 C—C 耦合遵循*CO—CO 耦合机理或*CO—COH 耦合机理。有趣的是，*CHO 还是*COH 作为耦合反应的参与者随晶面种类的变化趋势与 CH_4 生成时*CHO 还是*COH 作为主要中间产物随晶面种类的变化趋势是一致的。

外加电势高低对 C—C 耦合的影响则分为两个方面：①外加电势对（100）晶面上的中间产物*CO 的覆盖率也起着非常大的影响，而*CO 的覆盖率反过来又可以调控*CHO 与 COH 的相对稳定性[12]，这可以解释实验上为何 C_2H_4 偏向于在较高的阴极电势下产生，而进一步降低阴极电势时，CH_4 的生成开始占据主导地位；②外加电势本身也可以调控不同的 C—C 耦合过程势垒的相对高低。Goodpaster 等[14]将溶剂化模型做了进一步改进，引入了局域空间电场进行进一步的校正，这种新的泊松-玻尔兹曼溶剂模型被应用于研究不同电势下 Cu(100)晶面 CO_2 还原的反应路径。在较低的外加电势下，CO—CO 耦合占据 C_2H_4 生成的主导地位；而在较高的外加电势下，*CO—CO 耦合反应势垒会剧烈提高，这就使得*CO 先加氢生成*CHO，而后*CO—CHO 耦合是 C_2H_4 产生的决定性步骤。这种反应机理结合微动力学模型，在与实验的电势-产物分布以及电流密度的比较上取得了较为一致的结果，如图 3.9 所示。

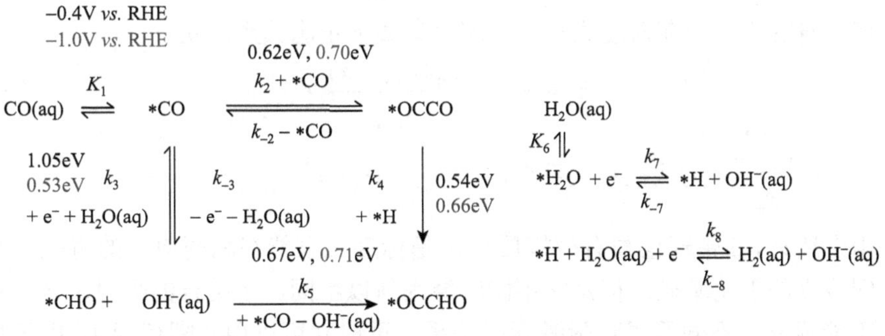

图 3.9 Cu(100)表面的 C—C 耦合路径示意图[14]

3.3 标度关系对传统金属电极性能的限制

从前几章的讨论可以看出，几乎在所有的传统金属电极表面，CO_2 的转化均受到了较高的超电势的限制。为了探究这种限制的来源，Peterson 等[15]计算了 CO_2 转化过程中常见的中间产物的吸附能的大小，并引入了金属表面吸附过程中常用的一个概念——标度关系来进行解释。

标度关系是指在金属表面，如果吸附产物以相同的或者同主族的原子作为结合金属的位点，那么它们之间的吸附能的大小近似呈现出一种线性关系。这种线性关系的物理背景是 d 带中心理论、有效媒质理论以及八隅律或 18 电子构型假说。

标度关系的提出最早是用来解释吸附原子 A 及其不同氢化物 AH_x 的吸附能之间的相互线性关系。根据 d 带中心理论，吸附物与金属表面之间的相互作用包含两大部分，分别是吸附物与金属 sp 态的相互作用以及吸附物与金属 d 态的相互作用。前者的大小在所有金属之间几乎相同，而决定金属表面与吸附物之间结合强度的主要是后者。我们把吸附态与金属 d 态耦合导致的能量变化标注为 ΔE_d。根据二阶微扰理论，该项的大小正比于对应的哈密顿矩阵元的平方项，称为耦合常数。而根据有效媒质理论，最优电荷密度 n_0 的大小对于所有种类的吸附原子均是存在的。n_0 由金属表面的电荷密度分布以及 AH_x 的 H 原子的电荷密度共同构成。一旦 x 的大小达到了气相 AH_x 分子实际能结合的 x 的最大值 x_{max}，对应的电荷密度即为最优电荷密度 n_0。因为气相的 AH_x（$x = x_{max}$）分子实际几乎并不与金属表面有强烈的化学吸附，最优电荷密度 n_0 几乎完全由每个 H 原子提供。每个 H 原子提供的电荷密度自然为 $\dfrac{n_0}{x_{max}}$。那么当 x 小于 x_{max} 时，结合在金属表面的 AH_x 分子周围，由金属本身提供的电荷密度为 $\dfrac{n_0(x_{max} - x)}{x_{max}}$。由于 V_{ads}^2（ads 表示吸附态）与金属本身提供的电荷密度成正比，因而有如下正比关系成立：

$$\Delta E_d \propto V_{ads}^2 \propto \frac{n_0(x_{max} - x)}{x_{max}} \propto \gamma \tag{3.1}$$

其中，$\gamma = \dfrac{x_{max} - x}{x_{max}}$ 为线性相关系数，即 $E_{ad}(AH_x) = \gamma E_{ad}(A)$。

由上所述，d 带理论与有效媒质理论是标度关系能在相同原子的氢化物吸附态之间成立的理论基础。但是它不能解释为何以不同原子结合的吸附态之间标度关系不能成立。不同原子吸附时标度关系不再成立可以用八隅律或 18 电子构型假说进行解释。首先，吸附态的孤电子以及吸附态-第一层金属的成键电子对的电子总和符合八隅律；其次，第一层-第二层金属的成键电子对、第一层金属的孤电子以及吸附态-第一层金属的成键电子对的电子总和符合 18 电子规则；最后，第一层-第二层金属的成键电子对、第二层-第三层金属的成键电子对以及第二层金属的剩余价电子的电子数总和符合 18 电子规则。当三个条件均符合时，对应的吸附态能量处于一个最低点。对于不同主族原子吸附于金属表面的情况，其能量最低点无法保持一致性。不同族原子吸附态间不存在线性标度关系。

随着计算模拟研究的深入，标度关系的深度与广度得到了进一步推广。除了最早的氢化物吸附态，越来越多的其他吸附态被容纳进来。理论计算表明，与 CO_2 还原相关的吸附态，如果以 C 端连接在金属表面，除了 $*CH_x$ 与 $*C$ 之间的标度关系依旧成立以外，$*CO$、$*CHO$、$*COOH$ 这类中间产物的吸附能同样符合线性的标度关系。以 $*CO$ 的吸附能作为参照标准，$*COOH$、$*CHO$、$*CH_2O$ 等的吸附能的标度关系如图 3.10 所示。

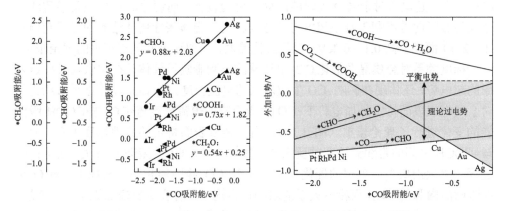

图 3.10　$*COOH$、$*CHO$、$*CH_2O$ 等的吸附能的标度关系[15]

以金属（211）表面 $*CHO$ 的吸附能为例，理论计算表明，它与 $*CO$ 的吸附能之间的标度关系公式为

$$E_{ads}(*CHO) = 0.88E_{ads}(*CO) + 2.03 \tag{3.2}$$

根据计算氢电极模型，质子-电子对协同转移反应的自由能的高低决定了超电势的大小。这类反应的自由能大小为反应前与反应后的吸附态的吸附自由能之差。而吸附态的吸附自由能由吸附能、零点振动能、热容项、熵项等构成。其中除吸附能以外的几项在不同金属的表面是几乎保持恒定的。超电势的大小实际取决于反应吸附态吸附能的差值。以 $*CO$ 的吸附能的变化作为参考基准，金属表面 CO_2 电催化还原的超电势的变化趋势如图 3.10 所示。

可以发现，在不同金属表面，引发 CO_2 还原的超电势的变化对于 $*CO$ 吸附能的变化十分不敏感。这主要是因为在大部分金属表面上，$*CO \rightarrow *CHO$ 是决定超电势大小的质子-电子对协同转移反应。而上面提到，它们之间的线性相关系数为 0.88，非常接近 1。由于超电势的大小取决于二者的差值，超电势大小与 CO 吸附能大小的线性相关系数比较接近 0。这表明无论 $*CO$ 的吸附能如何变化，超电势的变化都较为微弱。另外，在 $*CO$ 的弱吸附与强吸附区域，$*CO$ 与 $*COH$ 的标度关系以及*CO 与*COOH 的标度关系取而代之，决定了超电势的大小。超电势在这两个区域会进一步提升。进一步观察发现，金属 Cu 对应的*CO 的吸附能处，超电势的大小已经十分接近理论上可达到的最小值。

在金属（111）晶面，CO₂ 电催化转化的标度关系同样存在。相对于金属的（211）晶面，*CO 的吸附相对弱化，导致吸附能整体向右移动。以 Cu 为例，*CO 的吸附由强侧转移至弱侧，导致决速步变为 CO₂→*COOH。与此同时，*CO→*COH 对于超电势的影响范围更宽，向*CO 吸附的弱侧移动。另外，值得一提的是，晶面的不同导致了吸附产物之间的标度关系线性相关系数的斜率发生了一定程度的变化，（111）面上超电势对于*CO 吸附能的变化更为敏感。而弱化的*CO 吸附导致线性公式的截距向着不利于减小超电势的方向移动，金属表面所能达到的最低超电势比（211）面还要高 0.1～0.2eV。对于其他晶面，目前还未发现有相关的理论报道。

标度关系对金属晶面催化 CO₂ 电还原的不利影响不仅体现在难以降低*CO 还原的超电势，还体现在影响*CO 生成反应的电流密度。Hansen 等[16]结合微动力学对金属电极表面特定外加电势下*CO 生成反应的电流密度随*CO 与*COOH 吸附能的变化进行了理论模拟（图 3.11）。由于金属表面特定的线性标度关系，*CO 与*COOH 之间的直线无法穿过反应的活性中心端，即电流密度最高处，俗称催化过程的"火山口"。理想的催化剂需要使得*CO 吸附能相同的情况下，*COOH 的吸附能向强侧移动，而标度关系的限制使得这一目标在金属表面无法有效实现。综上所述，通过单一的调控金属电极的种类以期达到减小电催化过程能量损耗的设想并不现实。

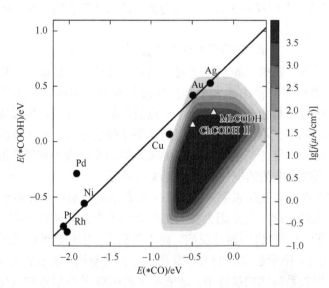

图 3.11　*COOH 与*CO 解离能与还原速率的关系[16]

虽然有种种限制,但对于标度关系的合理分析依旧为打破这些不利影响提供了有效的参考思路。Peterson 等[15]总结了如下几条策略:①引入高氧亲和性的原子与 Cu 之间形成合金。这主要是利用了*CO 与*CHO 在金属表面吸附构型的不同。*CO 更倾向于以端基配位的方式吸附在金属表面,导致高氧亲和度原子的引入难以对*CO 的吸附能存在实质性影响;而*CHO 倾向于以 C=O 键平行于金属表面的形式吸附,一旦引入高氧亲和度原子,*CHO 的稳定性将通过 O 与引入原子之间的成键得到提升,类似的情况同样适用于*COOH。②将活性分子接在金属表面。一些高亲电性的分子接入金属表面时,其亲电基团利用空阻效应与*CHO 或*COOH 等吸附态形成稳定的静电相互作用,增强这些吸附态的稳定性。③加入助催化剂。部分助催化剂通过金属-碳键的插入反应定位于两者之间,改变*CHO、*COOH 等吸附态的结合形式,甚至在部分吸附态中形成螯合效应,构建助催化剂原子-吸附态氧原子的双齿吸附。④分离中间产物的吸附位点。通过掺杂或制备过渡金属化合物,使得吸附态的最佳吸附位点发生分离,避免了成键电子构型的相似性,导致标度关系不再成立。⑤调控催化剂的几何曲率,使得活性位点周围的电子密度发生一定程度的微扰,形成对不同吸附态的不同影响。⑥设计不含金属的新型催化剂,彻底去除标度关系成立的基石之一:d 带中心理论。对于金属的改性以打破标度关系近年来取得了一系列理论进展,我们在下节进行详细介绍。

3.4 基于理论策略对金属催化剂的改良

Cu 与 Au、Ag 等元素的合金并不能大幅度降低*CO→*CHO 或者*CO→*COH 的反应自由能,从而难以有效降低反应超电势。这主要是由于过渡金属合金中,d 带中心对于不同吸附物影响的关联性并未打破。事实上,标度关系对于 CO_2 电还原的超电势的影响并不局限于*CO/*CHO 或者*CO/*COH 的相互关联,在 CO_2 还原生成*CO 的过程中,*CO 与*COOH 的吸附能在金属表面同样存在类似的关联效应,导致*CO 生成的起始电势同样难以向阳极方向移动。Lim 等[17]在此基础上,对常见的 CO_2 电还原合成 CO 的 Ag 基催化剂的 d 区元素掺杂也进行了类似的吸附能-超电势与吸附能-吸附能相关性的研究。如图 3.12 所示,在 Ag—X(X = Co,Cu,Zn,Rh,Pd,Cd,Ir,Pt,Au,Hg)表面,*COOH 与*CO 的吸附能之间依然保持着强烈的线性标度关系。其原因主要是 Ag 与 X 同为 d 区过渡金属元素,X 的掺杂并不能改变电子的有效媒质性,d 带的电荷密度的连续性也并不会由于其他 d 区元素的掺杂而受到剧烈的干扰。有趣的是,当掺入 p 区的部分元素 M(M = B—F,Al—Cl,Ga—Br,Tl—I)时,原有的线性标度关系完全不再成立。以掺杂效果最优的 As 与 S 为范例,CO 的生成所需要的超电势降低达 0.4~0.5V,这主要是由于*COOH 中间产物的稳定性因为 p 区元素的引入而增强。

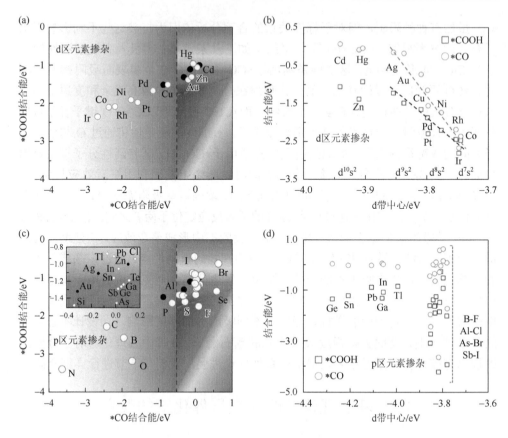

图 3.12　Ag—X（X = Co，Cu，Zn，Rh，Pd，Cd，Ir，Pt，Au，Hg）表面*COOH 与*CO 的
结合能的线性标度关系[17]

d 区元素掺杂的表面（a）*CO 与*COOH 结合能关系，（b）d 带中心与*CO 和*COOH 结合能的关系；
p 区元素掺杂的表面上（c）*CO 与*COOH 结合能关系，（d）d 带中心与*CO 和*COOH 结合能的关系

　　这可以用·COOH 自由基与 CO 分子完全不同的轨道特性合理解释。·COOH
自由基的孤电子位于 C 的 $2p_z$ 轨道上，它与高度局域化的 p 区掺杂原子的 p_z 轨道
的对称性才可以有效匹配而成键。而掺杂的 p 区元素一旦与金属 Ag 结合，必然
会导致一定程度的杂化，为了使这种杂化打破而使相应的轨道有效局域化，需要
一定的局域化能，而在*COOH 的 C 吸附成键后，轨道对称性的匹配会带来总能
的大幅降低，称为成键稳定化能。*COOH 的吸附能即为局域化能与成键稳定化能
的总和。As 与 S 的电负性比卤族元素低，故不需要很高的局域化能量为代价使得
这些原子的外层价电子轨道保持 s^2p^5 的构型；与此同时，As 与 S 的前线轨道能级
可以与 C 的 2p 能级充分杂化，从而增强成键的稳定性。

参 考 文 献

[1] Hori Y，Wakebe H，Tsukamoto T，et al. Electrocatalytic process of CO selectivity in electrochemical reduction of CO_2 at metal electrodes in aqueous media[J]. Electrochimica Acta，1994，39（1）：1833-1839.

[2] Akhade S，Luo W，Nie X，et al. Poisoning effect of adsorbed CO during CO_2 electroreduction on late transition metals[J]. Physical Chemistry Chemical Physics，2014，16（38）：20429-20435.

[3] Hussain J，Skúlason E，Jónsson H. Computational study of electrochemical CO_2 reduction at transition metal electrodes[J]. Procedia Computer Science，2015，51（1）：1865-1871.

[4] Peterson A A，Abild-Pedersen F，Studt F，et al. How copper catalyzes the electroreduction of carbon dioxide into hydrocarbon fuels[J]. Energy & Environmental Science，2010，3（9）：1311-1315.

[5] Nie X，Esopi M，Janik M，et al. Selectivity of CO_2 reduction on copper electrodes：The role of the kinetics of elementary steps[J]. Angewandte Chemie International Edition，2013，52（9）：2459-2462.

[6] Cheng T，Xiao H，Goddard W. The free energy barriers and reaction mechanisms for the electrochemical reduction of co on the Cu(100) surface including multiple layers of explicit solvent at pH 0[J]. The Journal of Physical Chemistry Letters，2015，6（23）：4767-4773.

[7] Durand W，Peterson A，Studt F，et al. Structure effects on the energetics of the electrochemical reduction of CO_2 by copper surfaces[J]. Surface Science，2011，605（15-16）：1354-1359.

[8] Hori Y，Takahashi I，Koga O，et al. Electrochemical reduction of carbon dioxide at various series of copper single crystal electrodes[J]. Molecular Catalysis，2003，199（1）：39-47.

[9] Studt F，Behrens M，Kunkes E，et al. The mechanism of CO and CO_2 hydrogenation to methanol over Cu-based catalysts[J]. ChemCatChem，2015，7（7）：1105-1111.

[10] Schouten K J P，Kwon Y，Ham C J M，et al. A new mechanism for the selectivity to C1 and C2 species in the electrochemical reduction of carbon dioxide on copper electrodes[J]. Chemical Science，2011，2（10）：1902-1909.

[11] Xiao H，Cheng T，Goddard W，et al. Mechanistic explanation of the pH dependence and onset potentials for hydrocarbon products from electrochemical reduction of CO on Cu(111)[J]. Journal of the American Chemical Society，2015，138（2）：483-486.

[12] Luo W，Nie X，Janik M，et al. Facet dependence of CO_2 reduction paths on Cu electrodes[J]. ACS Catalysis，2015，6（1）：219-229.

[13] Nie X，Luo W，Janik M，et al. Reaction mechanisms of CO_2 electrochemical reduction on Cu(111) determined with density functional theory[J]. Journal of Catalysis，2014，312（1）：108-122.

[14] Goodpaster J，Bell A，Head-Gordon M. Identification of possible pathways for C—C bond formation during electrochemical reduction of CO_2：New theoretical insights from an improved electrochemical model[J]. The Journal of Physical Chemistry Letters，2016，7（8）：1471-1477.

[15] Peterson A A，Nørskov J K. Activity descriptors for CO_2 electroreduction to methane on transition-metal catalysts[J]. The Journal of Physical Chemistry Letters，2012，3（2）：251-258.

[16] Hansen H A，Varley J B，Peterson A A，et al. Understanding trends in the electrocatalytic activity of metals and enzymes for CO_2 reduction to CO[J]. The Journal of Physical Chemistry Letters，2013，4（3）：388-392.

[17] Lim H K，Shin H，Goddard W，et al. Embedding covalency into metal catalysts for efficient electrochemical conversion of CO_2[J]. Journal of the American Chemical Society，2014，136（32）：11355-11361.

第4章　副反应以及副反应抑制

从热力学的角度来讲，CO_2 还原反应是一个不自发的热力学过程，其反应的发生需要从外界供能。在催化过程中，利用电能将 CO_2 分子转化为燃料或化学原料是 CO_2 利用的基本途径。由于其包含了储能过程，从能量转化的角度考虑，催化过程中 CO_2 分子还原将电能转变为化学能。如何在这一过程中提高能量转化效率也成为一个重要的研究课题。

在实验中，使用铜电极催化剂催化 CO_2 还原转化为甲烷、乙烯和乙醇等产物，在外加电势为–1V 左右时，其能量转化效率可以达到约 70%。而在其他金属电极上，这一转化效率却很难获得。在 Ti、Fe、Ni 和 Pt 等电极上，电催化还原的主要产物基本均为氢气；而在 Ag、Au 和 Zn 电极上，催化反应的主要产物为一氧化碳；同时，在 Pb、Hg、Tl、In、Sn、Cd 和 Bi 等金属电极上，甲酸则是催化还原的主要生成物种。此外，即使是在同一种金属上，由于暴露晶面的不同，催化反应的选择性也会发生变化。如在 Cu(100) 表面，催化产物中 C_2H_4 的选择性就要明显高于 Cu(111) 表面。对于任意一种催化反应，其理想的优化目标都应当是在高能量转化效率下尽可能获得较高的单一产物选择性，这样其催化反应的价值才能够得到进一步提升。在催化反应的研究过程中，不仅仅要关注催化反应过程中的主要催化反应步骤，也需要观察其他可能发生的反应与主反应的竞争程度。可以说，一种好的催化剂，不仅要能够高效地降低主反应发生的反应能垒，同时还需要避免除此以外的其他任何反应的发生，这就对于催化剂的研究设计与改性提出了很大的挑战。

在实验中，研究催化剂表面发生反应的机理以及其选择性变化的原因非常困难。由于 CO_2 电化学还原过程是一个固-液-气三相均参与的反应，涉及界面以及溶液的复杂环境，想要通过原位表征手段获得催化过程中催化剂表面上各反应的具体信息，对仪器设备要求非常高，同时也很难保证获得有效的数据。与此不同的是，第一性原理计算在模拟催化剂表面的具体反应步骤和反应物种分布方面有着一定的优势。尽管现有的理论计算模型还不能完全准确地描述复杂的催化剂表面以及复杂的溶液环境，但利用简化模型，可以清楚地看到不同基元反应的特征以及其催化能量信息，通过与实验中观察到的催化反应现象进行比对，就能够推断出催化剂表面上各反应的机理以及能量信息，从而得出副反应对主反应的影响大小。

对于 CO_2 电化学还原反应,较为常见的副反应有氢解离反应(hydrogen evolution reaction,HER)、羟基消除反应(OH elimination reaction,OER)以及由于还原产物导致的催化剂中毒,这些都是需要研究的内容。

4.1 氢解离反应

在大多数电化学还原过程中,氢解离反应(HER)是非常常见的副反应。由于电化学还原通常在水溶液中进行,还原过程中的质子由溶剂的水分子提供。在还原过程中,氢离子可能会与含碳中间物种发生反应,还原得到碳氢化合物,同时也可能直接与催化剂的活性位点结合,进一步发生还原产生氢气。尽管氢气自身也可以作为一种能源或化学品使用,但氢气能量密度低,在储藏和运输过程中存在较大的安全隐患,工业应用价值也远不如 CO_2 还原得到的含碳有机物和 CO。

HER 在不同的催化剂上存在两种机理:Volmer-Tafel 机理指的是两个吸附的 H 原子反应形成 H_2,而 Volmer-Heyrovsky 机理则指的是吸附的 H 原子与溶剂中的质子发生电子转移,形成 H_2。其基元反应可以表示为

$$* + H^+ + e^- \longrightarrow H* \qquad \text{(Volmer 反应)}$$
$$H* + H^+ + e^- \longrightarrow H_2\uparrow + * \qquad \text{(Heyrovsky 反应)}$$
$$2H* \longrightarrow H_2\uparrow + 2* \qquad \text{(Tafel 反应)}$$

在热力学计算中,Volmer-Heyrovsky 机理所对应的反应极其简单,根据 CHE 模型,由于在标态下氢离子的电极电势为 0V,我们不难得出 Volmer 反应的自由能为 H 在活性位点上的吸附能 $\Delta G_{ads}(H*)$,而 Heyrovsky 反应的自由能则可以换算为 $-\Delta G_{ads}(H*)$。对于 Volmer-Heyrovsky 反应机理,催化反应过程中的各步反应的最大反应自由能即为 H 吸附能的绝对值。即在催化过程中,H 原子在电极活性位上的吸附能越接近 0,其反应的自由能能垒越低;当 H 吸附能降低时,催化剂表面 Volmer 反应更加容易发生,但 Heyrovsky 反应受到抑制,催化剂表面被 H 原子覆盖;相反,当 H 原子吸附困难时,Volmer 反应不易发生。在与 CO_2 还原的竞争中,Volmer 反应的自由能升高意味着含碳基团覆盖率的提高。尽管 Heyrovsky 反应自由能升高也会导致抑制 HER 副反应,但是主反应由于催化剂表面活性位点被占据,其反应也会受到抑制。

在 Volmer-Tafel 机理中,两个吸附的 H 原子结合生成一分子氢气离去。由于两个吸附的氢原子之间存在相互作用,Tafel 反应的自由能并不等于 $-2\Delta G_{ads}(H*)$,其反应自由能受到催化剂表面结构等多重因素的影响。同时,对于部分分散度较高的单原子中心催化剂结构,由于其活性中心周围并不存在相邻的吸附 H 原子,在这些催化剂上,Tafel 反应无法进行。对于大多数发生 Volmer-Tafel 机理的 HER

反应，其各步基元反应的最大自由能往往源自两个氢原子的近距离吸附或脱附步骤。在这类催化剂表面上，同样也存在着 Volmer 反应与含碳物种吸附之间的竞争。

　　通过改变施加在电极上的外加电势，主反应和副反应的自由能能垒的相对位置并不会发生改变。由于 CO₂ 活化加氢和 Volmer 反应中均含有一个质子电子对的转移，其反应自由能随着外加电势变化的幅度一致。正如 2.5 节微动力学模拟部分所讨论的，由于部分能垒的相对大小改变（如 CO₂ 活化加氢反应自由能变为负值），催化剂表面各物种的覆盖率发生变化，使得各产物的选择性依然会发生变化。在实验中，也经常通过这一手段在能耗与选择性之间调控，获得最佳经济效益。

　　仅仅通过热力学判据判断副反应对于主反应的竞争关系并不能解释一些在实验中观察到的现象。Hussain 等[1]通过第一性原理计算分析了在不同外加电势条件下，各常见金属电极表面 HER 反应和 CO₂RR 反应的活化能变化情况与催化反应特征。他们发现随着外加电势的降低，金属电极表面发生的 HER 反应特征有所变化。在 Cu(111)等金属表面上，HER 反应的发生主要是通过 Volmer-Tafel 机理。如图 4.1 所示，在金属的（111）面上，H 原子首先会吸附在由 3 个金属原子组成的空穴位上，形成面式吸附的 H 吸附原子。当施加外加电势时，金属表面的空穴位逐渐被 H 原子填满至 H 原子覆盖率为 1。当外加电势继续降低至一定程度时，H 原子开始吸附到金属原子的端式吸附位上，金属表面的 H 原子由单层吸附变为双层吸附，所表现出的 H 原子覆盖率>1。从吸附顺序以及计算得出的吸附能可知，端式吸附的 H 原子与金属的结合相比于面式吸附较弱。对于金属表面上发生的 HER 反应，其反应机理中的 Tafel 协同脱附的活化能与 H 原子吸附位点有着密切联系。

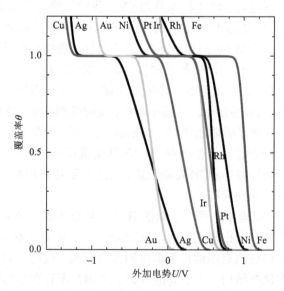

图 4.1　不同金属表面的氢原子覆盖率与外加电势的关系[1]

当端式吸附位上没有 H 原子时,其协同脱附的活化能较高。但当端式吸附位上存在 H 原子时,这一类 H 原子参与反应的活化能较低。从图 4.1 中可以发现,Cu(111) 上发生端式吸附需要外加电势为-1.3V 左右,这一数值小于其他金属。类似的 Au 和 Ag 也具有较低的端式吸附外加电势。值得一提的是,在计算中,即使在 H 原子覆盖率>1 的情况下,CO_2RR 依然能够发生,含碳物种主要以端式吸附形式分布在催化剂表面上,而吸附在空穴位的 H 原子对于含碳物种的还原影响较小。

在 Cu(111)上,当外加电势在-0.6~-1.6V 范围内时,HER 反应的活化能大于 CO_2 还原的活化能。而当外加电势下降至-1.6V 以下时,根据计算模拟,催化剂电极表面将会被 H 原子完全覆盖,由于端式吸附位也被 H 原子占据,含碳物种将不参与反应。

其他金属表面的 HER 反应也遵循类似的反应机理。在负值较大的外加电势作用下,HER 反应由端式吸附位的 H 原子参与,反应活化能显著降低。根据图 4.2 可以发现,在 Pt(111)、Ni(111)和 Fe(110)晶面上,即使没有外加电势作用,H 原子也能够几乎完全覆盖金属的面式吸附位,端式吸附位被完全占据也不需要太低的外加电势,催化剂不显示 CO_2 还原活性,电化学还原的产物全部为氢气。而在同样拥有低端式吸附外加电势的 Au(111)和 Ag(111)催化剂上,二氧化碳还原的反应表观活化能与 HER 表观活化能相近,这两种催化剂都表现出一定的 CO_2 电化学还原活性。

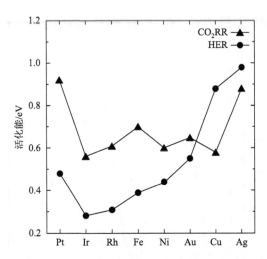

图 4.2　外加电势为-0.8V 时,不同金属表面 CO_2RR 和 HER 催化反应决速步的活化能[1]

4.2　羟基消除反应

除了氢解离反应之外,羟基消除反应也是电极还原过程中的另一个主要的副反应。在负值较小或为正值的外加电势条件下，催化剂的活性位点会被溶剂中的水氧化，在催化剂表面形成一层羟基保护层，甚至在一些情况下会以氧化层的形式存在。由于金属位点被*OH 吸附覆盖，不论是 CO$_2$RR 反应还是 HER 反应，其反应活性均会受到抑制。

在还原过程中，金属或活性位点上吸附的*OH 会随着外加电势的降低发生还原，这一过程与 ORR 中的一些基元反应类似。*OH 吸附被还原并通过羟基消除去除，从而暴露出金属位点。其基元反应可以表示为

$$*OH + H^+ + e^- \longrightarrow H_2O \qquad （OH 解离）$$

其逆反应即为一种可能的催化剂表面被氧化的反应。

一般在 CO$_2$ 电化学还原过程中，并不会向反应体系中加入氧气等氧化物，电极表面的羟基氧化层往往出现在反应开始前。甚至在一些金属纳米颗粒催化剂合成时，暴露在空气中的纳米颗粒以氧化物的形式存在。随着还原反应的进行，催化剂表面的氧物种被还原，金属活性位点暴露出来。在还原过程中，由于环境体系中存在着大量还原性物质（碳氢化合物和氢气等），金属电极表面也很难生成。

在电化学还原开始的过程中，羟基消除反应对催化反应的选择性也有一定的影响。在研究石墨烯缺陷上的双金属活性中心的催化选择性时，Li 等[2]发现在外加电势刚开始降低时，羟基消除反应占主导地位，而氢解离反应受到抑制。如图 4.3 所示，Cu$_2$@2SV 表面氢析出反应相对于目标反应 CO$_2$ 还原为 CO 二者的

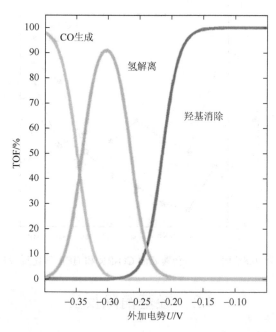

图 4.3　催化剂表面羟基消除反应、氢解离反应与目标反应之前反应速率随外加电势的变化[2]

TOF 随外加电势变化而发生改变。在外加电势大小逐渐降低的过程中,氢析出反应的 FE 会突然剧烈上升。氢解离电流占总电流之比超过 50% 的电势范围非常窄,当进一步降低外加电势至 -0.25V 时,氢解离反应的 TOF 会明显下降,与此同时 CO_2 还原为 CO 对应的 TOF 占总 TOF 之比会超过 50%,成为 TOF 较高的反应。这表明,氢解离反应只会在非常低的超电势的狭窄范围内影响目标反应的 TOF。而羟基消除反应在这一过程中起到了抑制氢气生成的作用。

4.3 催化剂中毒

除了氢解离反应和羟基消除反应外,还有一类较为常见的还原反应副反应则是由 CO_2 还原产物导致的催化剂中毒。其中,最为常见的则是由于 CO 过吸附导致的催化剂中毒。

CO 是一种简单的双原子分子,但是尽管其结构简单,其电子结构具有相当的特殊性。CO 是氮气的等电子体,碳氧原子之间以三键成键,同时两个原子上各有一对沿着分子主轴向外延伸的孤对电子。在分子内,存在一个由氧原子向碳原子转移电子的配位键。不同于 CO_2,在 CO 分子中,电负性较低的 C 原子反而是负电中心,吸附是也大多是以 C 原子作为成键原子与活性中心成键。

CO 在金属表面上的吸附方式非常多样化[3, 4]。尽管其脱附反应机理非常简单,但是其脱附能随着吸附表面的合金化或者缺陷引入会有着很大的变化[4]。可以说,CO 吸附脱附过程由于其在表面研究中的重要性,与氢吸附脱附过程一样,已经成为实验以及理论表面科学研究的一个标杆反应[5]。常见的描述 CO 吸附的模型是 Blyholder 模型[6],其中主要用到 CO 两个前线轨道的相互作用,分别为 5σ HOMO 和 $2\pi^*$ LUMO。由于与金属的相互作用,5σ 金属轨道与 $5\sigma^*$ 金属反键轨道生成,后者能量升高至费米能级以上,导致成键(电子配位)。同样的 $2\pi^*$ 金属混合态(电子反馈)也能够生成。简单的结构分析可以得出,对于顶点位的吸附,5σ 金属相互作用相对较强,而 $2\pi^*$ 金属反馈相互作用则在空穴位吸附时较强[4, 7-13]。

图 4.4 显示了 CO_2 在 Au(211) 和 Pt(211) 晶面上发生电化学还原反应的能量图[14]。可以看出,在 Au(211) 表面,CO_2 吸附形成 *COOH 有一定的能量上升,而 *CO 吸附态的自由能则接近于 0。通过施加电势降低超电势,即图片中浅色显示的 -0.35V,可以使 *COOH 的形成更加容易,从而进一步促进产物 CO 的生成。而在 Pt(211) 晶面上,由于 *COOH 相当稳定,CO_2 在该晶面上的活化为放能过程;另外 *CO 的能量也变得非常低,脱附释放 CO 这一过程的自由能变得很大,不利于反应的进行,并且由于脱附过程不存在电子得失,也无法通过外加电势来调变这一步反应的自由能。

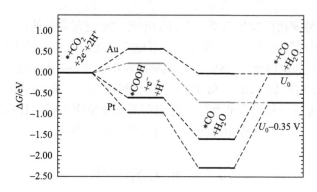

图 4.4　Au(211)和 Pt(211)上 CO₂ 还原能量示意图[14]

　　对于其他还原物种，甲醛、乙烯、乙醛等还原产物的脱附过程也不包含电子得失，也无法通过外加电势来调变这一步反应的自由能。这一类还原产物往往具有共轭体系，能够与活性中心形成配位键，有可能形成稳定的吸附结构。不过，尽管这类吸附物种的脱附不能通过改变外加电势进行调控，但是通过改变反应体系中产物的浓度或分压，及时将获得的产物从反应体系中分离出来，可以推动脱附反应平衡的正向进行。

参 考 文 献

[1]　Hussain J，Jónsson H，Skúlason E. Calculations of product selectivity in electrochemical CO₂ reduction[J]. ACS Catalysis，2018，8（6）：5240-5249.

[2]　Li Y，Su H，Chan S H，et al. CO₂ electroreduction performance of transition metal dimers supported on graphene：A theoretical study[J]. ACS Catalysis，2015，5（11）：6658-6664.

[3]　Somorjai G A. Modern surface science and surface technologies：An introduction[J]. Chemical Reviews，1996，96（4）：1223-1236.

[4]　van Santen R A，Neurock M. Molecular Heterogeneous Catalysis：A Conceptual and Computational Approach[M]. Hoboken：John Wiley & Sons，2009.

[5]　Somorjai G A，Li Y. Introduction to Surface Chemistry and Catalysis[M]. Hoboken：John Wiley & Sons，2010.

[6]　Blyholder G. Molecular orbital view of chemisorbed carbon monoxide[J]. The Journal of Physical Chemistry，1964，68（10）：2772-2777.

[7]　van Santen R. Symmetry rules in chemisorption[J]. Journal of Molecular Structure，1988，173（1）：157-172.

[8]　van Santen R A. Coordination of carbon monoxide to transition-metal surfaces[J]. Journal of the Chemical Society，Faraday Transactions 1：Physical Chemistry in Condensed Phases，1987，83（7）：1915-1934.

[9]　van Santen R. Theoretical aspects of heterogeneous catalysis[J]. Progress in Surface Science，1987，25（1-4）：253-274.

[10]　Kresse G，Gil A，Sautet P. Significance of single-electron energies for the description of CO on Pt(111)[J]. Physical Review B，2003，68（7）：073401-073404.

[11]　Gil A，Clotet A，Ricart J M，et al. Site preference of CO chemisorbed on Pt(111) from density functional calculations[J]. Surface Science，2003，530（1-2）：71-87.

[12]　Mason S E，Grinberg I，Rappe A M. First-principles extrapolation method for accurate CO adsorption energies on metal surfaces[J]. Physical Review B，2004，69（16）：161401.

[13]　Stroppa A，Kresse G. The shortcomings of semi-local and hybrid functionals：What we can learn from surface science studies[J]. New Journal of Physics，2008，10（6）：063020.

[14]　Hansen H A，Varley J B，Peterson A A，et al. Understanding trends in the electrocatalytic activity of metals and enzymes for CO_2 reduction to CO[J]. The Journal of Physical Chemistry Letters，2013，4（3）：388-392.

第 5 章　多相催化剂还原 CO_2 的理论研究

前几章主要讨论了金属体系表面 CO_2 还原的理论研究进展，可以发现，由于线性标度关系的存在，各个含碳中间产物的吸附能之间存在近似线性的比例关系，这种比例关系的存在对于降低反应所需的超电势存在不利影响。在常见的催化剂体系中，多相催化剂具有循环寿命长、产物分离便捷的优点，在工业中得到了大规模的应用，其中最为成熟和常见的就是第 3 章中讨论到的传统金属电极催化剂。在实际应用中，金属电极催化剂还是存在着一些缺陷，纯金属电极的比表面积有限导致电极造价高昂，标度关系的限制以及难以避免的副反应都限制了 CO_2 电化学催化还原的能量转化效率。因此，随着材料设计与材料合成技术的发展，越来越多的新型材料被应用到多相催化的领域中。

近年来，新型纳米体系的研发为提高电催化反应的效率与选择性开辟了一条新的途径。纳米体系相对于传统金属体系，存在如下几个优势：①比表面积大，活性位点密度高，原子利用率高；②量子限域效应等仅存在于纳米体系中，对材料的电子结构存在明显的修饰；③相比于传统金属电极造价较低，有利于经济化。另外，由于新材料结构的多样性，各种不同类型的活性位点被引入多相催化体系中，使得催化反应的微观机理更加多样化，并且原有的线性标度关系可能会发生改变，这也为 CO_2 电化学催化还原能量转化效率的提高带来了可能。而模拟计算在研究新型纳米催化剂体系时，也能够从催化剂的微观结构入手，模拟催化剂表面的化学反应特征，并分析催化剂的各类电子性质，对催化反应能够有更加深入的认识。

本章将以催化剂的活性中心作为分类标准，分别对不同类型的金属中心、金属化合物中心以及非金属材料中心上的 CO_2 电化学还原的理论研究进展进行介绍。我们将着重介绍不同类型催化中心上的 CO_2 催化反应机理以及其反应特征，同时总结概括在此类催化剂研究中的目标以及设计思路，为新型多相 CO_2 电化学还原催化剂的设计提供参考与启发。

5.1　负载金属电极材料

传统的 CO_2 电化学还原中经常使用的是金属电极，电极的主要作用有两个，分别是提供电子与稳定中间体。在还原过程中，电极表面起到了催化剂的作用，CO_2

还原的中间体（如 *cis*-COOH）在电极表面得到稳定，降低了还原反应的超电势。过渡金属原子除了一般具有较低的电离能之外，还具有未充满的 d 轨道，能够与吸附物种形成离域键，从而稳定中间体的吸附。因此，以金属原子作为活性中心的多相催化剂也得到了广泛关注。本小节将分别根据金属活性中心的不同结构特征进行分类，分别讨论这些负载金属的催化电极进行 CO_2 电催化还原中的理论研究。

5.1.1　金属纳米颗粒电极

对于 CO_2 电催化还原而言，Au 和 Ag 电极在所有金属中能够最高效地产生 CO，Cu 电极表面 CH_4、C_2H_4 等短链烃类化合物的生成则具有最高的 FE，由这些金属构成的纳米颗粒的催化性能及其与对应的延展表面自然受到研究人员广泛关注。有趣的是，多个独立研究组的不同研究均证实 CO_2 产物分布随纳米颗粒粒径的不同存在显著差异。随着粒径的减小，在 Cu 与 Pd 的纳米颗粒表面上，CH_4 的选择性逐渐降低，CO 的选择性逐渐升高；而 Au 纳米颗粒随着粒径的减小，CO 选择性逐渐降低，副反应 HER 的选择性则显著升高。

DFT 计算能深入分析出金属纳米颗粒的大小对于催化反应的影响。Bu 等[1]研究了不同粒径大小以及不同对称性的铜纳米颗粒上的 CO_2 还原催化（图 5.1），发现二十面体铜纳米颗粒尺寸的减小，或者截角八面体铜纳米颗粒尺寸的增大，有助于 CO_2 还原的选择性提高。此外，铜纳米颗粒的对称性也对室温下 CO_2 还原的选择性产生了影响：（111）类表面更倾向于生成碳氢化合物，但（100）和（111）类表面之间的协同作用则有利于 CO 的生成，这与实验测量的结果一致。在该研究中，六种稳定的铜原子纳米颗粒被用于研究表面催化反应，分别含 13、38、55、79、140 和 147 个铜原子（分别命名为 Cu_{13}、Cu_{38}、Cu_{55}、Cu_{79}、Cu_{140} 和 Cu_{147}）。如图 5.1 所示，这些纳米颗粒根据其构型特征可分为两类：第一类是具有二十面体结构的纳米颗粒（Cu_{13}、Cu_{55} 和 Cu_{147}），它们具有 20 个三角形表面，其原子排布等效于铜的立方最密堆积（face centered cubic，FCC）的（111）面；第二类（Cu_{38}、Cu_{79} 和 Cu_{140}）具有截角的八面体结构，截角部分的原子排布类似于铜 FCC 的（100）面。

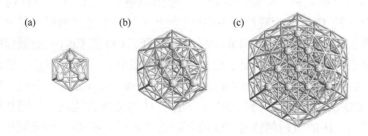

(a)　　　　(b)　　　　(c)

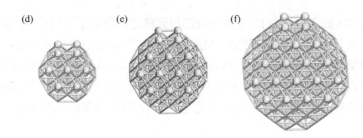

图 5.1　铜纳米颗粒 Cu_{13}（a）、Cu_{55}（b）、Cu_{147}（c）、Cu_{38}（d）、Cu_{79}（e）、Cu_{140}（f）的
结构示意图[1]

对于第一类纳米颗粒，吸附位点的类型和纳米颗粒中铜原子的配位数很大程度上取决于纳米颗粒的大小。Cu_{13} 纳米颗粒包含顶点、棱边的桥式和六边形密排（hexagonal close-packed，HCP）的面式吸附位点，但没有 FCC 的面式吸附位点。这四种类型的吸附位点均存在于 Cu_{55} 和 Cu_{147} 中，其中 FCC 位点位于纳米颗粒的棱边。在配位数方面，Cu_{13} 纳米颗粒上每个表面原子的配位数是 6，Cu_{55} 纳米颗粒中顶点原子的配位数与 Cu_{13} 相同，而棱边原子的配位数为 8。与 Cu_{55} 纳米颗粒相比，Cu_{147} 纳米颗粒边缘有两个原子，配位数相同，而在 FCC(111)面的中心有一个原子，这个中心铜原子的配位数为 9。

而对于第二类纳米颗粒，Cu_{38}、Cu_{79} 和 Cu_{140} 纳米颗粒是十四面体结构，具有 8 个六边形 FCC(111)面和 6 个等效的方形的 FCC(100)面。四种类型的吸附位点在这些纳米颗粒中均存在。Cu_{38}、Cu_{79} 和 Cu_{140} 纳米颗粒的方形面上的 Cu 原子的配位数与 Cu_{55} 和 Cu_{147} 中的顶点原子的配位数相同为 8，但周围原子的排列方式不同。与 Cu_{13}、Cu_{55} 和 Cu_{147} 相比，这种差异将导致 Cu_{38}、Cu_{79} 和 Cu_{140} 纳米颗粒上的吸附物种具有不同的吸附构型和稳定性。

通过参考实验观察和推测的可能的反应机理，人们建立了几种比较重要的中间体以及小分子吸附物种模型。通过对比不同粒径的纳米颗粒上的各吸附物种吸附能，人们发现 CO 和 H 的吸附与铜纳米颗粒的尺寸紧密相关，但 H_2O 的吸附则受纳米颗粒尺寸变化的影响较小。这三种分子吸附的能量最低结构以及吸附能如图 5.2 所示，可以发现吸附能随团簇尺寸的增大而减小。这种行为源于吸附能与配位数之间的一般关系，即配位数越大，吸附能越小。CO 分子更倾向于被吸附在配位数为 6 的 Cu_{13} 纳米颗粒的 HCP 位点上（即三个顶点铜原子组成的三角形面中心，图 5.2（a），吸附能为 1.61eV。相比之下，CO 在 Cu_{55} 上的最佳吸附位为 FCC(111)位点［即三个棱边铜原子组成的三角形面中心，图 5.2（g）］的配位数为 8，对应的吸附能为 1.37eV。在 Cu_{147} 团簇中，表面中心 Cu 原子的配位数进一步增加到 9，CO 的吸附能降低到 0.93eV。由于 H 与 CO 在这些二十面体团簇上的吸附性质相同，H 的吸附趋势与 CO 的吸附趋势相似。在 Cu_{13} 纳米颗粒上，H 在

HCP 位上的吸附能为 0.64eV，大于 Cu_{55} 上的吸附能（0.49eV）。Cu_{147} 纳米颗粒对 H 的吸附能力最弱，吸附能为 0.25eV。

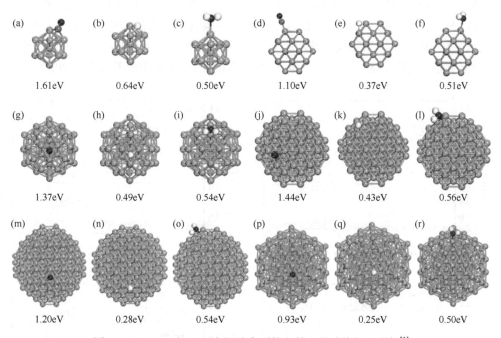

(a) 1.61eV	(b) 0.64eV	(c) 0.50eV

图 5.2　CO、H 和 H₂O 在铜纳米颗粒上的吸附结构与吸附能[1]

(a) CO-Cu₁₃；(b) H-Cu₁₃；(c) H₂O-Cu₁₃；(d) CO-Cu₃₈；(e) H-Cu₃₈；(f) H₂O-Cu₃₈；(g) CO-Cu₅₅；(h) H-Cu₅₅；(i) H₂O-Cu₅₅；(j) CO-Cu₇₉；(k) H-Cu₇₉；(l) H₂O-Cu₇₉；(m) CO-Cu₁₄₀；(n) H-Cu₁₄₀；(o) H₂O-Cu₁₄₀；(p) CO-Cu₁₄₇；(q) H-Cu₁₄₇；(r) H₂O-Cu₁₄₇

纳米颗粒的对称性对吸附能也存在影响，计算结果发现 Cu_{38}、Cu_{79} 和 Cu_{140} 纳米颗粒与第一类纳米颗粒相比具有不同的吸附能力。CO 在 Cu_{38} 纳米颗粒［图 5.2(d)］上的吸附能明显小于 Cu_{79}，吸附能为 1.10eV，这与上面提到的一般规律相反。根据两个纳米颗粒顶端的吸附性质，可以解释这种现象。尽管 Cu_{38} 和 Cu_{79} 的（100）类表面上的顶点原子具有相同的配位数，但顶点周围的 Cu—Cu 键长度从 Cu_{79} 上的 2.47Å 减小到 Cu_{38} 上的 2.46Å，CO 在 Cu_{140} 上的吸附能接近 Cu_{38}，比 Cu_{79} 小。Cu_{140} 上吸附位的平均键长比 Cu_{79} 上大 0.01Å，但由于 Cu_{140} 上活性原子的配位数较大，CO 在 Cu_{140} 上的吸附量小于 Cu_{79}。由于 Cu_{38} 配位数较低，Cu_{38} 上的铜原子比 Cu_{140} 的活性大。CO 在 Cu_{38} 上的最佳吸附位置在 Cu_{38} 的顶部，而在 Cu_{140} 上为面式吸附位置，使得 CO 在 Cu_{38} 和 Cu_{140} 上的吸附能相近。这一结论也适用于 H 的吸附，这些分子在 Cu_{38}、Cu_{79} 和 Cu_{140} 上的吸附变化与在 Cu_{13}、Cu_{55} 和 Cu_{147} 上的吸附变化相反，这是由于不同配位数的铜原子与相邻原子的键长/键角不同而引起的，证实了纳米颗粒对称性对吸附的影响。

相应的反应机理计算表明（图 5.3），铜纳米颗粒的粒径与对称性对催化反应的选择性影响较大。在 Cu_{13} 上，当温度为 0K 且 pH = 7 时，CO 生成的决速步 CO 脱附的反应自由能 ΔG 为 1.53eV，大于碳氢化合物生成过程中的决速反应自由能（0.32eV），这表明在 Cu_{13} 上，CO_2 还原过程中碳氢化合物是主要产物，且超电势较低（0.32V）。当纳米颗粒尺寸增大到 Cu_{55} 时，由于 Cu_{55} 对 CO 的吸附能力较弱，虽然仍倾向于形成碳氢化合物，但 *CO→*CHO 的反应自由能升高到 0.70eV，而

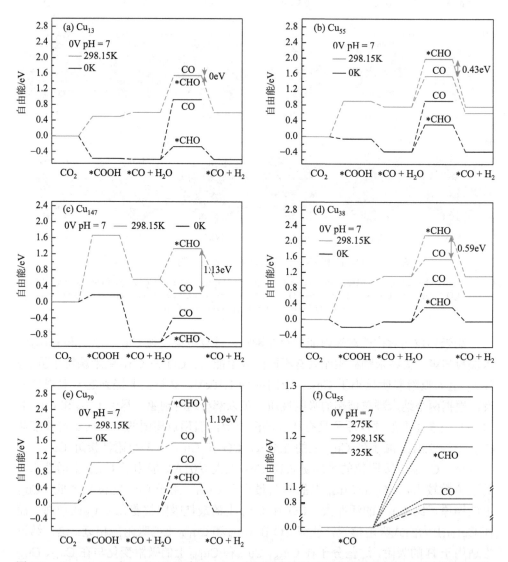

图 5.3　（a~e）0K 和 298.15K 温度下，CO_2 在铜纳米颗粒表面的催化还原自由能变化示意图；（f）不同温度下在 Cu_{55} 上进行的 *CO ⟶ CO 与 *CO ⟶ *CHO 反应的自由能变化示意图[1]

*CO→CO 的反应自由能降低到 1.30eV。实验研究表明，纳米颗粒尺寸的增大容易促进 CO 的生成。可以推断，由于 Cu_{147} 在二十面体结构中的 CO 吸附能力最弱，CO 很容易解离，其 CO 生成的自由能更低，这与图 5.3（c）中计算得到的结果相吻合。

　　计算结果也表明，Cu_{38} 和 Cu_{79} 纳米颗粒上的 CO₂ 还原决速步与 Cu_{13} 和 Cu_{55} 相同，而 CHO/COH 中间产物的选择性主要取决于 CHO/COH 的吸附能。在 CO₂ 还原过程中，生成具有较大吸附能的中间体是首选。计算结果显示，Cu_{38} 和 Cu_{79} 上的*CHO（−1.01eV 和−0.97eV）比*COH 中间体（−1.74eV 和−1.00eV）更稳定。另外，由于上面提到的 CO 在 Cu_{38} 和 Cu_{79} 上的吸附特性，*CO→CO 的反应自由能由 0.98eV 增加到 1.17eV，这与在 Cu_{13} 和 Cu_{55} 上的变化相反，第二类纳米颗粒上催化产物选择性的变化明显不同于第一类纳米颗粒。这种差异证实了 Cu 纳米颗粒的对称性在 CO₂ 还原过程中也存在着影响。

　　通过总结归纳可知，纳米颗粒的大小和对称性、温度对 CO₂ 还原有着一定的影响，这一计算可以为实际应用寻找最佳的纳米颗粒尺寸提供参考帮助。二十面体纳米颗粒尺寸的减小有助于 CO₂ 的还原，而截角八面体 Cu 纳米颗粒尺寸的增大则促进了 CO₂ 的还原。此外，具有不同对称性的铜纳米颗粒上预测的产物选择性不同。室温下 Cu_{13} 和 Cu_{55} 上主要还原产物为碳氢化合物，而 Cu_{38} 和 Cu_{79} 上主要产物则为 CO。不同暴露晶面和位点对于催化选择性的影响也为纳米颗粒的定向合成和选择提供了思路。

　　除了纳米颗粒本身的尺寸外，由于实验合成中得到的金属纳米颗粒往往会负载于其他材料表面，这些基底材料也会对催化反应产生影响。因此，计算过程还需要考虑基底材料的影响。Lim 等[2]对基底存在下的 Cu_{55} 纳米颗粒的催化 CO₂ 还原性能进行了类似的理论研究，如图 5.4 所示。计算结果表明，相比于 Cu(111)晶面，石墨烯基底上的 Cu_{55} 表面发生 CO₂ 还原反应所需的超电势降低了约 0.3V；

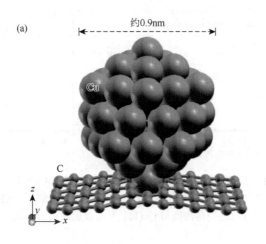

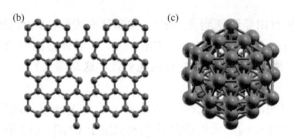

图 5.4　（a）Cu₅₅ 纳米颗粒负载于含有缺陷的石墨烯表面的侧视图；（b）含有 5-8-5 缺陷位的石墨烯俯视图；（c）二十面体的 Cu₅₅ 纳米颗粒[2]

而没有基底的 Cu₅₅ 表面相对于 Cu(111)超电势仅仅降低约 0.1V。这一结论证明，基底的存在对于提升纳米颗粒的催化性能存在明显作用。

　　图 5.5 显示的是负载于含有缺陷的石墨烯表面的 Cu₅₅ 纳米颗粒上的 CO₂ 还原反应的路径以及其反应自由能与 Cu(111)表面反应的对比。通过模拟优化每种可能的中间体结构，可以确定催化反应的路径如图 5.5（a）所示，*COOH→*CO→*CHO→*CH₂O→*CH₃O→*O→*OH→H₂O（gas）。Cu(111)表面反应路径以及中间物种与 Cu₅₅ 类似。

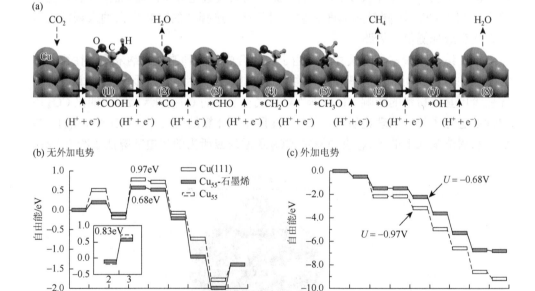

图 5.5　负载于含有缺陷的石墨烯表面的 Cu₅₅ 纳米颗粒上的 CO₂ 还原反应的路径、中间体结构（a）以及无外加电势下（b）和施加外加电势至刚好能够正向进行反应时（c）的反应路径自由能与 Cu(111)表面反应路径的对比

通过对催化体系的态密度（density of states，DOS）分析，可以发现石墨烯缺陷可以诱导与之结合的 Cu$_{55}$ 纳米颗粒极化，在稳定 *CHO 的同时 *CO 的结合能变化不明显，最终导致催化性能的提升。同时，5-8-5 缺陷的存在能够稳定 Cu$_{55}$ 纳米颗粒，不使纳米颗粒旋转。由此可见，催化剂中的基底对催化剂的催化性能有着显著影响，在计算过程中需要考虑基底的存在。在一些催化剂体系中，基底也会参与反应[3]，降低一部分中间体的能量，从而打破线性标度关系，使得催化反应速率提高。

5.1.2　一维纳米金属线电极

相比于传统的金属表面，由金属构成的纳米线包含大量边缘点位，配位数降低的效应同样会对中间产物吸附能线性关系的截距产生影响，边缘原子处目标反应的自由能大小较传统金属电极表面的位点处同样会发生一定程度的变化。

Zhu 等[4]结合实验与 DFT 模拟，对 Au 纳米线电催化 CO$_2$ 的性能与活性位点进行了深入研究。他们发现所合成的 2nm Au 纳米线在仅–0.20V *vs.* RHE 的起始阴极电势下便可选择性地将 CO$_2$ 催化还原为 CO（FE = 37%），对应的超电势仅为 0.09V。提高超电势至 0.24V 可以将产生 CO 的 FE 提高至 94%。无论与传统多晶 Au 电极还是 Au 纳米颗粒相比，超电势都有显著下降，能量转化效率得以提升。如图 5.6 所示，DFT 的模拟证实，配位数为 6 的均一化分布的边缘 Au 原子导致中间产物 *COOH 相比于 *CO 更为稳定，进而引起实验中观测到的高催化活性，而配位数为 5 的 Au$_{13}$ 纳米颗粒的顶点 Au 位点以及 Au(211)表面配位数为 7 的阶梯状位点都不能引发类似的效果，这也从侧面印证了为何仅有 Au 纳米线体现出如此高的反应活性。类似的配位数变化所引发的中间产物吸附能线性关系的转变同样体现在五角形 Cu 纳米线的表面上[5]。

基于纳米线边缘 Cu 位点、纳米线密堆积表面位点以及 Cu(211)位点处 CO 与 CHO 的吸附能模拟数据也证实仅有边缘 Cu 位点处 CO 的吸附能弱化且 CHO 的吸附能强化，导致反应自由能的下降与超电势的降低（图 5.7）。

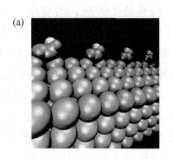
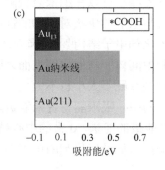

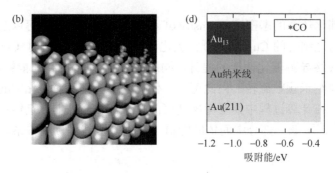

图5.6 *COOH 和*CO 在 Au 纳米线边缘的吸附结构（a，b）及其吸附能（c，d）[4]

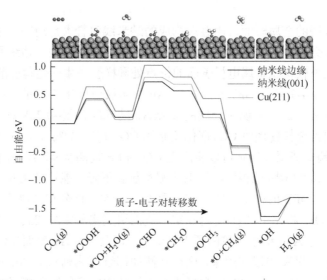

图5.7 Cu 纳米线边缘 Cu 位点、纳米线密堆积表面位点以及 Cu(211)位点处的催化反应自由能示意图[5]

5.1.3　金属单原子催化剂

材料的维度减小可以在纳米级极限下增强量子效应、改变电子结构，使得低维材料的性质与它们的块状对应物的性质实质上不同。实际上，催化性能很大程度上取决于催化剂电子结构[6, 7]，因为催化剂的性能遵循 Sabatier 原理，该原理预测反应物（和中间体）与催化剂表面之间的相互作用必须达到理想的平衡，也就是说，吸附能必须既不太小也不太大。由于过渡金属的电子结构对催化性能的影响，在过渡金属中，吸附能与费米能级附近的 d 电子态的密度密切相关。具体而言，相对费米能级的能量，d 带的中心越高，吸附物种的结合力越强[8]。通过对催化剂结构的调控，低维催化剂的电子性质能够发生较为明显的变化，进一步导致其催化剂表面的吸附物种稳定性发生变化。这样的催化剂的设计在催化反应改进中变得越来越重要。

金属单原子催化剂的发展和低维轻质材料的应用都是非常具有潜力的发展方向，为此我们将重点讨论负载于低维轻质材料上的金属单原子催化剂。随着表征技术的发展，人们发现在一些碳氮化合物中具有 M—N 配位特征的单个金属位点。一个典型的例子是卟啉结构的 FeN_4C_{12} 部分，能够通过四电子路径催化氧还原反应。Zitolo 等[9]发现，通过在 Ar 或 NH_3 中进行热处理，可以合成含有非晶态的 Fe 的 Fe-N-C 催化剂。这些催化剂拥有相同的以 Fe 为活性中心的部分，但以 NH_3 处理的 Fe-N-C 拥有更高的 ORR 反应活性。经过详细的 XANES 研究，可以发现 FeN_4 卟啉的两种不同的 O_2 吸附模式。通常，很难将卟啉结构直接整合到石墨烯中，但通过自下而上的合成方法，则可以获得这种具有较高活性中心的催化剂。单个金属原子与载体之间相互作用在 ORR 催化中起到了关键作用。金属单原子催化剂也在 CO_2 还原反应展现了一定的催化能力。如利用尿素，可以将 Ni 金属原子固定在纳米碳材料的表面，形成含有单个金属原子的 M-N-C 催化中心[10]。实验发现这些单原子位点在将 CO_2 还原为 CO 反应方面表现出非凡的性能，产生的电流密度超过 $100mA/cm^2$，其反应对 CO 的选择性接近 100%，而析氢副反应的影响仅约为 1%。类似地，Zn 的单原子催化剂也具有较好的 CO_2 催化性能[11]。

金属单原子催化剂的合成可以使用的方法有形成合金、原子掺杂和骨架配位等[12]。其中，利用碳、氮、硼的低维材料以及它们的结构缺陷或本征配体结构，固定金属原子，形成金属单原子催化剂是一种非常有效的催化剂设计手段。同时，由于这些低维材料的丰富结构，金属原子的键合方式多样，从而产生丰富的空间结构。

对于 DFT 计算，单原子的催化反应中心为理论研究提供了独特的体系，能明确地模拟催化反应中间体的吸附模式，了解吸附物种与催化剂之间的相互作用，对催化剂的电子结构进行关联。在 CO_2 电化学还原催化剂的理论研究中，金属单原子催化剂的设计与改性也一直是一个研究热点。本小节将重点列举几例金属单原子催化剂模拟计算。

1. 二维 MOF 材料 TM₃(HAB)₂ 的 CO₂ 还原催化活性

Tang 等[13]研究了一类实验上已经合成的包含 TM-N₄ 单元的新型二维金属有机骨架（metal-organic framework，MOF）材料 $TM_3(HAB)_2$ [TM = Fe，Co，Ni，Cu；HAB = 六氨基苯（hexaaminobenzene）]。该 MOF 材料具有优异的导电性和化学稳定性，通过全面探究该催化剂的电子结构和可能的催化路径，以及对应的热力学和动力学能垒，发现其具有较好的 CO_2 还原催化活性。

　　在计算中使用的催化剂模型如图 5.8 所示。二维 $TM_3(HAB)_2$ 纳米片具有六边形晶格结构。一个 $TM_3(HAB)_2$ 原胞包含三个过渡金属原子和两个作为有机配体的六氨基苯（HAB = $C_6N_6H_6$）。与石墨烯相似，$TM_3(HAB)_2$ 具有 D_{6h}^1 空间群对称性（编号 191，$P6/mmm$）。$Fe_3(HAB)_2$、$Co_3(HAB)_2$、$Ni_3(HAB)_2$ 和 $Cu_3(HAB)_2$ 的晶格参数分别为 $a = b = 13.53Å$，$13.53Å$，$13.37Å$ 和 $13.78Å$。相邻 TM 原子的距离为晶格常数的一半，即分别为 $6.74Å$、$6.74Å$、$6.69Å$ 和 $6.89Å$。

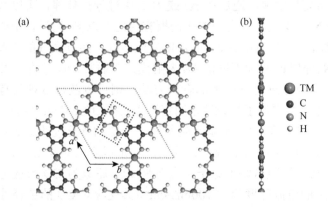

图 5.8　二维 $TM_3(HAB)_2$ 纳米片的俯视图（a）和侧视图（b）[13]

　　为了在这四种二维 $TM_3(HAB)_2$ 材料中找到最适合的 CO₂ 电催化剂，他们研究了电子结构和吸附能力。图 5.9 显示了它们各自在费米能级（$-0.5 \sim 0.5eV$）附近的能带结构和 DOS。从能带结构中可以看出，$Fe_3(HAB)_2$ 是一种半金属，因其电子在费米能级处自旋劈裂，仅在自旋向上方向表现出导体的性质。$Co_3(HAB)_2$ 和 $Cu_3(HAB)_2$ 是自旋极化的金属，自旋上升和自旋向下的能带不同且均穿过费米能级，而 $Ni_3(HAB)_2$ 是无自旋极化的金属。它们的导电性确保了在电化学反应期间电子可以快速迁移，这是这几种 MOF 材料可用作电催化剂的先决条件。此外，图 5.9 还显示了总 DOS 和投影到相应 TM 原子上的 DOS。对于 $Ni_3(HAB)_2$ 来说，Ni 原子对费米能级处 DOS 的贡献很小，而对于其他 $TM_3(HAB)_2$（TM = Fe，Co，Cu）来说，TM 原子对费米能级附近处（$-0.5 \sim 0.5eV$）的 DOS 有重要贡献。考虑到催化活性通常与费米能级附近的电子密度相关[14, 15]，不难预期 $TM_3(HAB)_2$（TM = Fe，Co，Cu）的催化活性高于 $Ni_3(HAB)_2$。

　　为了进一步确定不同金属位点的催化活性，需要计算 CO₂ 电还原过程中主要中间体 *COOH 的吸附能。由于竞争反应 HER 的重要性，也需要计算 *H 吸附能。结果如图 5.10 所示。通过与 Cu(211) 和 Cu(100) 的吸附性能进行比较，可以纵向评估这些催化剂的吸附性能。计算表明，*COOH 和 *H 在 $TM_3(HAB)_2$ 上的吸附能存在线性相关关系。

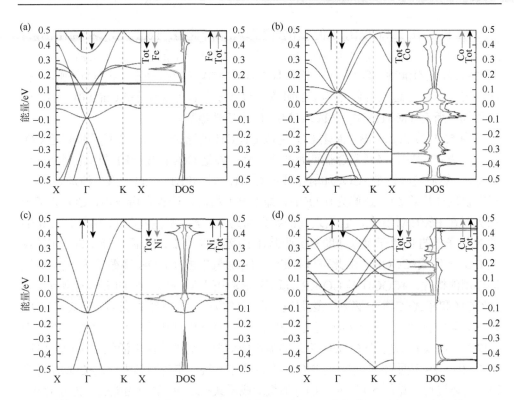

图 5.9 Fe₃(HAB)₂（a）、Co₃(HAB)₂（b）、Ni₃(HAB)₂（c）和 Cu₃(HAB)₂（d）的
能带结构和 DOS 图[13]

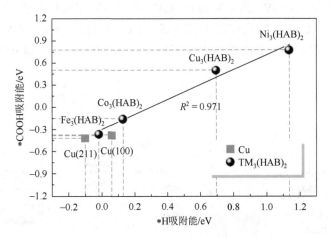

图 5.10 *COOH 和*H 在不同催化剂上吸附能的比较[13]

以上结构果表明*COOH 吸附能的大小与 H—TM 相互作用的强弱一致，并且

*COOH 和*H 在 TM₃(HAB)₂ 上的吸附强度呈现出以下趋势：Fe₃(HAB)₂＞Co₃(HAB)₂＞Cu₃(HAB)₂＞Ni₃(HAB)₂。*COOH 和*H 在 Fe₃(HAB)₂ 上的吸附强度最强，可以与 Cu(211) 和 Cu(100) 相媲美[16, 17]。而其他 TM₃(HAB)₂（TM = Co，Ni，Cu）则不同，*COOH 和*H 在这三种催化剂上的吸附强度弱于其在 Cu(211) 和 Cu(100) 上的，可以预期在所有 TM₃(HAB)₂ 中 Fe₃(HAB)₂ 催化活性最高。

　　图 5.11 为 Fe₃(HAB)₂ 催化 CO₂ 生成 CH₃OH 的路径。第一个基元步骤是 CO₂ 加氢生成*COOH。这通常遵循两种机理：第一种是 CO₂ 首先吸附在催化剂上形成 •CO₂⁻，然后被吸附的 •CO₂⁻ 加氢生成*COOH，即 SPET 机制；第二种是质子-电子对协同作用将 CO₂ 还原为*COOH，即 CPET 机制。计算之后发现，CO₂ 分子无法吸附在 Fe₃(HAB)₂ 上，它们之间的距离约为 3.33Å。吸附在与 Fe 活性位点相邻的 N 原子上的 H 原子可以帮助 CO₂ 吸附在 Fe 活性位点上，之后 H 原子进一步转移到 CO₂ 上生成*COOH。由此可以推断，CO₂ 加氢生成*COOH 遵循质子-电子对协同作用的机理。*COOH 是 CO₂RR 过程的关键中间体，*COOH 的吸附构型有反式*COOH 和顺式*COOH 两种，这取决于羟基的方向。计算结果表明，反式*COOH 在热力学方面比顺式*COOH 稳定 0.06eV，而两种构型相互转化的动力学能垒为 0.47eV，即反式构型是*COOH 吸附的最可能构型。另外，由于活化 CO₂ 时，吸附在 Fe₃(HAB)₂ 表面的*H 直接攻击 CO₂ 的 O 原子，进一步说明形成反式*COOH 更合理，具体过程可见图 5.12（a）。CO₂ 加氢形成反式*COOH 的自由能变化为 0.52eV，活化能垒仅为 0.37eV。这么小的能垒主要归因于质子的辅助。随后，质子进一步进攻反式*COOH，使其转化为*CO，同时生成 H₂O。*COOH 加氢生成*CO 和 H₂O 的自由能变化为−0.66eV，活化能为 0.98eV。之后吸附在催化剂表面的 CO 加氢生成*CHO，而非*COH。因为*CO 加氢生成*CHO 的自由能变化（$\Delta G = 0.69eV$）明显低于*CO 加氢生成*COH 的自由能变化（$\Delta G = 2.07eV$）。生成*CHO 的活化能

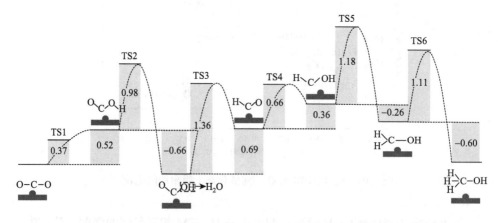

图 5.11　Fe₃(HAB)₂ 催化 CO₂ 生成 CH₃OH 的路径图（单位：eV）[13]

为 1.36eV。一旦∗CHO 形成，它将经历一系列加氢步骤最终生成 CH_3OH。整体来看，∗CO 加氢形成∗CHO 是反应的决速步骤，因其在所有基元反应中的热力学和动力学势垒最高。与∗CO→∗CHO 反应相关的始态、过渡态和终态的构型如图 5.12（b）所示。

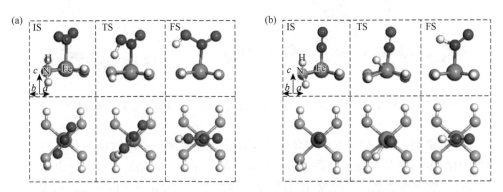

图 5.12　与生成∗COOH（a）和∗CHO（b）相关的始态、过渡态和终态[13]

对于"Formate"路径，计算后确定最可能的反应路径如图 5.13 所示。CO_2 加氢生成∗OCHO 的自由能变化为 0.48eV，略低于 CO_2 加氢生成∗COOH 的自由能变化（$\Delta G = 0.52eV$）。之后 HCOO∗加氢的中间体是 HCOOH∗（$\Delta G = 0.30eV$），而不是 $H_2COO∗$（$\Delta G = 2.16eV$）。由于 HCOOH 的脱附是自发过程，而 HCOOH∗的进一步氢化是吸热过程，即对于"Formate"路径来说，最可能的产物是 HCOOH。

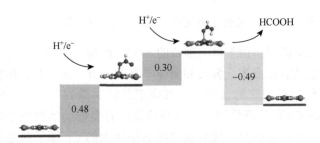

图 5.13　CO_2 通过"Formate"路径生成 HCOOH 的路径图（单位：eV）[13]

通过分析成键和电荷转移情况，可以进一步比较 CO_2 在两种路径中加氢还原的第一个中间体∗COOH 和∗OCHO。Bader 电荷分析（图 5.14）表明，∗COOH 呈现 $0.21e$ 的负电性，而∗OCHO 呈现 $0.63e$ 的负电性，也就是说∗OCHO 转移的电子数是∗COOH 的 3 倍。而在不考虑溶剂对中间体吸附的影响时，∗COOH（$E_{ads} = -0.12eV$）和∗OCHO（$E_{ads} = -0.39eV$）的吸附能也存在相似的比例关系，即后者大约是前者的 3 倍。通过电荷分析可以清楚地看到在 ∗COOH 和 ∗OCHO 的形成过程中，吸附能与电荷转移之间存在相关性。

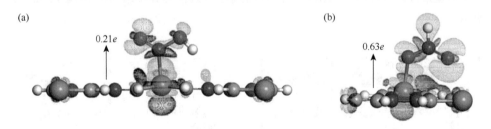

图 5.14　∗COOH（a）和 ∗OCHO（b）的差分电荷密度图及电子转移情况[13]

与大多数 MOF 材料的半导体特性不同，上述研究中关注的实验合成的二维 TM₃(HAB)₂ 材料具有良好的固有电导率和化学稳定性，这是其可以作为电催化剂的基础。更重要的是，这种 MOF 材料将金属原子均匀稳定地分散开来，形成天然的单原子催化体系。通过电子结构分析和关键中间体 ∗COOH 吸附性能的比较，可以发现含有 Fe-N₄ 单元的 Fe₃(HAB)₂ 最有希望将 CO₂ 高效催化转化为碳氢化合物。再通过详细的热力学和动力学研究，证实 Fe₃(HAB)₂ 可以通过 "RWGS + CO-hydro" 路径将 CO₂ 转化为 CH₃OH。相应的自由能变化为 0.69eV，活化能为 1.36eV。其催化活性与 Cu(211) 相当。而对于析氢副反应，Fe₃(HAB)₂ 的催化选择性优于 Cu(211)，因为 HER 在 Fe₃(HAB)₂ 上不是自发过程（$\Delta G = 0.24\text{eV}$），而在 Cu(211) 上却可以自发进行（$\Delta G = -0.03\text{eV}$）。

2. 石墨炔负载铜原子催化剂的 CO₂ 还原的活性与调控

近年来，二维碳材料由于具有独特的 π 共轭结构，得到了广泛的应用。而二维碳材料通常也具有低成本、轻质和来源丰富的特点。由于其结构特征带来的高表面积和电子结构带来高的载流子迁移率更是特别受到关注，这些特性保证了二维碳材料作为 Cu 原子催化剂的负载基底能够有良好的活性中心分散度和电导率[18-21]。目前，研究者已经发现负载缺陷石墨烯上的 Cu 原子催化剂可以表现出良好的催化能力[22]。不过，实验上调控石墨烯表面缺陷的有序与可控生成难度较大，导致这类催化剂较难获得比较均一可控的性能。为此研究者将着眼点转向了具有规则分布的本征孔洞结构的二维碳材料，这类材料的空洞规则分布且类型统一，非常利于对表面原子镶嵌的控制和反应机理的研究[17, 18, 22-25]。Matsuoka 等[26]合成了一类联苯类石墨炔衍生物（triphenylene-cored graphdiyne，TP-GDY）的层状材料。在这种层状材料中，每一个单层由 sp 和 sp² 杂化的碳原子构成，其结构中含有丁二炔结构片段（—C≡C—C≡C—）以及联苯片段。实验验证表明这类

材料具有扩展共轭 π 键的特征，表现出低还原电势[9]以及高载流子迁移率[27]。联苯类石墨炔衍生物结构中含有由丁二炔键包围的三角形本征孔洞，丁二炔键上的 π 电子能够以价键为轴进行旋转，同时可以与金属发生配位作用，从而将金属原子固定在三角形的孔洞内。

与较为常见的石墨炔结构相比，TP-GDY 这类衍生结构中含有联苯分子片段，而石墨炔结构中仅有单个苯环结构。石墨炔中，苯环的六个 sp² 碳原子均与丁二炔键相连，石墨炔结构中仅含有 C 原子。而联苯类石墨炔衍生物 TP-GDY 结构中的联苯分子片段具有更多的位点，尤其是 C—H 键的存在，为其结构的调变带来了更多的可能性。从这些调控位点入手，可以通过引入新基团的方式对石墨炔衍生物骨架进行调控，进一步来调控骨架的电子性质。在催化剂表面上，尽管催化反应涉及多个步骤和多种中间体，其关键还是不同类型的中间物种在催化剂表面的吸附脱附过程。而直接影响吸附物种稳定性的就是吸附位点的电荷分布。通过调控骨架结构，可以改变骨架的电学性质，从而影响负载在骨架上金属原子的电荷分布，对催化剂的催化性能有直接的影响。Shen 等[28]对以 TP-GDY 作为基底的催化剂进行了系统的计算研究，发现通过对 TP-GDY 基底进行修饰，可以有效调节其负载的 Cu 原子在 CO₂ 还原催化反应中的催化性能。

研究中所构建的催化剂结构如图 5.15 所示，铜原子被固定在两个丁二炔键之间，处在三角形孔洞的一角处。这种金属原子吸附方式与实验上观测到的 Ni 原子

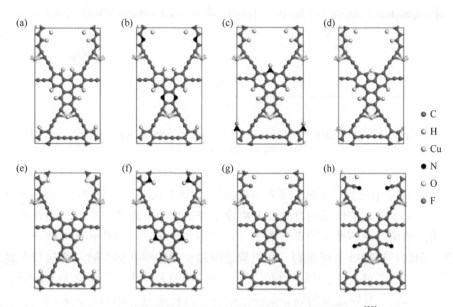

图 5.15　修饰碳骨架上进行单铜原子掺杂的最稳定构型[28]

(a) Cu@TP-GDY；(b) Cu@N-TP-GDY；(c) Cu@NH-TP-GDY；(d) Cu@O-TP-GDY；(e) Cu@(NH)₂-TP-GDY；(f) Cu@O₂-TP-GDY；(g) Cu@F-TP-GDY；(h) Cu@CN-TP-GDY

在石墨炔上的吸附结构一致[27]。不过，与石墨炔不同的是，TP-GDY 中含有一类更大的孔洞，但由于 H 原子在空洞中填充且丁二炔键间距过大，铜原子无法在这类大孔洞中稳定吸附。为了研究骨架修饰对催化性能的调控，我们也引入了 N 掺杂以及—F、—CN 等这类基团。呋喃环和吡咯环结构也被引入到修饰方案中，以避免由于直接引入—OH 和—NH₂ 带来的空间位阻问题。图示的这些结构是修饰碳骨架够进行铜原子掺杂结果中最稳定构型。所有这些结构都具有 AMM2（C2V-14）对称性。

为了更好地理解金属原子掺杂的键合特性，首先需要研究 Cu@TP-GDY 的电子结构。通过态密度计算，可以发现这类催化剂呈现金属性，这使得这些催化剂不同于石墨炔这类半导体，在电催化方面具有较大的应用潜力。如图 5.16 所示，铜原子通过与丁二炔键之间的电子相互作用被固定在孔洞内，主要贡献来源是 $E-E_F = -4.4 \sim -4.6\text{eV}$ 位置的 $\pi \to d$ 配位相互作用以及 $E-E_F = -4.2 \sim -4.3\text{eV}$ 位置的 $d \to \pi^*$ 反馈键相互作用。这两种相互作用主要由 C 的 p 轨道和 Cu 的 $d_{xy} + d_{x^2}$ 轨道之间的相互作用贡献的。铜原子的其他 d 轨道对于成键的贡献非常小，可以认为它们没有参与 C—Cu 的相互作用。图中，在 $E-E_F$ 为 $-4.9 \sim -5.1\text{eV}$ 位置存在一个尖峰，这个峰主要是由 C 骨架的 σ 键贡献的。

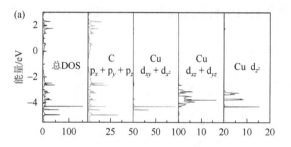
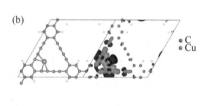

图 5.16　Cu@TP-GDY 的总态密度和分波态密度（a）以及铜原子固定的差分电荷密度（b）
（等值面为 $0.001e/\text{Å}$）[28]

在图 5.16 中还显示了铜原子在 TP-GDY 上掺杂的差分电荷密度。从图中可以看出，从 C 到 Cu 的电荷转移主要是由原子平面内的 p 轨道贡献的。而垂直于原子平面的轨道的电荷密度则有所增加，包括铜的 d_{z^2} 轨道。电荷转移的效应也可以从催化剂的结构特征上观察到。在铜原子吸附在三角形孔洞中时，直接与金属原子相连的三键长度为 1.269Å，而同组丁二炔键中的另一个三键长度为 1.235Å。相应地，在未发生吸附配位的碳骨架网格中的三键长度为 1.230Å，这表明发生配位后，丁二炔键中的两个三键都发生了拉伸。三键的拉伸是由 π 键的减弱引起的，这一特征也证明了 $\pi \to d$ 配位相互作用的存在。

通过分析计算所有可能的中间体的自由能（表 5.1），可以发现 Cu 原子催化剂能够将 CO_2 还原为 CO。在 Cu 原子催化剂上，第一步生成的 *OCHO 中间物种具有较低的自由能。但是由于 *OCHO 的能量过于稳定，甲酸的产生受到了抑制。甲酸的解离过程在 Cu@TP-GDY 上具有超过 1.2eV 的自由能变化，这意味着甲酸的脱附是一个热力学不自发反应，这不利于甲酸在催化反应中的生成。另外，在 Cu 原子催化剂上，从 CO_2 加氢成 *COOH 开始的羧基机理更容易发生。接下来羧基进一步被还原，Cu 原子催化剂上的 *COOH→*CO 还原步骤的 ΔG 均为负，表明这些催化剂上的第二步羧基还原是热力学自发的。被吸附的 *CO 进一步发生反应，可以直接作为 CO 气体解离，也有可能根据羧基机理进一步还原为 *CHO 等碳氢化合物。Cu@TP-GDY 上 *CO 进一步发生加氢的步骤的 ΔG 值为 0.916eV，这样的反应自由能对于电化学还原来说偏高，不太容易发生。相反，Cu@TP-GDY 上的 CO 解离能为 0.39eV，与进一步氢化相比，该解离能相对较低，可以较为容易地通过对反应施加电势越过，可以发生 *CO 向 CO 的解离。对于其他几种 Cu 原子催化剂，CO 解离能在 0.20～0.52eV 变化，这均远低于它们所处的同一催化剂上进一步氢化所需的能量。各催化剂上的反应路径如图 5.17 所示。Cu 原子催化剂上的反应路径遵循以下步骤：

$$CO_2 + * + H^+(aq) + e^- \longrightarrow *COOH$$

$$*COOH + H^+(aq) + e^- \longrightarrow *CO + H_2O$$

$$*CO \longrightarrow CO + *$$

表 5.1 各催化剂上不同吸附物种的自由能[28] （单位：eV）

催化剂	*	COOH	CO	* + CO
Cu@TP-GDY	0.00	0.26	−0.22	0.17
Cu@N-TP-GDY	0.00	0.48	−0.16	0.17
Cu@O-TP-GDY	0.00	0.16	−0.29	0.17
Cu@NH-TP-GDY	0.00	0.08	−0.35	0.17
Cu@O$_2$-TP-GDY	0.00	0.54	−0.04	0.17
Cu@(NH)$_2$-TP-GDY	0.00	0.41	−0.06	0.17
Cu@F-TP-GDY	0.00	0.28	−0.25	0.17
Cu@CN-TP-GDY	0.00	0.37	−0.26	0.17

要分析催化剂结构调控对催化反应带来的具体影响，需要检查反应的关键的中间体 *COOH 和 *CO，分析它们的结构特征以及键合轨道。Cu@TP-GDY 上优化得到的 *COOH 吸附物的俯视图和侧视图如图 5.18（a）和（b）所示。*COOH 吸附物种通过 Cu—C 键与催化中心结合，中间体在催化剂平面上方吸附并将 Cu 原

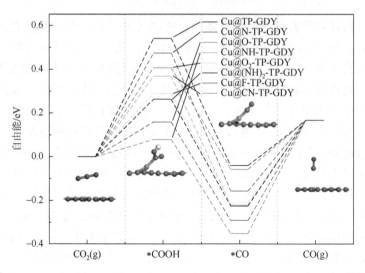

图 5.17   Cu 原子催化剂上的反应自由能图（反应路径用虚线标出）[28]

子拉出原来所在的平面。*CO 吸附物种也稳定于原子平面的上方。C—O 键长为
1.15Å，比游离的 CO 气体分子中的键长稍长。Cu@TP-GDY 上*COOH 和*CO 的
HOMO-1 和 HOMO 轨道也如图 5.18（e～h）所示。可以看到 Cu-COOH 吸附中含
有很强的 σ 键，这表明 C 的 p_z 轨道和 Cu 的 d_{z^2} 轨道之间存在相互作用。另外，由
于*COOH 吸附物种的分子平面发生了旋转，π 键相互作用相对较弱。*CO 的吸附

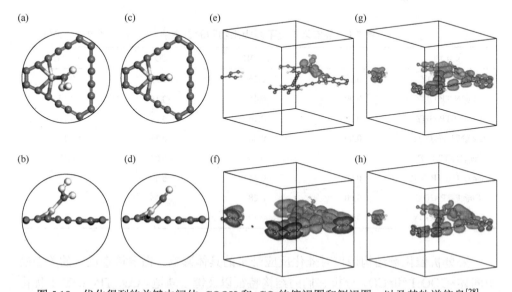

图 5.18   优化得到的关键中间体*COOH 和*CO 的俯视图和侧视图，以及其轨道信息[28]

（a）*COOH 的俯视图；（b）*COOH 的侧视图；（c）*CO 的俯视图；（d）*CO 的侧视图；（e）*COOH 的 HOMO
轨道；（f）*COOH 的 HOMO-1 轨道；（g）*CO 的 HOMO 轨道；（h）*CO 的 HOMO-1 轨道

与 *COOH 明显不同，可以观察到比较强的 π 相互作用，而 σ 相互作用却很弱。强烈的 π 相互作用来自 π 反馈键，主要由 Cu 的 d 轨道的 d 电子贡献给 CO 分子的 π* 反键轨道。类似的电子转移也存在于 *COOH 吸附中，但由于前面提到的分子平面旋转的原因，相互作用较弱。C—O 键长的增加可能与 Cu 上的 d 电子重返 CO 分子中的 π* 轨道有关。填充在 π* 轨道中的电子使 C—O 键能量升高，导致其键长变长，但 d→π* 相互作用增强了 Cu—C 之间的键合强度，使得 CO 在 Cu 上的吸附更加稳定。

为了分析骨架修饰对催化剂电学性质带来的影响，研究者对这些原子催化剂进行了电荷分布计算。金属原子上发生的电子转移由 Bader 电荷分析[29]计算得出，计算结果见表 5.2。从数据可以分析不同的催化剂上电荷转移的大小。其中，在 Cu@TP-GDY 中，Cu 原子具有 + 0.647e 的电荷。而在 Cu@TP-GDY 中，丁二炔键中的所有 C 原子都带负电，而苯环上的 C 原子带轻微的正电荷。碳骨架的电荷分布说明在不同骨架上，从 C 与 Cu 之间的电荷转移可能受到骨架结构中方向性片段的给电子能力的差异影响。不同的骨架调控方法对金属原子活性位点的电荷分布增减有不同的影响。虽然对碳骨架 TP-GDY 结构进行 N 掺杂可能会引入额外的价电子，但是由于 N 上的一对电子位于 sp^2 轨道中的孤立电子对中，富余的价电子并不直接进入离域 π 键中。由于 N 具有较高的电负性，离域 π 键中的电子被 N 原子吸引。事实上在 N 掺杂的骨架结构中负载的 Cu 原子具有 + 0.656e 的电荷，其电子密度低于 Cu@TP-GDY 中的电子密度。其他官能团也存在类似的问题，尽管这些官能团本身是良好的 π 电子供体，但它们的电负性对骨架电荷分布的影响更为明显，这就导致了 Cu 原子上的电子密度下降。

表 5.2　结构修饰的催化剂的催化还原性能、电荷分布以及 d 带中心能量[28]

催化剂	超电势/V	ΔG_{*H}/eV	Cu 电荷/e	d 带中心能量/eV
Cu@TP-GDY	0.26	0.01	+ 0.647	−4.07
Cu@N-TP-GDY	0.48	0.15	+ 0.656	−4.67
Cu@O-TP-GDY	0.16	−0.02	+ 0.646	−3.87
Cu@NH-TP-GDY	0.08	0.06	+ 0.642	−3.56
Cu@O₂-TP-GDY	0.54	0.28	+ 0.653	−4.59
Cu@(NH)₂-TP-GDY	0.41	0.17	+ 0.658	−4.77
Cu@F-TP-GDY	0.28	0.07	+ 0.655	−4.65
Cu@CN-TP-GDY	0.37	0.19	+ 0.660	−4.92

呋喃环和吡咯环结构本身具有五元环结构，在离域 π 键上就具有更高的电子密度，它们的加入也有可能将更高的电子密度引入到骨架的离域 π 键中。由于额

外的电子对的引入，Cu@NH-TP-GDY 和 Cu@O-TP-GDY 的离域 π 键中的电子密度高于 Cu@TP-GDY。其 Cu 原子上的电荷分布分别为 + 0.642e 和 + 0.646e。然而当引入多个呋喃或吡咯结构［Cu@(NH)$_2$-TP-GDY 和 Cu@O$_2$-TP-GDY］时，过度扩展的芳环分散了电荷，不太可能将电子提供给活性位点，从而导致电子密度的降低。这些修饰手段对于活性中心金属原子电荷分布的影响表明，催化剂活性位点的电荷分布可以在两个方向上调整。

电催化反应中存在多个步骤和各种中间体，关键反应中间体在活性位点的吸附/脱附能力是反应性能的关键。通过调节这些反应中间体的本征吸附能，可以有效地调节催化性能。而这一调节手段可以通过改变活性位的电荷分布来实现。通过调节催化剂的电子结构，催化剂的带隙、表面功函数以及表面亲水性等性能会发生变化，从而导致关键反应中间体的吸附/脱附能发生变化[30]。在本体系中，电荷转移发生在 Cu 原子与 C 骨架之间，如表 5.2 所示。根据上述讨论，C 的 p$_z$ 轨道与 Cu 的 d$_{z^2}$ 轨道之间的相互作用对于中间体的稳定非常重要，而由于 *COOH 吸附物种分子的旋转，π 反馈键相互作用相对较弱。*COOH 吸附便成为决速步骤的主要影响因素，即 Cu 与 *COOH 之间的 p→d 相互作用。当催化剂的活性中心具有较高的电子密度时，催化剂更可能将电子从 Cu 原子中心转移到吸附物种上。随着电子密度的增加，催化剂的 d 带中心能量升高。催化剂与吸附物种的 σ 轨道相互作用，会形成[d-σ]成键和[d-σ]*反键两个态。当[d-σ]*反键态的电子填充量增加时，体系的能量升高，吸附变得不稳定。当金属中心的 d 带中心能量升高时，相应的生成的[d-σ]*反键态的能量也有所升高，而在反键态上的电子填充相对减少，体系能量降低，吸附物种的吸附得到了稳定[31]。这就使得拥有最高的活性中心电子密度和 d 带中心的 Cu@NH-TP-GDY 负载型催化剂上的各吸附物种吸附能最低。计算得到的 Cu@O-TP-GDY 和 Cu@NH-TP-GDY 上 CO$_2$ 还原超电势分别为0.16V 和 0.08V，均低于未改性的单原子催化剂。然而由于各吸附物种均得到了稳定，CO 的解离也会变得更加不易发生，需要通过调节气体分压和温度等手段来减少过吸附带来的影响。计算结果表明，提高电子密度是提高催化性能的有效途径。即通过引入不同的骨架修饰方法，可以有目的地改变催化剂上催化反应的超电势，从而在实验环境中获得良好的性能。

在这类 Cu 原子催化剂上，H 原子的吸附能低于 CO$_2$RR 的能垒，Cu@TP-GDY上的 H 吸附能为 0.01eV。较小的能垒表明，仅需极低的超电势即可引发 HER 副反应，然而羟基消除反应的能垒（0.39eV）高于 HER 能垒。在较低的外加电势范围内，催化剂的表面*OH 吸附物种占主导地位，阻塞了金属位点，由于反应位点被覆盖，HER 反应不易发生。当施加的电势足够高以消除*OH 物质时，此时催化剂表面*COOH 和*CO 占主导地位，CO$_2$RR 将平稳发生[32]。

通过计算模拟这类新型催化剂的催化反应性能以及其催化反应自由能的调

变，可以发现这类以三亚苯基片段为核的石墨炔衍生物具有本征的多孔结构，其中被丁二炔键包围的三角形孔洞能够稳定 Cu 原子并形成 π 络合物。一些负载在这类石墨炔衍生物上的 Cu 原子催化剂在 CO_2 电化学还原应用中显示出巨大的催化潜力。在 Cu 原子催化剂上的催化反应遵循 $CO_2 \rightarrow *COOH \rightarrow *CO \rightarrow CO$（g）的反应路线，其中 CO_2 的氢化是这些催化剂上的决速步骤。Cu@TP-GDY 上的 CO_2RR 超电势为 0.26V，通过引入 O 和 NH 官能化对碳骨架进行修饰可以分别将其超电势进一步降低至 0.16V 和 0.08V。这些催化剂上计算得到的理论超电势值远低于铜电极和许多其他含铜催化剂相同条件下计算所得的值，显示出了这类催化剂强大的 CO_2 电还原催化能力。

3. Co 卟啉纳米管曲率调控 CO_2 催化选择性

为了提高催化活性和降低超电势，金属卟啉（metal-porphyrin，MPor）和金属酞菁（metal-phthalocyanine，MPc）分子经常被应用在溶解或吸附在碳电极上，用作还原 CO_2 的替代物。它们的广泛应用基于以下原因：①MPor 被报道能够催化 CO_2 为 CO，在超电势较低的情况下具有高法拉第效率和高转化数[33]；②可以通过改变中央金属以及连接配体调节活性；③也是最重要的，由于结构的灵活性，MPor 和 MPc 单元可以被纳入各种有机骨架材料来提高 CO_2 还原并改善它们的稳定性[34]。基于卟啉的纳米管已经在实验上成功地合成[35]。不同于卟啉分子，卟啉纳米管的管径曲率可能提高其催化活性和选择性[36, 37]。Zhu 等[38]系统地研究了钴卟啉纳米管材料（CoPorNTs）结构的曲率对 CO_2 还原选择性的影响，证实 CoPorNTs 是电解还原 CO_2 的稳定、高活性催化剂，其超电势较低。此外，小半径的 CoPorNTs 倾向于产生甲烷，而不是 CO；后者为分子 CoPor 以及大的直径 CoPorNTs 的主要产物。

全面优化后的 CoPorNTs 几何结构如图 5.19 所示，通过卷曲 CoPor 平面可以构建三种不同管径的 CoPorNTs [图 5.19（a）]。从顶视图（b）～（d），可以发现管径最小的 CoPorNT-2，由于较大的表面张力而显示成椭圆形状，其半长轴和半短轴为 2.93Å 和 2.42Å。对于 $x \geqslant 3$，优化后的 CoPorNT-x 呈现圆形管径，CoPorNT-3 和 CoPorNT-4 的半径分别为 4.17Å 和 5.25Å。一个有趣的发现是，Co—N 键长 D_{Co-N} 随 CoPorNTs 尺寸的增大而单调上升，这可能是由于随着半径的增加，CoPorNTs 的表面张力下降，使管壁更自由地保持共轭 π 环，而更接近一个平面，这一趋势将帮助降低基态能量，从而形成稳定结构。可以想象，当半径接近无限大，CoPorNTs 将成为二维 CoPor 单层。

这些 CoPorNTs 的热稳定性需要通过从头算的分子动力学（MD）研究得到检验。使用 Nóse-Hoover 热浴方法，温度取 500K，时间步长是 1.0fs，总共模拟 20ps。如图 5.20（a）～（c）所示，在 20000 步 MD 模拟过程中，总能量的值几乎保持不变，这些结果说明上述 CoPorNTs 在高于室温条件下是热力学稳定的。

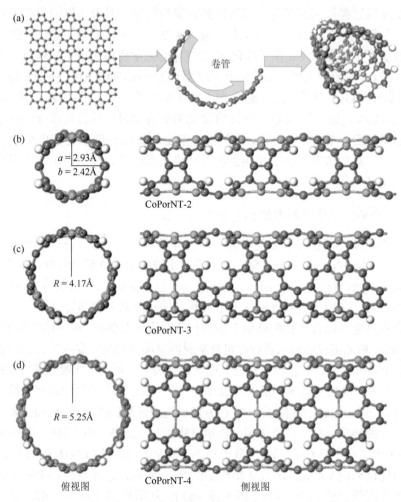

图 5.19 通过卷曲 CoPor 平面构建得到三种不同管径的 CoPorNTs[38]

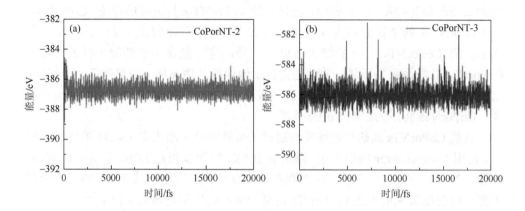

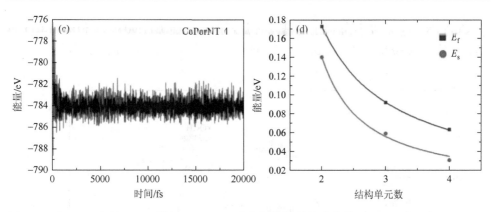

图 5.20 在 500K 条件下 MD 模拟 CoPorNTs 稳定性的能量波动曲线（a～c）以及随 CoPorNTs 管径变化的形成能（E_f）和卷曲应变能（E_s）（d）[38]

进一步计算 CoPorNTs 形成能和卷曲应变能可以评估这些纳米管化学合成或从相应的平面卷曲得到的可能性，形成能（E_f）定义为

$$E_f = \frac{E_{tot} - aE_H - bE_C - cE_N - dE_{Co}}{a+b+c+d} \qquad (5.1)$$

式中，E_{tot}、E_H、E_C、E_N 和 E_{Co} 分别是 CoPorNTs 总能量、H_2 分子中的 H 能量、固体碳中的 C 能量、N_2 分子中的 N 能量和立方钴金属中的 Co 能量。a、b、c、d 分别对应于 CoPorNTs 纳米管中 H、C、N、Co 的原子数。卷曲应变能（E_s）通过如下公式计算：

$$E_s = \frac{E_{tube} - xE_{sheet}}{n_{atoms}} \qquad (5.2)$$

式中，E_{tube} 和 E_{sheet} 分别为纳米管和平面单层的总能量；x 代表 CoPor 单元的数量；n_{atoms} 为纳米管中的总原子数。如图 5.20（d）所示，CoPorNTs 的形成能为 0.18eV，与碳纳米管的值相近。这表明合成这些纳米管只需一个相对较低的能量势垒。此外，CoPorNTs 热力学稳定性随着管半径的增加而增强，拟合曲线表明，比 CoPorNT-4 更宽的纳米管（管半径＞5.25Å）会进一步降低应变能（E_s＜0.03eV），即很容易从相应的 CoPor 表面卷曲得到 CoPorNTs。

在确认 CoPorNTs 的几何结构和稳定性之后，需要进一步评估这些表面上的二氧化碳的催化活性。除了 CO，CH_4 和 CH_3OH 也是 CO_2 还原后的主要产物，以 CO 的相对吸附强度作为标准决定了能否进一步还原为 CH_4 和 CH_3OH。图 5.21 展示了关键中间体的吸附能，使用 Cu(111) 和 Au(111) 表面作为参考，如果 CO 吸附能 E_{ads}(CO)＞－0.88eV，CO 往往会成为气相产物，否则它将进一步还原。对于 CoPorNT-2 和 CoPorNT-3，吸附羧基的结合能（－1.77eV 和－2.21eV）和吸附 CO 的结合能（－0.93eV 和－0.94eV）很强，很容易进一步催化产生碳氢化合物。而对于 CoPorNT-4，DFT 计算显示羧基具有强烈的吸附能（–1.90eV），但吸附 CO 的结合能很弱（–0.82eV），这表明了不同管径产生的 CO 具有不同的选择性。

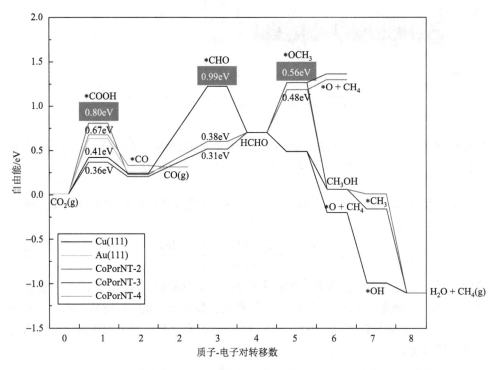

图 5.21　不同曲率的 CoPorNTs 用于 CO₂ 电催化还原的自由能路径图[38]

　　通过电流分析计算了在 CoPorNTs 和 Au(111)表面产生 CO 的偏电流密度。在 CoPorNT-2 和 CoPorNT-3 上，CO 偏电流密度在超电势较低的区域无法达到 0.2mA/cm²，这表明由于 CO 吸附越强，CO 将进一步还原，而不是作为主要产物释放出来。而对于 CoPorNT-4，达到相同的电流密度 0.2mA/cm² 所需要的超电势比 Au(111)降低了 0.1V，表明 CoPorNT-4 是催化生成 CO 的很高效的催化剂。

　　由于 CO 在 CoPorNT-2 和 CoPorNT-3 上能够进一步还原，自由能路径图显示了 CO 进一步还原的主要产物，如图 5.21 所示。*COOH 倾向于吸附在钴原子上，羧基的质子和一个卟啉环上的氮原子形成一个较强的分子内氢键，该特性将在质子电子转移反应中发挥重要的作用。分子内氢键也被认为是促进 CO₂ 键合作用和化学还原之前的关键步骤。对于 CO 在 CoPorNT-2 和 CoPorNT-3 上进一步还原，从热力学的角度而言，CO→CHO→HCHO→OCH₃ 是最有利的反应路径。CoPorNTs 还原 CO₂ 的决速步能垒（ΔG）都小于 Cu(111)表面的自由能势垒（0.99eV）。其中

CoPorNT-3 具有最低的能垒（0.56eV），需要最少的外加电势使整个反应放热，这意味着更少的超电势和功耗。此外，对于 CoPorNT-2 和 CoPorNT-3，高曲率的碳纳米管在第六个质子-电子对转移时倾向于生成 CH₃OH，这同偏好生成 CH₄ 的 Cu 原子催化剂形成鲜明对比。选择生成 CH₃OH 或 CH₄ 可以归因于 O 在催化剂表面的吸附能大小，铜（111）表面相对更强的吸附使得 Cu—O 键更难断裂，从而有利于 CH₄ 生产。而 CoPorNT-2 和 CoPorNT-3 对于 O 吸附能很弱，使 CH₃OH 的产生自由能比 CH₄ 低 1.2eV。为了估计不同路径的选择性，采用玻尔兹曼分布公式计算催化反应的选择性，在室温环境下 CH₃OH 与 CH₄ 摩尔比为 $1.9 \times 10^{20} : 1$，这表明 CoPorNT-2 和 CoPorNT-3 对生成 CH₃OH 具有强大的选择性。计算进一步的电催化步骤表明 CH₃OH 还会进一步还原为 CH₄，这确认了 CH₄ 是 CoPorNT-2 和 CoPorNT-3 催化 CO₂ 的最终产物，如图 5.21 所示，这与钴卟啉催化剂的实验结果是一致的[39]。

　　为了比较三种 CoPorNTs 的催化活性，一般需要考虑表征反应活性的 d 带中心的能量。表 5.3 显示了计算得到的 d 带中心能量和超电势变化。为了便于比较不同纳米管尺寸，研究者在这里只考虑了生成 CO 的情况。根据 CHE 模型，限制电压 U_{lim} 通过 $U_{lim} = -\dfrac{\Delta G}{e}$ 计算得到，如表 5.3 所示，CoPorNT-3 产生 CO 的限制电压是 –0.355V。此外，CoPorNT-2 和 CoPorNT-4 的限制电压均高于 –0.8V，这说明在三种 CoPorNTs 表面将 CO₂ 转换成 CO 所要求的超电势均小于 0.65V，三种纳米管的超电势变化可以由 d 带中心的位置来解释，如表 5.3 所示，CoPorNT-x（x = 2，3，4）的 d 带中心在自旋向上的通道处于 –0.848eV、–0.629eV、–0.679eV 的位置，在自旋转向下的通道处于 –1.565eV、–1.430eV、–1.519eV 的位置。在这两个通道中，d 带中心位置的能量均是 CoPorNT-3 最高和 CoPorNT-2 最低，这与观察到的超电势变化趋势完全一致。

表 5.3　计算得到的 d 带中心能量和吸附态*H、*COOH、*OCHO 的能量（ΔG），以及生成 H₂、CO 和 HCOOH 所需要的超电势（η）[38]

催化剂	d 带中心能量		ΔG_{*COOH}	η_{CO}	ΔG_{*H}	η_{H_2}	ΔG_{*OCHO}	η_{HCOOH}
	自旋向上	自旋向下						
CoPorNT-2	–0.848	–1.565	0.796	0.643	0.425	0.425	1.188	1.024
CoPorNT-3	–0.629	–1.430	0.355	0.202	0.235	0.235	1.140	0.976
CoPorNT-4	–0.679	–1.519	0.667	0.514	0.322	0.322	1.239	1.075

　　注：能量单位为 eV，超电势单位为 V。

　　图 5.22 显示了析氢反应和生成 HCOOH 反应在三种 CoPorNTs 表面反应自

由能的比较，表 5.3 列出了形成 H₂ 和 HCOOH 所需的超电势。在 CoPorNT-x（$x = 2$，3，4）表面的副反应自由能分析表明，析氢反应的能垒都低于 0.5eV，而 HCOOH 都高于 1.1eV。这意味着随着外加电势的降低，析氢反应是观察到的第一个反应，而 HCOOH 是最后一个发生的反应。就像许多其他有机金属催化剂一样，CoPorNTs 在酸性条件下更青睐进行析氢反应。然而同平面 CoPor 分子比起来，CoPorNTs 对析氢反应相对能垒更高一些。至于生成 CO 和 HCOOH 之间的竞争，其选择性是由反应途径的相对能量决定的。由于 *OCHO 的形成面临一个较大的热力学能垒（超过 1.1eV），CoPorNTs 催化产生 HCOOH 比 CO 难得多。

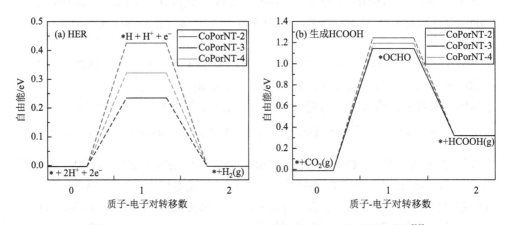

图 5.22　CoPorNT-x（$x = 2$，3，4）催化还原 CO₂ 的副反应分析[38]

运用 DFT 计算和 CHE 模型，上述研究系统地探索了 CoPorNT-x（$x = 2$，3，4）的几何结构、稳定性、电子结构和电催化活性。研究发现：①当管半径 $x \geqslant 3$ 时，CoPorNTs 均呈现圆形的截面，只有曲率最大的 CoPorNT-2 因张力过大畸变成椭圆形纳米管；②分子动力学计算证明 CoPorNTs 热力学稳定，而且从单层材料卷曲得到纳米管的应变能很低（$E_s < 0.03$eV）；③该系列的 CoPorNTs 呈现出半金属性和铁磁性等特殊性质，是非常有潜力的电极催化材料；④曲率较大的 CoPorNTs CoPorNT-2 和 CoPorNT-3 能够将 CO₂ 还原成 CH₄，且需要的超电势比铜催化剂低很多，而曲率较小、半径较大的 CoPorNT-4 能将 CO₂ 还原成 CO，在产生 0.2mA/cm² 电流密度时需要的超电势比常用的 Au(111) 表面还低 0.1V；⑤CoPorNTs 用于 CO₂ 还原时具有依赖于曲率的催化选择性，这种特性的内在原因可以用过渡金属的 d 带理论来解释。所研究的 CoPorNTs 催化剂是以研究较多的卟啉分子为结构单元，具有优异的催化特性和合成可行性，这一计算结果将会推动新型金属有机催化材料的实验研究。

5.1.4　金属双原子催化剂

长期以来，由于金属电极在电化学催化领域的广泛应用，实验和理论都主要关注在金属电极表面上的 CO_2 还原过程。研究发现在催化剂表面上，通过相同原子与表面键合的各类吸附物种的吸附能之间存在线性标度关系。正如在第三章中讨论的，在金属表面上，*COOH 和 *CO 的吸附能之间存在着线性关系，其他类型的含碳并以碳原子与金属表面相连的中间物种之间也都存在着这样的标度关系。而对于在金属电极上将 CO_2 电还原为 CO 或将 CO 进一步还原为碳氢化合物而言，无法同时满足上面提到的前两个要求，这也就导致了预期的电流密度和超电势不能处于令人满意的范围内，催化剂很难在催化中获得令人满意的效果。

为了打破这一线性标度关系并优化催化剂的催化性能，一种可行的方案是引入双活性中心位点，形成桥式吸附模式，增强其中一部分中间体物种的吸附[22, 40, 41]，如 *CHO 或 *COOH。例如，通过将金属氧化物引入金属表面，CO_2 可以在金属和金属氧化物之间的晶界处形成桥式吸附[42]。Graciani 等[43]发现当将 CeO_x 纳米颗粒负载到金属 Cu 表面时，CO_2 的还原速率迅速提高。原位红外光谱证实 CeO_x 与 CO_2 中的 O 原子结合，Cu 则与 C 原子发生了键合，提高了 CO_2 的吸附稳定性。在均相催化剂中，通过使用结构中含有两个吸附位点的分子，实验中也观察到了类似的现象。Raebiger 等[17]报道了一种含有双金属中心的 Pd 催化剂，在 CO_2 还原催化中，其表现出了高催化活性，其催化反应转化率达到 10^4L/(mol·s)。而具有相似结构的单 Pd 原子催化剂在相同的反应条件下，其催化转化率仅为 10～300L/(mol·s)。自然界中存在的最高效的 CO_2 还原催化剂——一氧化碳脱氢酶中，也存在着类似的桥式吸附[22]。其中，通过核磁共振碳谱（carbon-13 nuclear magnetic resonance，^{13}C NMR）发现了 Ni^{2+}-COOH-Fe^{2+} 的桥式吸附结构[23]。受到这些研究的启发，通过调控催化剂的结构，构建含有双活性中心的新型催化剂有利于对 CO_2 电催化性能的提升，不少理论计算的研究也将重点放在这一类催化剂上。

1. 二维石墨烯内嵌双金属结构催化 CO_2 电化学还原

实验上目前已经成功地采用原子溅射方法，将 Fe 二聚体成功内嵌于石墨烯的各种不同的缺陷中（图 5.23）[44]。这种双金属位点的结构形式与前面提到的生物酶的双金属位点结构非常相似。受此启发，Li 等[30]采用第一性原理结合微动力学模拟的手段，系统地对第四周期过渡金属二聚体的不同组合内嵌于石墨烯缺陷的体系进行了 CO_2RR 催化性能的评估，筛选了几种可能的性质比较优越的催化剂组分。这些组分对于 CO_2RR 的产物具备多样的选择性，并且具有比传统多晶金属材料更为优越的催化性能，具体体现在较低的超电势以及较高的电流密度。

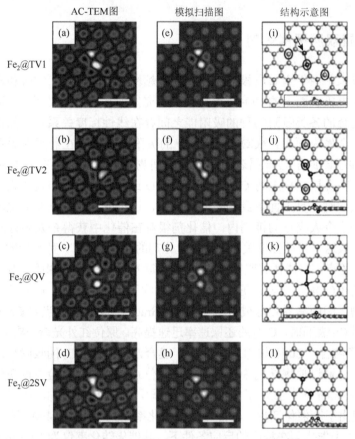

图 5.23　实验合成的石墨烯缺陷内嵌 Fe$_2$ 结构[44]

　　实验报道的石墨烯缺陷内嵌 Fe 双金属的结构一共有四种：石墨烯三缺陷内嵌同侧 Fe$_2$［Fe$_2$@TV1，TV 表示三缺陷（trivacancy）］，石墨烯三缺陷内嵌异侧 Fe$_2$（Fe$_2$@TV2），石墨烯四缺陷内嵌 Fe$_2$［Fe$_2$@QV，QV 表示四缺陷（quadrovacancy）］，石墨烯邻位双单缺陷内嵌 Fe$_2$［Fe$_2$@2SV，2SV 表示邻位双单缺陷（two single vacancies）］。尽管实验中由于原子溅射方法的动力学因素，Fe$_2$@TV1 是最容易制备出的金属二聚体结构，但是计算表明 Fe$_2$@TV2 在热力学上要比 Fe$_2$@TV1 稳定约 1eV。此外，分子动力学计算表明溶液中经过足够长时间，Fe$_2$@TV1 会自发转变为 Fe$_2$@TV2。对于三缺陷内嵌双金属的模拟，研究者统一使用 Fe$_2$@TV2 的构型，并简写为 Fe$_2$@TV。Fe$_2$@TV、Fe$_2$@QV 和 MN@2SV（MN 为包含 Fe$_2$ 的任一第四周期过渡金属双金属组合）的结构如图 5.24 所示。

　　在改变石墨烯内嵌的双金属组分之前，需要先对 CO$_2$ 电化学还原通常经历的两个中间产物 *COOH 和 *CO 在 Fe$_2$@TV、Fe$_2$@QV 和 Fe$_2$@2SV 表面的吸附情况进行研究。*CO 在这三种内嵌双金属表面的吸附构型均为端基吸附，并且仅与其

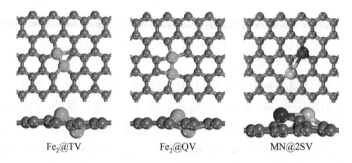

Fe$_2$@TV　　　　　　　Fe$_2$@QV　　　　　　　MN@2SV

图 5.24　石墨烯缺陷内嵌双金属的几何结构[30]

中一个 Fe 原子之间有成键作用。这与*CO 在石墨烯单缺陷内嵌 Fe 单个原子（缩写为 Fe@SV）表面的吸附情况是类似的。此外，*CO 在 Fe$_2$@TV、Fe$_2$@QV 和 Fe$_2$@2SV 表面的吸附能也十分相近，最大值和最小值之差仅为 0.23eV。这表明石墨烯缺陷内嵌 Fe 双金属时，缺陷的类型对*CO 的吸附影响甚微。然而与之截然不同的是，*COOH 这种中间产物的吸附情况随着石墨烯缺陷种类的不同会发生明显差异。*COOH 在 Fe$_2$@TV 和 Fe$_2$@QV 表面的吸附属于单齿吸附，吸附态结构类似于其在 Fe@SV 表面的吸附情况，且这三种体系表面*CO 和*COOH 的吸附能之间存在着明显的线性关系，如图 5.25 所示。*COOH 在 Fe$_2$@2SV 的表面吸附的最稳定构型呈现双齿形式，C＝O 基团分别结合两个 Fe 原子。尽管单齿吸附的*COOH 在 Fe$_2$@2SV 的表面也能稳定存在，但是其吸附能相比于双齿的形式要

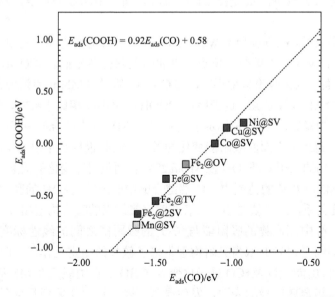

图 5.25　双金属位点的单齿吸附并未打破原有的线性标度关系[30]

高出 1.01eV。而在 $Fe_2@2SV$ 的表面，*COOH 相比于*CO 有一个额外的吸附位点，带来了额外的稳定化能，打破了*COOH 和*CO 的吸附能在其他几种缺陷内嵌 Fe 原子体系表面存在的线性关系。

    可以将 Fe 双金属替换为其他第四周期过渡金属组合成的双金属 MN，其中 M 和 N 元素的选取范围在 Mn 到 Cu 这几种第四周期过渡金属的范围内。M 和 N 可以是同种金属元素，也可以是不同种类。筛选过程选取了如下几种中间产物的吸附能作为判据：*CO，*COOH，*CHO，*H，*O，以及*OH。选取这几种中间产物的吸附来筛选主要基于如下几点：①先前的理论模拟研究已经表明，CO、CH_4 以及 CH_3OH 是常见的 CO_2 电化学还原生成的单碳（C_1）产物，而它们的生成均需要经过*CO 中间产物，且*CO 的吸附能大小决定了其脱离催化位点作为最终产物还是继续吸附于活性位点发生进一步的还原。②*COOH 的吸附能大小是决定 CO_2 电化学还原为 CO 过程中超电势大小的主要因素之一，*CHO 的吸附能大小是决定 CO_2 电化学还原为 CH_4 等产物过程中超电势大小的主要因素之一。且对于二者在 MN@2SV 表面的吸附能的考察可以清楚地了解其与*CO 在这些表面吸附能之间的线性标度关系被打破的程度，为催化剂的合理设计提供指导。③现有文献表明，*O 在 MN@2SV 表面的吸附能的大小决定了中间产物*OCH_3 等在 MN@2SV 表面的吸附强度，从而可以初步预测 OCH_3 在进一步还原时会发生 O—C 键还是 M—O 键的断裂，为 CH_4/CH_3OH 的产物选择性提供初步预测。④*H 和*OH 的吸附能大小可以初步预测副反应氢析出反应以及水的氧化反应在 CO_2 电化学还原的外加电势大小范围内是否会与目标反应之间发生明显的竞争，从而降低反应的选择性。

    计算结果表明，*CO 在所有 MN@2SV 表面的吸附均为端位的单齿吸附构型，与*CO 在 M@SV（代表单金属位点）表面的吸附构型相似。*COOH 和*CHO 在 MN@2SV 表面以双齿吸附构型存在，其 C═O 基团与 MN 位点近似保持平行，C 与 O 分别结合 M 与 N 位点。这表明：*COOH 与*CHO 相比于*CO，在 MN@2SV 表面的吸附更为稳定。图 5.26 标示了以 C 端与 MN 位点结合的中间产物的吸附能随*CO 在 MN@2SV 表面的吸附能变化的关系，同时也标示了以 O 端与 MN 位点结合的中间产物的吸附能随*OH 在 MN@2SV 表面吸附能变化的关系。可以发现，在所考察的 MN@2SV 的范围内，O 端键合的中间产物与*OH 的吸附能之间保持着线性的标度关系，这主要是由于二者在双金属位点的吸附构型相似。而*COOH、*CHO 和*H 等中间产物的吸附能与*CO 的吸附能之间的线性标度关系则被打破，这可以归因于前者的双齿吸附构型带来了额外的稳定化作用。CO_2 质子化变为*COOH 的自由能变以及*CO 质子化变为*CHO 的自由能变在 MN@2SV 的体系中，相比于体相金属电极的表面，发生显著下降。这对于降低反应的超电势是有利的。*COOH 的稳定化程度也不能过高，过高会导致*COOH 中间产物陷入热力学势阱中，成为反应的终点，从而无法转变为希望所得的含碳燃料等目标产物。此外，*OH 在 MN 位点处的吸附过强时，*OH 也将陷入热力学势阱中，占据催化活性位点，使得后续含碳中间产物难以寻找到合适的位点参与催化还原过程。综

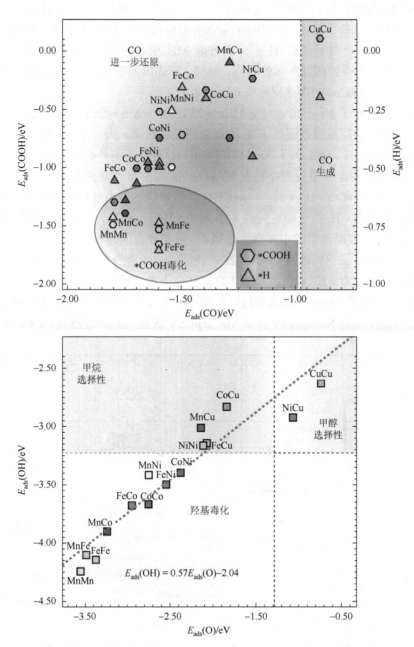

图 5.26　对于不同第四周期过渡金属组合催化 CO₂RR 性能的初筛[30]

合考虑如上几个因素和前面提到的反应产物选择性，可以得到几个判据用以筛选合适的双金属 MN 位点的组合：①*OH 的吸附能不能低于−3.23eV 以防止出现*OH 不可逆占据催化活性位点；②*O 的吸附能高于或低于−1.30eV 决定了体系对 CH_3OH/CH_4 的选择性；③*CO 的吸附能高于或低于−0.98eV 决定了体系对 CO 或 CH_3OH/CH_4 的选择性。由于*COOH 与它的后续还原产物*CO 之间的吸附能不存在单一线性关系，对于*COOH 不可逆占据 MN 位点的情况，研究者手动进行了排除，如图 5.26 中的椭圆所示的范围。最终，筛选出如下几种可能的双金属组分：Ni_2@2SV 以及 MCu@2SV（M = Mn～Cu）。

    图 5.27 标示了 Ni_2@2SV 以及 MCu@2SV（M = Mn～Cu）体系表面发生每步质子-电子对协同反应以还原 CO_2 的自由能变的数据。为了便于与常用的金属电极催化剂进行比较，还加入了 Au(111) 与 Cu(111) 两种模型晶面的数据。可以发现，对于 Cu(111) 而言，整条反应路径在 0V $vs.$ RHE 处的自由能变最大的质子-电子对协同转移反应为 *CO + H⁺ + e⁻ ⟶ *CHO，该步骤的自由能变的大小为 0.99eV。由于 CO_2 还原为 CH_4 的平衡电势的大小为−0.17V $vs.$ RHE，理论预测的超电势大小为 1.16V。该数据与实验中观察到金属 Cu 电极表面的超电势数据基本吻合。在 Ni_2@2SV、FeCu@2SV 以及 CoCu@2SV 表面，自由能变最大的质子-电子对协同转移反应也为 *CO + H⁺ + e⁻ ⟶ *CHO，且自由能变的大小相比于 Cu(111) 仅略微下降，均超过了 0.80eV。这说明这三种体系并不适合于提高 CO_2 电催化还原的性能。有趣的是，尽管 NiCu@2SV 以及 MnCu@2SV 表面，整条反应路径在 0V $vs.$ RHE

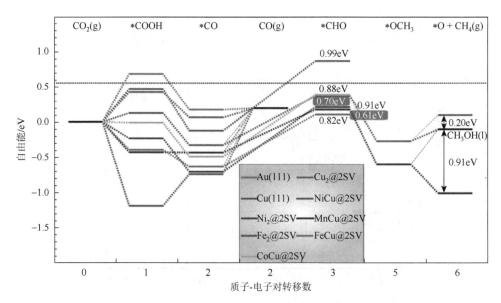

图 5.27   CHE 模型计算得到的 MN@2SV 表面 CO_2RR 过程中自由能变化[30]

处的自由能变最大的质子-电子对协同转移反应为 $*CO + H^+ + e^- \longrightarrow *CHO$，但是该步骤的自由能变的大小发生了明显的下降，分别降至 0.70eV 以及 0.61eV，相比于 Cu(111)分别下降了 0.3～0.4eV，从热力学的角度来看，CO₂ 电化学还原的超电势在这两个体系表面可能分别下降 0.3～0.4V。即使相比于活性更高的 Cu(211)晶面模型还是 Cu 纳米颗粒模型，CO₂ 电化学还原的超电势在这两个体系表面也下降了 0.1～0.2V。这意味着 NiCu@2SV 以及 MnCu@2SV 相比于传统的 Cu 电极，具备更加优异的催化活性，可能在未来的催化剂改良方面有潜在的应用前景。

　　NiCu@2SV 以及 MnCu@2SV 还对 CO₂ 的电化学还原终产物体现出不同的选择性。由中间产物*CO 开始，*CO→*CHO→*CH₂O→*OCH₃ 是二者表面质子-电子对协同转移反应在热力学角度共同遵循的最优路径，但是由*OCH₃ 发生进一步质子-电子对协同转移时，二者的反应路径开始出现分离。由于*O 的吸附能与 *OCH₃ 的吸附能在 MN@2SV 表面存在线性标度关系，*O 的吸附越强，则*OCH₃ 的吸附越强。当*O 的吸附足够强烈时，*OCH₃ 的 C—O 键相比于 O 与双金属位点 M 间所成的 M—O 键相比更容易发生断裂，此时质子-电子对将与*OCH₃ 的 CH₃ 位点结合，生成一个 CH₄ 分子并留下吸附状态的*O；反之，当*O 的吸附并不强烈时，M—O 键相比于 C—O 键更容易发生断裂，质子-电子对将与*OCH₃ 的 O 位点结合，生成一个 CH₃OH 分子，由于 CH₃OH 与金属位点的吸附很弱，它将整体脱离表面，成为最终的反应产物。上面提到，*O 的吸附能高于或低于–1.30eV 决定了体系对 CH₃OH 或 CH₄ 的选择性。如图 5.26 所示，对于 NiCu@2SV 而言，*O 的吸附能高于–1.30eV，吸附较弱，对 CH₃OH 的选择性较好。图 5.27 中基于该吸附能数据结合 CHE 模型的计算的确证明，CH₃OH 的生成较 CH₄ 的生成从自由能角度降低了 0.20eV。根据热力学计算公式，代入温度项 291.65K，得到理论预测的 CH₃OH 和 CH₄ 两种产物之比为 2000∶1，证明 NiCu@2SV 对于催化 CO₂ 生成 CH₃OH 具有良好的选择性。CH₃OH 相比于 CH₄ 更便于携带和储存，在液体燃料领域具有更好的应用价值。反过来，在 MnCu 表面上，CH₄ 的生成自由能远低于 CH₃OH，即 CH₄ 产物选择性更佳，与 Cu 催化剂类似。

　　除了 NiCu@2SV 与 MnCu@2SV，另一种具有良好性能的体系为 Cu₂@2SV。不同于金属 Cu 表面，*CO 在 Cu₂@2SV 表面的吸附极其微弱，*CO 一旦生成，大部分即脱离 Cu₂@2SV 的金属位点，以终产物 CO 的形式析出，这反而和金属 Au 电极表面发生的情况相类似。评价 CO₂ 电催化还原生成 CO 的性能所运用的评价标准与生成 CH₄ 等产物有一定区别，因为后者无论在任何常用的催化剂表面都属于范德瓦耳斯吸附，产物的析出速率不会发生太大变化，故只需考虑单步反应所需超电势的大小即可；而前者则不然，*CO 在不同催化剂表面的吸附往往伴随着化学成键作用，所以反应速率不仅取决于超电势起重要作用的电化学反应 CO₂ +

$H^+ + e^- \longrightarrow *COOH$ 的速率，也取决于 $*CO \longrightarrow CO$ 的析出速率，而该步骤是一个表面化学反应，不会明显受到外加电势的影响。采用微动力学模拟，同时纳入这两步反应以及 $*COOH + H^+ + e^- \longrightarrow *CO + H_2O$ 这一步电化学反应，通过稳态近似求解变参数方程，估算出 CO 生成反应的电流密度随外加电势的变化，如图 5.28 所示。可以发现，在电流密度达到 $200\mu A/cm^2$ 时，Cu$_2$@2SV 相比于 Au(111) 所需的外加电势向阳极方向移动了 0.1V 左右，这意味着施加同样大小的外加电势时，前者能产生比后者更高的电流密度，具有更为优异的催化性能。

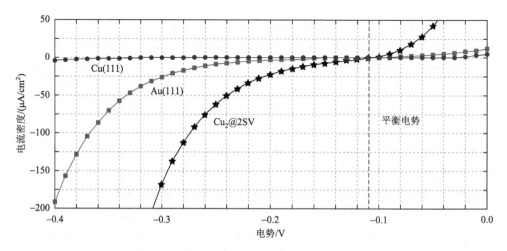

图 5.28　Cu$_2$@2SV、Cu、Au 表面 CO$_2$RR 生成 CO 的电流密度随外加电势的变化[30]

　　实际应用中，催化剂的催化活性不是唯一的考虑因素，还需要考虑催化剂对于目标产物及相应反应的选择性高低，即需要考虑可能发生的副反应在 Cu$_2$@2SV 等体系中的活性高低。采用 DFT 结合 CHE 模型，计算 Cu$_2$@2SV、MnCu@2SV 和 NiCu@2SV 体系在 Volmer-Heyrovsky 机理下进行氢析出反应的每一步质子-电子对协同转移的自由能变化。

　　计算结果表明，在 Cu$_2$@2SV 表面，氢析出反应的最高自由能变仅 0.07eV。由于氢析出反应的平衡电势为 0V *vs.* RHE，该表面氢析出的理论预测的超电势仅为 0.07V。将 DFT 计算所得自由能变数据作为输入参数进行微动力学模拟，图 5.29 标示了 Cu$_2$@2SV 表面氢析出反应相对于目标反应 CO$_2$ 还原为 CO 二者的 TOF 随外加电势变化而变化的曲线。可以发现，在超电势大小逐渐上升的过程中，氢析出反应的 FE 会突然剧烈上升，氢析出电流占总电流之比超过 50% 的电势范围非常狭窄，当进一步提高超电势至 0.25V 以上时，氢析出反应的 TOF 会明显下降，与此同时 CO$_2$ 还原为 CO 对应的反应电流占总电流之比会超过 50%，成为 FE 较高的反应。这表明，氢析出反应只会在非常低的超电势的狭窄范围内影响目标反应的 FE，证明 Cu₂@2SV 表面整体而言对于 CO₂ 电化学还原为 CO 具有良好的选择性。

模拟计算的结果表明：① *COOH、*CHO 等中间产物的吸附能与 *CO 的吸附能在 MN@2SV 表面不再存在线性标度关系，因为双金属位点为前者中间产物提供了额外的稳定位点。② MN@2SV 体系对于 CO₂ 还原产物的选择性同几种中间产物*O、*CO 等的吸附能密切相关。Cu₂@2SV 对于 CO 的生成具有良好的选择性，因为*CO 在其表面的吸附能较低；NiCu@2SV 对于 CH₃OH 的生成具有良好的选择性，因为*CO 在其表面吸附能较高而 *O 在其表面吸附能较低；MnCu@2SV 对 CH₄ 的生成具有良好选择性，因为*CO 和*O 在其表面吸附能均较高。③ NiCu@2SV 和 MnCu@2SV 的表面，CO₂ 电化学还原所需的超电势相比于 Cu(111) 降低了 0.3～0.4V，相比于 Cu(211) 以及 Cu 纳米颗粒等也降低了 0.1V 以上。此外，CO₂ 电化学

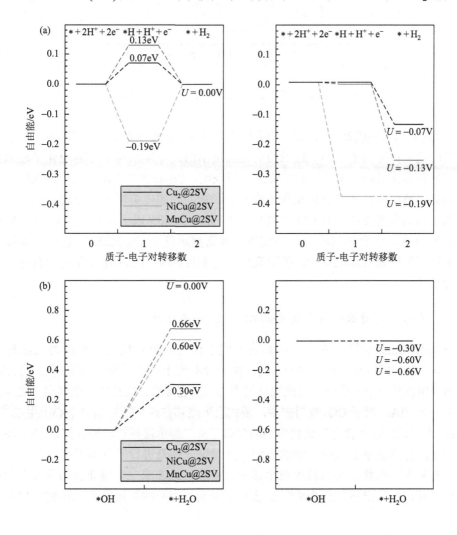

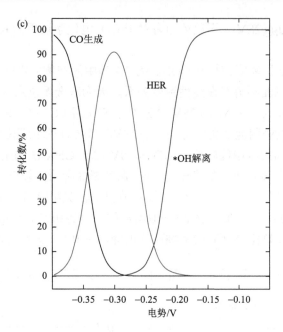

图 5.29　Cu$_2$@2SV 表面副反应对目标反应的影响的微动力学评估[30]

还原为 CO 在 Cu$_2$@2SV 表面达到较为明显的电流密度值时，相比于 Au(111)表面所需的超电势降低了 0.1V。这表明研究筛选出的几个体系对于 CO$_2$ 电化学还原具有更好的催化活性。④对于副反应的分析表明，Cu$_2$@2SV 表面，氢析出反应只会在狭窄的超电势区间对目标反应造成不利影响，当超电势增大至 0.25V 以上时，不利影响基本消失，此时 CO 产物对应的 FE 达到 50%以上。对于 NiCu@2SV 和 MnCu@2SV，由于其氢析出反应交换电流密度远低于 Cu$_2$@2SV，氢析出副反应对于这两个体系的影响更小。该研究体系对于目标反应 CO$_2$ 电化学还原具有良好的选择性。

2. 拓展酞菁负载锰双金属催化剂的 CO₂ 还原活性

Matsushita 等[45]合成了一种具有不同于传统卟啉结构的拓展酞菁二维材料（expanded phthalocyanines，Pc），其结构中含有两个可能的相邻的金属螯合位点，能够固定住两个金属原子，形成双金属中心。在这种酞菁结构中，金属原子之间的距离为 2~3Å，对于 CO$_2$ 吸附来说，桥式吸附能够在这样的双金属中心上生成[46]。Shen 等[47]认为这类含有双金属中心的金属有机二维单层材料能够在打破 CO$_2$ 还原过程中的标度关系上发挥一定的作用，并对这一体系进行了计算模拟。

实验上，酞菁二维材料可以由邻苯二甲酸酐或邻苯二甲酰亚胺与尿素在金属氯化物存在的情况下加热合成[45]。含有两个活性中心的拓展酞菁二维材料也可以通过类似方式合成。为了得到单层的聚合金属-拓展酞菁材料，可将邻苯二甲酸酐替换为多齿配体，如四氰基苯或萘四甲酸二酐。当在金属表面上加热上述自组装分子时，也可以观察到聚合产物的生成[48]。根据其聚合反应特征，研究者设计了如图 5.30 的催化剂结构。在计算中，主要采用第三周期过渡金属作为活性金属中心的研究对象。同时考虑到实验上合成不同种类金属混杂螯合物具有一定的难度，主要研究对象均为双金属中心为同一类原子的情况。

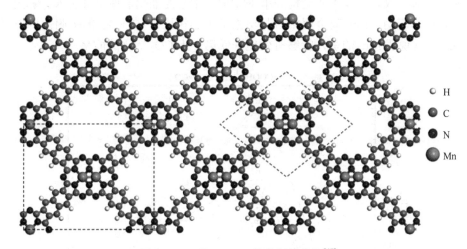

图 5.30 二维 Mn₂-Pc 催化剂的结构[47]

首先要研究∗COOH 的吸附。计算发现吸附物种在所研究的各催化剂上更倾向于形成碳端键。碳端键合结构表明还原反应遵循羧基机理，而∗CO 是下一个关键中间体，这也说明可能导致甲酸形成的甲酸机理不易发生[49]。∗COOH 的吸附能随着原子序数从 Cr 到 Cu 的增加而增加，在 Cr₂-Pc 上的自由能为−0.11eV，远低于其他几种催化剂上的∗COOH 形成的自由能。其中 Cr₂-Pc-COOH 中的碳-金属距离短于其他金属，而其氧-金属距离也短得多。相反，Cr₂-Pc-COOH 中的碳氧距离为 2.994Å，这意味着表面吸附物种的羧基和羟基之间没有化学键，被吸附的∗COOH 自发分解为两个基团。Mn₂-Pc 上∗COOH 的吸附能为 0.84eV，在 Mn₂-Pc-COOH 结构中。碳-金属键长为 1.965Å，氧-金属距离为 2.701Å。从 Co 到 Ni，∗COOH 的吸附能显著增加，这可以归因于未吸附催化剂中两个金属原子之间的距离增加。

与∗COOH 不同，∗CO 的吸附能表现出了明显的变化，该吸附能随 Cr 到 Ni 原子序数的增加而增加，在 Cu₂-Pc 催化剂上达到最大值 0.58eV。Ni₂-Pc 和 Cu₂-Pc 催化剂上的碳-金属距离超过 3.6Å，这说明 CO 与 Ni₂-Pc 和 Cu₂-Pc 之间的相互作用较弱，甚至可能没有发生吸附作用。C—O 键长也与游离的 CO 中的 C—O 键的长度相近。而在其他催化剂上，Mn₂-Pc、Fe₂-Pc 和 Co₂-Pc 中的碳-金属距离为 1.7∼

1.8Å，C—O 键较长，为 1.16～1.17Å。CO 在 Fe₂-Pc 和 Co₂-Pc 催化剂上的吸附能分别为 0.15eV 和 0.22eV，在还原过程中，*CO 中间体存在两种可能的后续反应路径：变为 CO 气体解离或继续加氢还原为其他碳氢化合物。

　　图 5.31 中显示了在不同催化剂上将 CO₂ 电化学还原为 CO 的自由能变化图。其中没有包含 Cr 双金属中心的数据，因为它无法将 *COOH 还原为 *CO。含有 Mn 双金属中心的拓展酞菁材料上的 CO 自由能是最低的，这是与 *COOH 的自由能能垒最低一致。具有相似结构的单 Mn 原子中心的催化活性也被引入计算用于对比。计算表明，Mn 双金属中心与单原子中心相比，*COOH 的吸附能降低了 0.20eV，这说明 Mn₂ 的引入能够有效地降低第一步 CO₂ 活化的能垒。

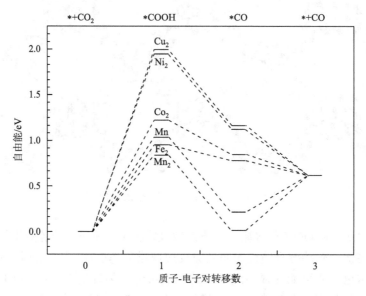

图 5.31　催化反应的自由能示意图[47]

　　Mn₂-Pc 催化剂是其中最有潜力的催化剂。为了确定 Mn₂-Pc 催化剂上进行 CO₂ 电化学还原的最终产物，研究者对 CO 进一步还原为甲醇或甲烷的所有可能途径进行了计算。通过计算每个中间体的自由能，得到催化反应各个中间体的能量分布。CO₂ 电化学还原的自由能图以及推测的反应路径如图 5.32 所示，各中间体结构如图 5.33 所示。

　　图 5.32 显示了在 Mn₂-Pc 催化剂上进行 CO₂ 电化学还原的整个反应路径的自由能分布图。催化剂上施加的外加电势为 0.84V，即能够使整个反应路径的自由能变为负所需的最小电势。由于 *CO 的自由能低于解离后的气态 CO，在催化反应中 CO 倾向于进一步氢化。*CO→*CHO→*CH₂O→*CH₃O→CH₃OH（1）路径是最可能发生的反应路径。反应中具有最高自由能的基元反应仍然是 CO₂→*COOH。

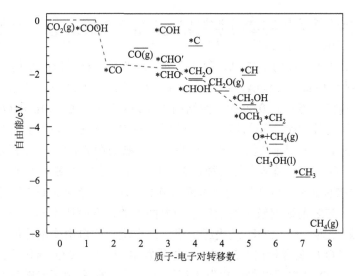

图 5.32　Mn₂-Pc 催化剂在外加电势−0.84V 情况下的自由能分布图（反应路径用虚线标出）[47]

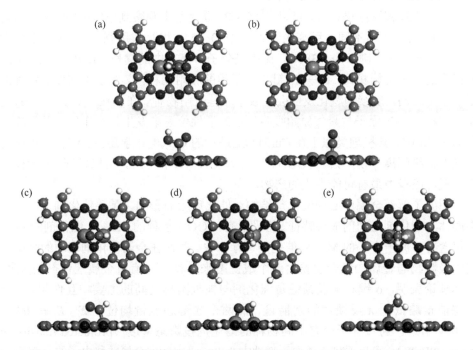

图 5.33　催化剂表面吸附物种 *COOH（a）、*CO（b）、*CHO（c）、*CH₂O（d）、
*OCH₃（e）的结构[47]

其他催化剂如 Fe₂-Pc 和 Co₂-Pc 上也呈现出同样的分布趋势，但是 Mn₂-Pc 所需的
外加电势最小。

在含 Mn 双原子中心的酞菁催化剂上，当电子转移数为 3 时，醛基吸附物种最为稳定。在醛基吸附物种的结构中，C—Mn 距离为 1.918Å，O—Mn 键长为 2.436Å，而 C—O 键为 1.227Å。除此之外，还有另一种类似的结构，其 C—Mn 和 O—Mn 键长稍长（1.944Å，2.848Å），C—O 键长为 1.217Å，该结构的稳定性比前者低，其自由能高出 0.09eV，两结构可以相互转化。C—Mn 和 O—Mn 键长的增加表明醛与催化剂之间的相互作用较弱，而 C—O 键长则由于较弱的 π 反馈键而变短。能量差表明第二活性位点有助于稳定被吸附物，O—Mn 相互作用也有助于激活 C—O 键，即醛基吸附物种是进一步氢化反应的关键中间体。有趣的是，从 ∗CO 吸附物种到 ∗CHO 吸附物种的超电势低于从 CO$_2$ 到 ∗COOH 吸附物种步骤的超电势。这与之前研究较多的金属电极表面上的情况有所不同，在金属电极表面上，CO 还原为 CHO/COH 是决速步骤，该步反应的自由能也是最高的[10]。在 Mn$_2$-Pc 由于 CO 加氢过程比 CO$_2$ 加氢要更易发生，说明当 CO$_2$ 活化反应刚好能够正向进行时，CO 加氢已经能够自发进行了。这样的质子-电子对转移行为表明，催化剂发生 ∗CO 中毒的可能性较小。

当还原过程继续进行时，可以在 Mn$_2$-Pc 催化剂上观察到甲醛吸附物种。与之前提到的几个结构不同，甲醛吸附物种中 O—Mn 相互作用强，O—Mn 距离为 1.843Å，而 C—O 键长为 1.380Å，比甲醛分子游离态中的键长（1.10Å）大。与之前提到的几个结构相比，O—Mn 键稳定了甲醛吸附物种，其对于中间体稳定性的影响不可忽略。后续的氢化反应会生成甲氧基吸附物种。在从 ∗CH$_2$O 到 ∗OCH$_3$ 的反应过程中，O 原子与紧邻原始吸附位点的活性位逐渐发生相互作用，并最终形成 O—Mn 键。其机理类似于在 Cu(211) 上进行的 CO$_2$ 电化学还原。综合考虑所有可能的最终解离产物，如 HCOOH、CH$_2$O、CH$_3$OH 和 CH$_4$，可以发现 CH$_3$OH 是整个反应路径中最有可能生成的产物。

想要了解双金属中心的催化剂结构对催化反应的影响，需要催化剂上的关键中间体与催化剂之间的成键特征。将吸附有 ∗COOH 物种的 Mn$_2$-Pc 催化剂的 DOS 与仅含有单原子中心的 Mn-Pc 催化剂进行比较。类比在金属催化剂表面的吸附情况，吸附物与金属的键合主要由两个成键态来贡献[50]。有机金属催化剂的金属-配体理论表明，σ 键和 π 反馈键是催化剂与被吸附物之间的主要相互作用。σ 键合态能量略低于 π 反馈键的态能量，而两个成键态能量均位于 $E - E_f = -6.0 \sim -8.0$eV 附近。通过分析含有中间物种的催化剂投影态密度（projected density of states，PDOS），可以看到在单原子活性中心上，吸附物向金属转移电子的 σ 键和金属向吸附物转移电子的 π 反馈键在 $E - E_f = -6.70 / -6.12$eV [图 5.34（b）和（d）]，而在 Mn$_2$-Pc 催化剂上，这两个成键态的位置处于 $E - E_f = -6.47 / -5.90$eV [图 5.34（a）和（c）]。投影态密度分析表明，中间体结构中的 σ 键由碳的 p$_z$ 轨道和 Mn 的 d$_{z^2}$ 轨道 [图 5.34（a）和（b）] 贡献，而 π 反馈键则由碳的 p$_x$/p$_y$ 轨道和 Mn 的

d_{xz}/d_{yz} 轨道［图 5.34（c）和（d）］来贡献。Mn$_2$-Pc 催化剂上相对较高的能量范围表明，*COOH-Mn$_2$-Pc 中间体的相互作用强，从而导致了还原过程中*COOH 生成过程具有较低的超电势。

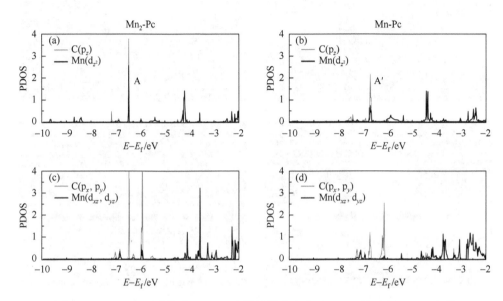

图 5.34　*COOH 吸附物种 Mn$_2$-Pc 上的投影态密度（a，c）以及在 Mn-Pc 上的投影态密度（b，d）[47]

　　PDOS 中的能量峰表明了*COOH 吸附物种与催化剂中金属原子之间的键合方式，在图 5.34 中，在两种催化剂上，碳 p_x/p_y 轨道主要贡献形成了较低的能量峰 A 和 A′，这与吸附物和金属中的 σ 键相对应。通过分析 σ 键的成键态的波函数密度图，可以发现这种现象是由于 p_x/p_y 轨道与 O 原子的 p 轨道相互作用而引起的。

　　为了更加形象地看到这些成键模式，我们用波函数密度图可视化这些成键。在 COOH 分子片段平面旁选择切片位置以显示详细的吸附物种成键的电荷密度信息。波函数密度图如图 5.35 所示，在图中 Mn$_2$-Pc 和 Mn-Pc 催化剂的关键结构均被标出。在 Mn$_2$-Pc 催化剂中，两个 Mn 原子均参与吸附物种的键合。吸附物中与金属的 σ 键图像中包含了 O 原子与 Mn 原子之间的相互作用，同时还可以看到更明显的金属与吸附物的 π 反馈键相互作用。π 反馈键增强，导致了 Mn$_2$-Pc 催化剂上*COOH 吸附稳定，这也与 C—Mn 键长的变化吻合（Mn$_2$-Pc 催化剂中的键长为1.965Å，Mn-Pc 催化中的键长为 2.019Å）。

　　通过研究负载含有双活性中心的酞菁催化剂的 CO$_2$ 催化还原性能，可以发现含有双金属原子中心的 Mn$_2$-Pc 具有较好的催化活性，其催化反应路径为 CO$_2$→

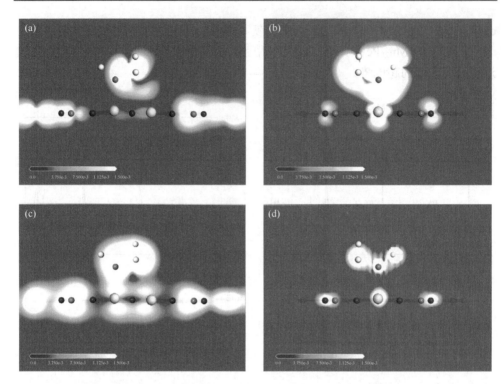

图 5.35　Mn₂-Pc 上的 p_z-d_{z^2} σ 成键态（a）、Mn-Pc 上的 p_z-d_{z^2} σ 成键态（b）、Mn₂-Pc 上的 $p_{x/y}$-$d_{xz/yz}$ π 反馈键态（c）、Mn-Pc 上的 $p_{x/y}$-$d_{xz/yz}$ π 反馈键态（d）的*COOH 的波函数密度图[47]

*COOH→*CO→*CHO→*CH₂O→*CH₃O→CH₃OH。其中 CO₂ 活化还原为*COOH 是该反应的决速步，反应的表观能垒为 0.84V。相比于拥有类似骨架结构的单金属原子中心的酞菁催化剂，其表观反应能垒降低了 0.20V。Mn 双原子中心的引入导致反应自由能降低，其潜在原因可由电子结构解释：这表明双原子中心中的两个 Mn 原子有助于*COOH 吸附物与催化剂之间的键合，形成了 Mn-C-O-Mn 的桥式吸附，增强了金属与被吸附物的 π 反馈键，活化了 CO 键，使得进一步加氢的能垒降低。同时这一过程中 C 端吸附物变为 O 端吸附物，降低了 CH₃OH 解吸的能耗。这些发现为设计基于金属双原子中心的有机金属催化剂打开了一扇大门。

5.1.5　金属原子链催化剂

在之前的章节中讨论了金属原子催化剂在碳骨架网络与金属有机骨架结构中的应用，从中发现除了金属原子的载体骨架结构对催化剂性能有调控能力之外，也发现这类催化剂中，活性中心的空间分布对催化性能可能也起到促进作用。在 CO₂ 电催化还原的研究中，人们发现线性标度关系是限制很多现有 CO₂ 还原催化剂的原因。催化剂表面上常见的吸附物种以同样的原子与催化剂表面相连，这也说明这些吸附物种的吸附能之间存在线性关系，随着催化剂性能的变化同时升高或降低。这也就导致了催化剂设计中，很难同时稳定*COOH 吸附并降低*CO 吸附的稳定性。在上一小节的讨论中，可以发现了引入双金属中心能够有效地降低其中一部分中间物种的吸附能。将双金属中心进一步延伸，可以得到一维排列的金属原子链，处于原子链上的金属原子在空间结构上类似于双金属催化剂，但又不局限于两个金属原子组成的中心，使得催化性能也存在着差异。本小节将重点举例两个一维金属原子链催化剂体系，探讨原子链结构在催化反应中的特征。

1. 石墨烯纳米带边缘修饰的铜原子链与 CO_2 还原的选择性

铜催化剂被广泛用于 CO_2 电化学还原中的催化剂。金属铜电极具有在不同的外加电势下直接生产碳氢化合物和 CO 的能力。当在催化中使用不同的铜晶面或颗粒时，还原产物可能为 C_1、C_2 和 C_3 产物。目前工业上由铜催化剂所诱导的 CO_2RR，其主要的 C_2 产物是工业上有重要应用价值的乙醇和乙烯[20, 51, 52]，C_2 生成中的关键步骤是形成*CO-*CO 二聚体。在实验中，由于 Cu(100)上的吸附位点采取非最密排列，并且*CO 吸附物种之间的距离合适，其在还原中的 C_2 产物生成选择性较好。而表面原子紧密排列的 Cu(111)晶面上由于*CO 相互靠近时的原子间距过近，反而不易生成 C_2 产物[20]。用于生产多碳产物的良好催化剂上的*CO 吸附应该具有以下特征，可以轻松地移动到附近的位置而无需跨越高能量壁垒，且能够形成较稳定的二聚体结构。铜金属电极也存在产品选择性方面的问题，其表面的还原产物有超过 15 种可能，包含从 CO 到正丙醇等多种产物[19, 20, 51]。同时，在铜金属电极上 CO_2 活化能垒也相对较高（约 1eV），这也就极大限制了这类催化剂的实际应用[10, 53-55]。

与铜纳米颗粒不同，低维含铜材料具有较大的表面积，而且其不具有多种混杂的晶面，这些特性使得铜原子催化剂这类的催化剂具有更高的 TOF 和更高的产物选择性。因此，设计低维含铜材料并研究这些催化剂的催化性能引起了人们的高度关注。近年来，石墨烯纳米带由于具有拓扑能带特性和磁性边界态，受到了广泛关注[56-59]。锯齿形和扶手椅形的石墨烯纳米带边缘可以使用自下而上方法进行合成[60, 61]。对于铜边缘修饰的石墨烯纳米带，可将铜原子引入具有平面四配位碳（ptC）结构的边缘来合成。这些铜边缘修饰的石墨烯纳米带已被证明是稳定的，并且呈金属性，这对于 CO_2RR 中的电荷转移是有利的[32, 62]。这些结构中的 Cu—Cu 距离接近于 Cu(100)，*CO 在这些催化剂上形成端式吸附，即这些结构可能促进 CO_2 电化学还原过程中的 C_2 产物的产生。Zhu 等[63]通过计算模拟发现石墨烯边缘修饰可以通过调节电子结构来调节 CO_2 催化转化，边界修饰的石墨烯纳米带的特殊纳米结构将有助于克服传统铜基催化剂的高超电势和弱选择性等问题。

　　铜修饰的扶手椅形石墨烯纳米带（armchair graphene nanoribbon，AGNR）和锯齿形石墨烯纳米带（zigzag graphene nanoribbon，ZGNR）的最稳定结构如图 5.36 所示。定义的边缘修饰的扶手椅形石墨烯纳米带为 n-AGNR＞Cu（n = 3，4，5），其中 n 是宽度。我们发现，铜原子倾向于均匀地分布在两个边缘碳原子的桥位，铜-铜的距离等于晶格常数。不同于锯齿形结构，相邻的铜原子之间更长的距离让它们彼此更加暴露，从而有利于同 CO$_2$ 分子进行催化作用。与 ZGNR＞Cu 比起来，AGNR＞Cu 较短的 Cu—C 键长使更多的电子从铜转移到碳原子。

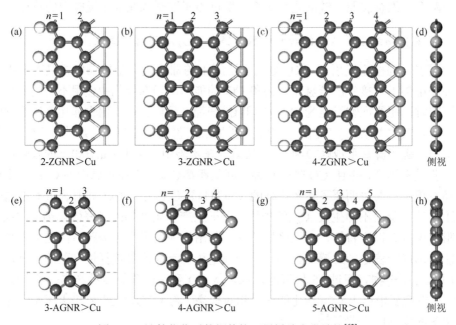

图 5.36　计算优化后的铜修饰石墨烯纳米带结构[63]

　　进一步研究两种石墨烯纳米带上的催化性能，首先要确定的是其最低能量路径。表 5.4 显示了还原 CO$_2$ 可能的反应途径和在 0V $vs.$ RHE 条件下的反应自由能（ΔG）。对于 ZGNR＞Cu 和 AGNR＞Cu 而言，首先由 CO$_2$ 解离形成*CO，*CHO 和*OCH$_2$ 是关键的中间体。由于生成*COH 还是*CHO 的偏好取决于铜表面的形状，所以需要全部纳入考虑范围。两种不同手性的石墨烯纳米带在第六个质子-电子对转移后遵循不同的催化反应途径，一个生成甲醇，另一个生成甲烷，对还原产物表现出明显的选择性。能垒最低的反应途径如图 5.37 所示。在图 5.37（a）中，可以发现，在 ZGNR＞Cu 和 AGNR＞Cu 表面的 CO$_2$ 电催化限制电压比 Cu(111)表面低（–0.99V），从热力学角度表明需要较低的超电势和能量功耗。对于 ZGNR＞Cu，由于其和羟基之间的强键作用，羟基消除步骤成为决定电势的步骤。而 AGNR＞Cu 的决速步变为*CHO 生成的步骤。在该研究的三个扶手椅纳米带中，5-AGNR＞Cu

需要最少的负电势和最低的自由能能垒（0.44eV）。自由能曲线表明，在 n-AGNR＞Cu（$n=3$，4，5）催化还原 CO_2 的限制电压处于–0.44V 和–0.58V 之间。前线轨道分析表明 AGNR＞Cu 的导带底有助于稳定决速步的中间体∗CHO，从而与 Cu(111) 表面相比能垒降低了一半。

表 5.4　CO_2 电化学还原反应路径和相应的自由能能垒（ΔG）[63]

	反应路径	反应自由能能垒 ΔG/eV	
		2-ZGNR＞Cu	5-AGNR＞Cu
1a	∗ + CO₂（g）+ H⁺ + e⁻ ⟶ ∗COOH	0.17	0.10
1b	∗ + CO₂（g）+ H⁺ + e⁻ ⟶ ∗OCHO	−1.15	−0.91
2a	∗COOH + H⁺ + e⁻ ⟶ ∗CO + H₂O	−0.24	−0.22
2b	∗OCHO + H⁺ + e⁻ ⟶ ∗CO + H₂O	1.08	0.79
3a	∗CO + H⁺ + e⁻ ⟶ ∗CHO	0.41	0.44
3b	∗CO + H⁺ + e⁻ ⟶ ∗COH	1.76	2.52
4a	∗CHO + H⁺ + e⁻ ⟶ ∗OCH₂	0.49	0.06
4b	∗CHO + H⁺ + e⁻ ⟶ HCHO（g）+ ∗	0.35	0.37
4c	∗CHO + H⁺ + e⁻ ⟶ ∗CHOH	0.73	1.03
5a	∗OCH₂ + H⁺ + e⁻ ⟶ ∗OCH₃	−0.92	−0.02
5b	∗CHOH + H⁺ + e⁻ ⟶ ∗OCH₃	−1.15	−0.99
6a	∗OCH₃ + H⁺ + e⁻ ⟶ ∗O + CH₄	−0.16	0.17
6b	∗OCH₃ + H⁺ + e⁻ ⟶ ∗ + CH₃OH（g）	0.14	−0.31
7	∗O + H⁺ + e⁻ ⟶ ∗OH	−1.62	−1.84
8	∗OH + H⁺ + e⁻ ⟶ H₂O（l）+ ∗	0.75	0.20

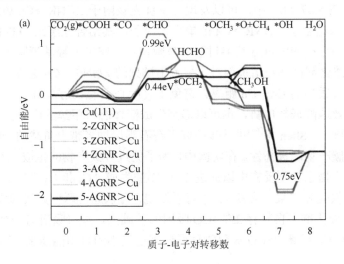

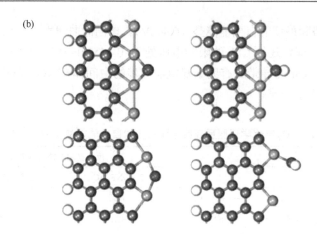

图 5.37　（a）在 0V（*vs*. RHE）条件下，*n*-ZGNR＞Cu（*n* = 2，3，4）和 *n*-AGNR＞Cu（*n* = 3，4，5）催化 CO$_2$ 的最低能量路径图；（b）GNR＞Cu 催化 CO$_2$ 的关键步骤分析

　　在环境温度 T = 298K，计算可以得出 CH$_3$OH 与 CH$_4$ 摩尔比约是 $9.8 \times 10^7 : 1$，显示了 AGNR＞Cu 强大的选择性。这两个手性家族的产物选择性和超电势的区别可以通过分析关键步骤中间产物来解释。从完整的自由能路径图可以看到，ZGNR＞Cu 和 AGNR＞Cu 反应的主要分歧位于第六个质子-电子对转移。ZGNR＞Cu 倾向于生成天然气和*O，而 AGNR＞Cu 倾向于生成甲醇。由于锯齿型和扶手椅家族各自内部显示类似的特征，这里仅选择 2-ZGNR＞Cu 和 5-AGNR＞Cu 作为代表进行横向比较。关键步骤是从*O 还原为*OH，计算发现 2-ZGNR＞Cu 保持几乎不变的边缘结构，氧原子与两个相邻的铜原子成键，而 5-AGNR＞Cu 的 Cu—Cu 键距离变短了 0.76Å 来吸附氧原子。严重形变的 AGNR＞Cu 边界明显地增加了*O 这一步的总自由能，形成了产生甲烷的热力学阻碍。进一步加氢使*O 形成 *OH 态。从图 5.37（b）中，可以发现羟基优先吸附于 ZGNR＞Cu 边缘铜链的桥位，而*OH 只结合了 AGNR＞Cu 的单个铜原子，其结合强度比 ZGNR＞Cu 约弱 0.6eV。*OH 在 ZGNR＞Cu 边界过强的吸附使反应路径在羟基消除步骤陷入能量势阱，导致催化剂循环利用很困难。与密集排列的 ZGNR＞Cu 边界不同，扶手椅边缘结构具有适当的 Cu—Cu 距离，避免了过度强烈的吸附作用，即 AGNR＞Cu 不仅可以有效地降低超电势，也可以提高生成液体燃料甲醇的选择性。

　　在此基础上，Shen 等[64]进一步研究了在石墨烯纳米带上负载的一维铜原子链催化生成多碳产物的选择性。在实验中，为了促进多碳产物的生成，经常会将 CO 气体作为反应物添加到反应中以促进 C$_2$ 产物的生成。C$_1$ 和 C$_2$ 产生的主要竞争反应是*CO 的氢化和二聚。从表 5.5 中可以发现，可以通过两种方式形成*COCO 中间体：① 在催化剂上自然存在的*CO 吸附的基础上，直接吸附另一个 CO 分子；② 两个相距一定距离的*CO 吸附物种通过越过极小的自由能能垒，在催化剂表面迁移并靠近。另一种可能的 C_2 生成机理涉及*COCHO 中间体。有可能在三个反应步骤中发现*COCHO：① 在现有的*CHO 吸附物种旁边直接吸附 CO 分子，这个反应在所有能够自发形成*COCO 的催化剂上也是自发的；② *CO 移动到已经吸附的*CHO 旁边，这个反应是热力学不自发的；③ *COCO 中间体的氢化。

表 5.5 不同催化剂上的二聚反应的关键步骤的自由能[64]

反应	$\Delta G_{AGNR>Cu}$/eV	$\Delta G_{ZGNR>Cu}$/eV
$CO + * \longrightarrow *CO$	−0.45	−0.77
$*CO + H^+ + e^- \longrightarrow *CHO$	0.59	0.62
$*CO + CO \longrightarrow *COCO$	−0.38	−0.26
$*CO + *CO \longrightarrow *COCO + *$	0.06	0.17
$*CHO + CO \longrightarrow *COCHO$	0.20	−0.38
$*CHO + *CO \longrightarrow *COCHO + *$	0.34	0.15
$*COCO + H^+ + e^- \longrightarrow *COCHO$	1.17	0.50

从计算的各步反应的自由能变化数据来看，*COCO 中间体可以在两种催化剂上形成。CO 吸附和*CO 转移不包含电荷转移过程，其反应自由能不能通过外加电势进行调节。而另外，加氢反应则会受外加电势的影响。在 ZGNR>Cu 上，*CO 氢化所需的自由能为 0.62eV，而*COCO 氢化仅需 0.50eV。与 C_1 产物的进一步氢化相比，*COCHO 的形成在热力学上更有优势。AGNR>Cu 有着比*CHO 形成更高的*COCO 加氢反应自由能。同样，CO 或*CO 无法在这两种催化剂上直接与*CHO 相连，这使得 C—C 偶联以及 C_2 的生成在 AGNR>Cu 上不易发生。通过分析 C_2 形成的关键步骤，可以发现 ZGNR>Cu 催化剂能够将 CO_2 或 CO 转化为 C_2 产物。而尽管 AGNR>Cu 是 CO_2RR 的良好催化剂，但它们都没有催化 CO_2 转化为较大有机物的能力。

在 ZGNR>Cu 催化剂上，G 产物反应的机理为 $CO_2 \to *COOH \to *CO \to *CHO \to *CH_2O \to *CH_3O \to CH_4$。对于*CO 加氢，此基元反应所需的最高自由能为 0.62eV。其他可能的 C_1 产物还包括甲醛（CH_2O）和甲醇（CH_3OH）。CH_2O 的解离是自发的，但*CH_2O 的氢化过程的能垒要低得多。*CH_2O 的加氢过程生成了*CH_3O，且*CH_3O 拥有很强的吸附［图 5.38（e）］。强吸附可能与 O 原子在催化剂上的桥式吸附有关。同样，在下一个氢化步骤中，由于*O 的强桥式吸附作用，脱附过程中很难生成 CH_3OH，主要产物为 CH_4［图 5.38（f）］，即 C_1 产物加氢的主要产物是被完全还原的 CH_4。C_2 产物的生成比起 C_1 产物要复杂得多。从*CO［图 5.38（b）］开始，进一步反应的产物中*COCO［图 5.38（g）］在低外加电势条件下，能量上优于*CHO。继续发生反应的过程中，*COCHO［图 5.38（h）］是一个非常关键的中间体，这步氢化反应的自由能是 0.50eV，反应的自由能可以通过外加电势的大小来调控。同时外加电压也会降低*CHO 形成的自由能，从而使*CO 氢化在催化剂上也有可能发生。

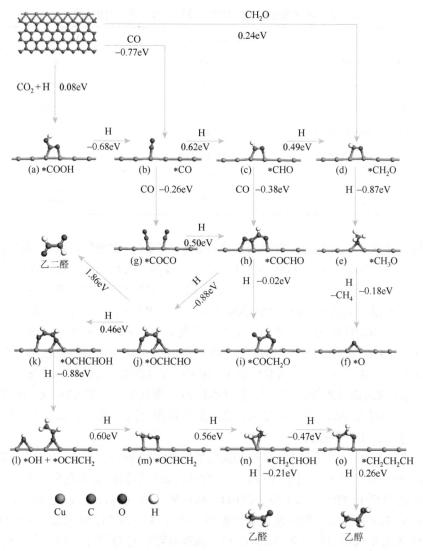

图 5.38　ZGNR＞Cu 上的催化反应路径示意图[64]

计算得出的反应自由能被标出，含有质子转移的步骤用 H 标出，可能的 C₂产物小分子结构也列出在图中

*COCHO［图 5.38（h）］是 C—C 键形成的关键中间体。H 原子被加到其中的

一个 C 原子上，并形成—Cu—C—CH—O—Cu—的五元环结构。未氢化的 C 旁的 O 原子也与另一个 Cu 原子发生键合。这个中间体的结构中，中间的 Cu 原子略微偏离分子平面。生成的 C—C 键长为 1.455Å，比 C—C 单键（乙醇中为 1.525Å）短，但比双键（乙烯中为 1.330Å）长，这说明中间体中存在离域 π 键。

从 *COCHO 结构开始，进一步氢化可产生多种可能的中间体。*COCH$_2$O [图 5.38（i）] 与 *COCHO 具有相似的结构特征。*COCH$_2$O 的氢化反应的自由能为 –0.02eV。当然，H 也可以加到 O 原子上，形成 *COHCHO 和 *COCHOH 两种可能的中间体，但与 *COCH$_2$O 相比，它们的稳定性较差。*OCHCHO [图 5.38（j）] 是另一种可能的中间体，其结构是将 H 原子添加到 *COCHO 中未氢化的 C 上。该中间体通过 O—Cu 键与 Cu 原子链发生相互作用，并且比 *COCH$_2$O 稳定得多。

继续氢化的反应步骤中最稳定的中间体是 *OCHCHOH [图 5.38（k）]，其结构中 H 原子与一个 O 原子相连。*OCHCHOH 的进一步氢化会导致 C—O 键断裂，生成的 *OH + *OCHCH$_2$ [图 5.38（l）] 结构中含有两个 O 桥式吸附。C—O 键断裂使得还原产物中形成乙二醇（CH$_2$OHCH$_2$OH）的可能性降低。对体系进一步还原，*OH 将被还原为 H$_2$O 和含有双键的 *OCHCH$_2$ 吸附物种 [图 5.38（m）]。C＝C 键也与 Cu 原子发生相互作用。*OCHCH$_2$ 可以进一步还原为 *CH$_2$CHOH [图 5.38（n）]，其还原反应的能垒为 0.56eV。*CH$_2$CHOH 继续还原可以得到 *CH$_2$CH$_2$OH [图 5.38（o）] 和乙醇。与乙醇生成相比，乙醛生成在热力学上不占优。

总体而言，在 ZGNR＞Cu 上，C$_2$ 生成相对于 C$_1$ 生成具有优势，主要产品为乙醇。各步反应中最大的自由能变化为 0.60eV，反应 *CHO + *CO —→ *CHO 在低覆盖率条件下具有 0.15eV 的自由能变化。正自由能意味着在低覆盖率下，*COCHO 能够分解为独立的 *CHO 和 *CO 吸附物种。这种现象不利于 C—C 键的形成。而有趣的是，这个自由能高低的相对关系在较高的覆盖率条件下会发生反转。当 Cu 原子链被 *CO 覆盖时，*COCHO 比分立的 *CO 和 *CHO 更稳定。如图 5.39 所示，吸附物种的结构信息显示 *COCHO 的空间位阻效应小于 *CHO 的空间位阻效应。空间位阻导致了 *CO 和 *CHO 混合吸附的能量的升高，使 *COCHO 相对的热力学上更加稳定易于生成。其反应自由能差为 –0.07eV，这意味着在较高的覆盖率条件下，*COCHO 和 *COCO 都是稳定的并且不会发生分解。通常在实验中，CO 气体被作为促进 C$_2$ 生成的成分添加到反应系统中，这样也就可以确保 Cu 原子链被较高浓度的 *CO 覆盖，C—C 键的形成是自发的。这种 Cu 原子链上的 C$_2$ 生成很可能在实验条件下发生。

*COCHO 是 C$_2$ 生成过程中的关键中间体。为了理解这一关键中间体的生成过程，研究中通过过渡态计算，提出了预测的 *COCO 加氢的机理。*COCHO 生成的最低能量路径如图 5.40 所示。为了更好地模拟溶剂环境中的质子转移过程，模拟过程中加入了两个水分子模型。由于实验中的 CO$_2$ 还原反应一般发生在碱性溶

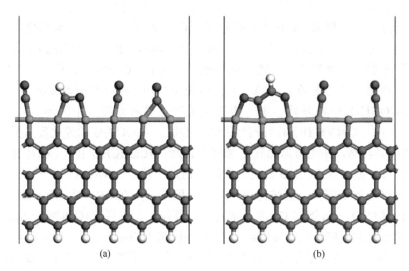

图 5.39　*CHO（a）和*COCHO（b）吸附物种在高*CO 覆盖率下的结构信息[64]

液环境中，在质子转移中，以水分子作为质子给体，而 OH⁻离子则是质子转移反应的产物。在计算中，为了进一步从动力学层面了解覆盖率对加氢过程的影响，他们进一步模拟了不同覆盖率下的加氢过程。

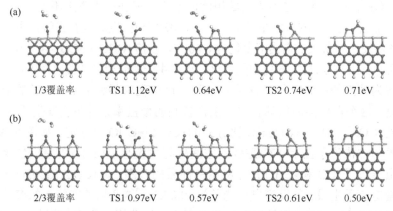

图 5.40　在 1/3 覆盖率（a）和 2/3 覆盖率（b）下*COCHO 生成过程的示意图[64]

　　两种覆盖率下的加氢过程机理非常类似。水分子中的 H 原子指向*CO 吸附物种并逐渐向 C 原子移动，同时使得 O 原子被推向铜原子链。*CO 中的 C—O 键被打开，形成桥式吸附的*CHO 吸附物种。随后，*CHO 中的 C 端配位键断开，形成*OCH 的 O 端吸附物种，其中 O 原子位于两个 Cu 原子之间，形成桥式吸附。*OCH 物种逐渐向邻位的*CO 移动，*CO 中的价键被活化打开，C—C 键逐渐形成，*CO 中的 O 原子被推向另一侧的铜原子链上。最终，一个稳定的*COCHO

中间物种形成。低覆盖率下，*CO 氢化的活化能能垒为 1.12eV，而高覆盖率下，这一活化反应能垒为 0.97eV。其中，在 1/3 覆盖率条件下，*COCHO 物种的自由能要高于*CO 和*CHO 的自由能之和。而当覆盖率提高到 2/3 之后，它们的自由能高低的相对关系则会发生反转。在高覆盖率的条件下，过渡态的能量也发生了变化，相应的能垒降低。从能量上看，*CO 的加氢过程的能垒最高。在反应过程中，只要*CO 加氢过程得到活化，CO—CHO 的偶联过程也能够发生。同时在高覆盖率条件下，C—C 键的生成更加有利。而*COCHO 将进一步还原为乙醇。

2. 负载于硼烯的铜原子链的 CO_2 催化还原活性

硼元素具有较小的共价半径，并且具有从常见的双中心双电子键到多中心双电子键的灵活的成键类型，这也导致了含硼结构可显示从半导体到超导[65-67]或是从金属性到狄拉克（Dirac）半金属性[68, 69]的丰富物理特性。与其他二维材料（如石墨烯、MXenes 和金属二卤化物等）相比，在硼烯上进行 CO_2 转化的研究非常有限。二维多孔硼烯材料有着丰富的成键类型和独特的电子构型[70-72]。Mannix 等[73]在 2015 年最先报道了硼烯单层材料（δ_6 sheet）的合成，随后 β-硼烯（β_{12} sheet）也由 Feng 等[74]在 2016 年实验中合成。尽管块体的硼单质是一种半导体，这两种合成的二维硼烯结构均表现了金属性[75]。理论和实验都发现带有六边形孔的硼烯相比于平面全充满的硼烯更加稳定，并且硼烯对氧化反应呈惰性且与合成底物的相互作用较弱，能够剥离得到单层结构[67, 70-72, 74-77]。在 β-硼烯结构中，六边形的孔洞呈现一种一维排列结构，并且随着其合成条件的变化，这种孔洞的排列长度可调。这些六边形孔为铜原子提供了自然的吸附位点。理论计算表明，电子从金属原子转移到硼烯网格结构中时，可以有效地稳定体系并形成独特的六配位铜原子进行吸附[78]，即 β-硼烯中的一维孔洞有利于形成铜原子链结构，这一结构也符合上面讨论过的引入次级吸附中心的构想。β-硼烯基底本身结构中存在着天然的可控长度的一维吸附位点，不需要像石墨烯那样引入缺陷或边界结构来提供位点，即存在着设计与合成上的便捷性[30, 63]。同时其本身具有金属性，相较于半导体的石墨烯或石墨烯纳米带，具有更高的载流子迁移率。为此 Shen 等[79]选取了硼烯负载铜原子的 CO_2 还原催化剂作为研究对象，探讨了这类催化剂的催化性能。

图 5.41 中显示了用于铜原子固定用的硼烯结构俯视图，以及负载铜后的硼烯的侧视图[75, 76]。铜原子位于硼烯的六边形孔洞的中心。如图 5.41（a）所示，α-硼烯结构中，铜原子被稳定在硼烯稍高于平面的六边形孔洞中央位置，形成单金属掺杂结构。而负载于含有本征一维孔洞分布的 β-硼烯 [图 5.41（b）～（f）] 上的结构，其铜原子形成长度不一的链状分布。有限长度的原子链由于铜原子之间的强相互作用而具有弯曲的结构，而其曲率随着铜原子链长度的增加而减小。β-硼烯上的无限长的铜链 [图 5.41（g）] 保持直线型，且铜原子之间的距离相较于有

限长度的铜链要更长。为了方便区分和总结，这些催化剂被命名为 $Cu_n@B$（$n = 1$，2，3，4，5，6，∞）。

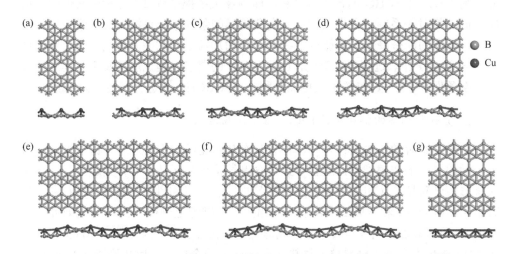

图 5.41　Cu 原子固定用的硼烯结构俯视图以及负载铜后的硼烯的侧视图[79]

（a）α′（B_8）硼烯和 $Cu_1@B$；（b）$β_5$（B_{26}）硼烯和 $Cu_2@B$；（c）$β_{31}$（B_{36}）硼烯和 $Cu_3@B$；（d）$β_{32}$（B_{46}）硼烯和 $Cu_4@B$；（e）$β_{33}$（B_{56}）硼烯和 $Cu_5@B$；（f）B_{66} 硼烯和 $Cu_6@B$；（g）$β_{12}$（B_5）硼烯和 $Cu_∞@B$

　　由于铜和硼之间的电子亲和能不同，会发生电子从金属原子向硼烯骨架的转移，Bader 电荷分析也证实了这一点。在 $Cu_1@B$ 上，电荷转移为 0.231，其中 Cu 原子为正电中心。在 $Cu_∞@B$ 上，电荷转移量为 0.263。在其他 $Cu_n@B$ 结构上，Cu 原子上的电荷分布不均匀，例如，在 Cu_3 链上，原子链中间的 Cu 原子携带的电荷为 $+0.255e$，而在末端的另外两个 Cu 原子的电荷为 $+0.229e$。其他铜原子链也遵循类似的电荷分布，中间的 Cu 原子带有更多的正电荷。这些规则分布的带电荷的铜原子链负载于硼烯上，将为 CO_2 的吸附和转化提供理想的反应活性位点。

　　首先研究 CO_2 吸附的第一步，通过考虑不同的成键方式，可以发现 *OCHO 吸附物在这些催化剂上的能量最低。*OCHO 吸附物种非常稳定，很难解离，这不利于甲酸的生成。另外，还可以发现如图 5.42（a）所示的碳端键的形成。进一步的分析表明，在这类催化剂上发生的电化学还原反应中主要采取羧基机理，从而导致碳氢化合物的生成。*COOH、*CO 和 *CHO 这三个吸附物种是确定反应所需外加电势以及确定速率的关键中间体。另外，像 *OCH₂ 和 *CH₂OH 这样的吸附物种的能量分布也可能导致最终产物选择性的变化[10]。对于各步基元反应，其中最高的反应自由能决定了反应的速率。

　　通过分析这些催化剂上所有可能的吸附物种的自由能，可以发现 *CO 吸附物的氢化反应 ［图 5.42（b）］是所有硼烯-铜催化剂上拥有最高反应自由能的限速

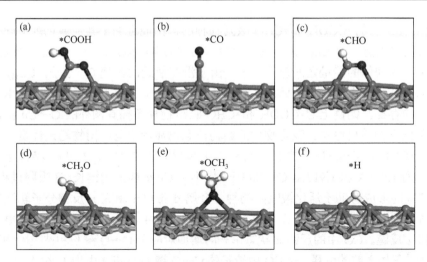

图 5.42　Cu∞@B 上的吸附物种结构信息[79]

步骤。CO₂ 电化学还原的自由能分布图如图 5.43 所示。尽管 Cu₁@B 和其他催化剂上的相同中间体的自由能之间存在巨大差异，但被吸附物的相对稳定性仍保持不变。最可能的反应路径是 $CO_2 \rightarrow *COOH \rightarrow *CO \rightarrow *CHO \rightarrow *CH_2O \rightarrow *CH_3O \rightarrow CH_3OH$。其中关键中间体的自由能以及反应自由能列于表 5.6 中。*CHO 的进一步氢化比*CO 的氢化的自由能要低，说明这些反应不会限制在指定电势下的总反应速率。

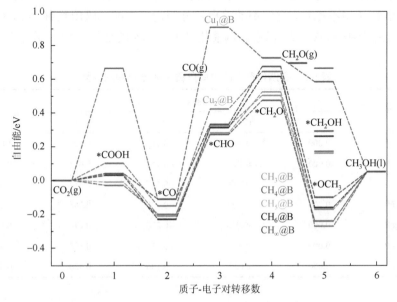

图 5.43　催化反应自由能分布图（反应路径用虚线标出）[79]

Cu₁@B 上的 *COOH 和 *CHO 吸附物种的自由能远高于其他催化剂上同类中间物种的自由能。而 Cu₄@B 上这两个吸附物种的自由能则最小，其他几个催化剂上这两个中间体的能量之间差异很小。由于没有邻近的其他 Cu 原子，Cu₁@B 上的单原子活性位点吸附中间体，并形成了 C—Cu 键，而在其他的结构上，由于铜原子链的存在，铜链上的 *COOH 和 *CHO 吸附物种还拥有额外的 O—Cu 键，有助于降低它们的自由能。吸附物种的结构信息也显示出与吸附物稳定性良好的一致性。*CHO 在 Cu₁@B 上的 C—Cu 键为 1.944Å，而在 Cu₂@B 和 Cu₄@B 上，键长分别为 1.924Å 和 1.917Å，C—Cu 键长均小于 Cu₁@B 上的键长。在吸附过程中，π 反馈键的形成有助于活化被吸附物种。金属 d 带电子填充 π* 反键分子轨道导致价键能量升高，键长变长。在 *CO 和 *CHO 的结构中，更强的吸附伴随着更强的 σ 键和 π 反键。CO 中的反键 π* 状态填充的增加对应于 C—O 键长和被吸附物活化的增加。正如之前的解释，*CHO 中较长的 C—O 键（Cu₄@B 中为 1.266Å，Cu₁@B 为 1.214Å）也表明 *CHO 在 Cu₄@B 上的吸附更强。

与 *COOH 和 *CHO 自由能急剧变化不同的是，*CO 的自由能始终分布在 −0.106eV 至 −0.231eV 的范围内。这个相当小的自由能变化可以归因于 *CO 被吸附物的端式吸附模式。Cu₄@B 上 *CO 吸附物种中的 C—Cu 键为 1.811Å，仅比 Cu₁@B 上的 C—Cu 键短 0.01Å。另外，各个催化剂上的 C—O 键长为 1.15~1.16Å，比游离的 CO₂ 分子中的要长。这些结构性质表明，*CO 的成键模式在各个硼烯-铜催化剂上几乎没有差异。

通过对硼烯上的一维铜原子链的多碳产物催化能力的研究发现 Cu∞@B 上的 *COCHO 物种均不稳定，它们都能够自发分解为独立的小吸附物种。*COCHO 的分解自由能为 −0.46eV，即在硼烯-铜催化剂上，CO₂ 的还原产物主要为 C₁ 产物。

表 5.6　各催化剂上的中间体自由能分布和超电势[79]

催化剂	自由能/eV				超电势/eV
	*	*COOH	*CO	*CHO	
Cu₁@B	0.000	0.660	−0.111	0.896	1.007
Cu₂@B	0.000	0.105	−0.149	0.417	0.566
Cu₃@B	0.000	0.029	−0.195	0.317	0.512
Cu₄@B	0.000	−0.031	−0.202	0.268	0.470
Cu₅@B	0.000	−0.013	−0.210	0.276	0.486
Cu₆@B	0.000	0.027	−0.231	0.308	0.539
Cu∞@B	0.000	0.035	−0.106	0.328	0.434

负载在硼烯上的一维 Cu 原子链能够进一步稳定 *COOH 和 *CHO，而不会降

低*CO 的吸附能,这一特点打破了线性标度关系[22, 42, 80-83]。原子链的结构为 O 原子成键提供了一个附近的吸附位。桥式吸附改变了*COOH 和*CHO 结构的键合原子。与 $Cu_1@B$ 的催化性能相比,Cu 原子链的催化能力优越,其决速步骤的反应自由能降低超过 0.5eV,将大大提高催化反应的能源效率。稳定的*CHO 中间产物降低了反应自由能,并且 $Cu_4@B$ 和 $Cu_\infty@B$ 上的 CO_2 电还原超电势分别为 0.470eV 和 0.434eV,远低于金属铜电极表面的超电势[Cu(211)上为 0.74eV[10]]。计算得出的 $Cu_4@B$ 和 $Cu_\infty@B$ 的催化性能证明这些硼烯-铜催化剂可能具有巨大的应用潜力。

5.2　金属化合物电极材料

p 区元素与过渡金属形成的部分层状过渡金属主族化合物纳米结构得到了研究者的广泛关注。其中最具有代表性的化合物是过渡金属硫族化合物,以二硫化钼（MoS_2）为代表。MoS_2 本身是一种在工业上应用广泛的氢化脱硫催化剂材料以及电催化析氢[84]材料。近年来实验上将 MoS_2 置于离子液体内,对于 CO_2 催化还原制备 CO 取得了不错的结果,FE 接近 100%的同时,在超电势大小 0.66V 的条件下电流密度达到了 66mA/cm^2[85]。除了 MoS_2 材料本身极低的功函数以外,MoS_2 的双催化活性位点特性也是原因之一[86]。在 MoS_2 的 S 边缘与 Mo 边缘,CHO/COOH 与 CO 的吸附位点同样发生了分离。前者倾向于结合在边缘 p 态丰富的 S 位点,后者倾向于以 d 成键-π 反键键合在 Mo 原子表面。所以 MoS_2 的边缘,CO_2 电催化还原的超电势得到了充分的降低。这种降低效应还体现在类似的层状化合物 $MoSe_2$ 的边缘。过渡金属的掺杂可以进一步降低反应所需的超电势,其中 Ni 掺杂得到的相应层状化合物边缘态催化 CO_2 的还原的超电势最低[86]。值得一提的是,仅有边缘态的硫族原子存在高催化活性,层中心的 S 原子并不具备相应的催化效果。

另一类具有吸附位点分离现象的过渡金属化合物是过渡金属碳化物。相对于 CO 在 MoS_2 以及 $MoSe_2$ 边缘的弱吸附,在 Mo_2C 表面,不同于 MoS_2,由于 Mo 原子位于最表层,CO 的吸附能显著提升,CO 会进一步还原生成 CH_4。稳压循环伏安实验下,CO_2 在 Mo_2C 电极表面还原为 CH_4 的起始电势为−0.55V *vs.* RHE,相比于多晶 Cu 电极表面的−0.80V *vs.* RHE 的起始电势升高了 0.25V。DFT 计算证明,CO→CHO 在零偏压下的自由能变化为 + 0.38eV,相比于金属 Cu(211)表面的 + 0.74eV 显著降低。对于包括正交相 Mo_2C 在内的众多金属碳化物的单原子吸附能的分析表明,相比于过渡金属表面,这些金属碳化物表面的 O 原子吸附能变大,与之相对的是,C 原子的吸附能变小,即这些金属碳化物具有亲氧性与疏碳性。更为有趣的是，亲氧性与疏碳性不受碳化物表面碳缺陷或者附着氧原子的影响。进一步的电子结构的分析表明，这种亲氧性与疏碳性的产生源于表层金属价层电子构型的变化以及金属 sp 态随着碳化物形成而产生的劈裂。将亲氧性与疏碳性拓展到分子吸附层面，二者的此消彼长在不同的金属碳化物表面也导致了 CO 与 CHO 的吸附能的相关性并不再遵循金属表面的线性关系，也就是说，利用金属碳化物表面的亲氧性与疏碳性同样可以打破标度关系，进而降低目标反应的超电势。

通过对其他类似的共价过渡金属层状化合物的筛选，发现大部分的金属二硫化物、二硒化物、二碲化物，少量金属二氧化物以及一部分具备层状结构但化学组分并非金属硫族化合物的金属-非金属化合物表面，CO 与 COOH 的吸附能同样出现了相关性的分离[87]。其中在绝大部分的层状化合物表面，CO 的吸附都极其微弱；与之形成鲜明对比的是，COOH 的吸附能分布在一个极大的区间内。轨道分析表明，出现这种情况的原因是 CO 的孤对电子无法与非裸露的金属原子发生有效的轨道杂化作用，而 COOH 的 C 的 p_z 轨道与分布在最上层的硫族元素的 s 轨道之间可以发生有效的杂化，形成局域化的 σ 态。与金属表面作为描述符的 d 带中心类似，用硫族元素的 s 带中心作为描述符，可以与 COOH 的吸附能形成较为良好的线性关系，但与 d 带中心的特性不同的是，s 带中心具有局域的电子能级，其能级的大小并不正向依赖于金属 d 带中心，也与 CO 的吸附能不产生关联，即 COOH 与 CO 之间的标度关系在共价过渡金属层状化合物内部都不存在。除此之外，Te 或非硫族元素的引入可以产生额外的金属态或者微扰，使得其对于 COOH 以及 CO 的吸附能的影响进一步复杂化。这类材料的吸附自由能和结构如图 5.44 所示。根据这一套筛选程序，发现 $IrTe_2$、$RhTe_2$、PFeLi 以及 TiS_2 催化 CO_2 转化为 CO 的超电势均低于体相的 Au；LiFeAs 与 T 相的 ScS_2 则可以在较低的超电势范围内电还原 CO_2 产生 CH_4。[87]

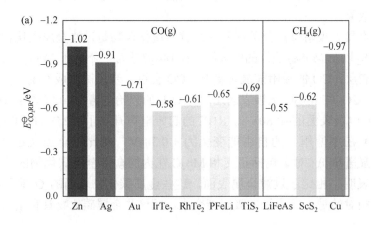

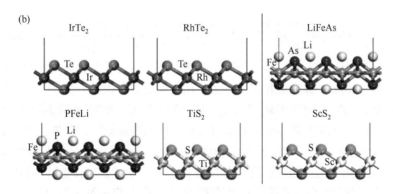

图 5.44　多种材料的二氧化碳电化学还原自由能示意图（a）和部分材料的结构示意图（b）[87]

5.3　非金属电极材料

目前常用的 CO_2 电催化剂是金属基电催化剂，如金属、金属氧化物等。它们在具体催化过程中仍然存在诸多问题，以 Cu 催化剂为例，虽然 Cu 可以将 CO_2 深度加氢还原，但在催化过程中需要较高的外加电势（约 1V），而且产物的选择性很低。除此之外，金属基催化剂还存在许多其他挑战，如造价昂贵，易发生 CO 中毒，循环稳定性较差和易造成环境污染等。为了克服金属催化剂中存在的这些挑战，人们对非金属催化剂做了很多研究。非金属催化剂中往往具有独特的成键，可以表现出金属或半金属的特性，并且价格低廉，在溶液中的稳定性强。在非金属催化剂中研究最多的是碳基材料，因为它们通常具有高导电性、高成本效益和出色的可持续性。本小节将分别探讨一部分具有代表性的碳材料电极以及一部分不含碳的其他非金属材料电极的理论计算模拟。

5.3.1　碳材料电极

在元素周期表中，碳被称为"元素之王"。碳原子因其 2s 和 2p 轨道之间的能级间距小，它的 2s 和 2p 电子很容易杂化，并能形成不同的杂化轨道（sp，sp^2，sp^3）；再加上碳原子本身的原子半径小，有非常灵活的成键方式，碳从而具有丰富多彩的同素异构体，如石墨、金刚石、富勒烯、碳纳米管、碳纳米锥、石墨烯、石墨炔、五边形石墨烯等，它们具有灵活丰富的表面修饰潜力，不管是在 CO_2 的捕获还是在 CO_2 电催化转化方面都显示出巨大的潜力。尽管纯碳材料一般对于 CO_2 电催化并没有活性，但是通过对碳材料进行修饰，可以激发出其催化活性。

Wu 与 Sharma 等[88, 89]以 N 掺杂碳纳米管阵列作为电极材料，首次发现其可以在低超电势区域内有效转化 CO_2 产生 CO。在 0.26V 的超电势下，CO 的 FE 达到

80%，选择性可以与 Ag 纳米颗粒以及粉末状 Au 电极相媲美，且需要的超电势显著下降。以氮掺杂碳纳米管作为模型的理论研究提出了两种活性位点与反应路径机理。Wu 等[88]的计算表明，N 掺杂碳纳米管及石墨烯催化活性主要源自吡啶态 N。在 N 掺杂石墨烯及 N 掺杂碳纳米管表面，由于轨道对称性的差异，CO 无法与吡啶态的 N 位点之间发生有效的轨道杂化。与之相反的是，吡啶 N 的孤对电子可以有效地注入 CO₂ 的反键轨道，导致 CO₂ 及 COOH 可以在该位点形成稳定的吸附。而 Chai 等[90]基于分子动力学以及密度泛函理论的综合模拟聚焦于 N 掺杂碳纳米管的边缘态，他们认为靠近边缘的双石墨烯态 N 接界 C 原子才是真正具备活性的催化位点。

Zhou 等[91]研究了一类具有正负高斯曲率的花生状碳纳米管（peanut-shaped carbon nanotube，PSNT）作为 CO₂ 的电化学还原催化剂（图 5.45）。和传统的单壁碳纳米管非常不一样，PSNT 由于具有独特的几何结构，从而具有正、负高斯曲率，比表面积大，且具有极化电荷等特性，这为 CO₂ 吸附和电催化还原提供了特殊的化学环境。

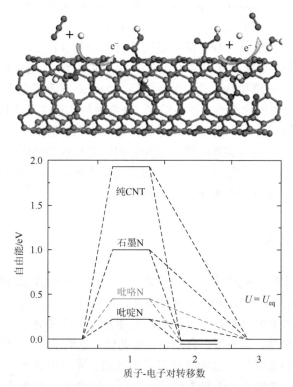

图 5.45　N 掺杂碳纳米管上的催化反应示意图以及各位点的反应自由能分布图[89]

由于具有 D_3 对称性的 C_{50} 笼形结构，如图 5.46（a）所示，在能量上比 D_{5h} 对称性的 C_{50} 结构低，可将两个 D_3 对称性的 C_{50} 笼形结构构造成 PSNT 的一个晶胞，并将其命名为 α-PSNT。结构优化之后，α-PSNT 的晶格常数为 13.807Å，对称性为 D_{2h} 以及空间群为 *Pmma*，其几何结构如图 5.46（b）所示。一个晶胞里面含有 100 个碳原子，可以分类为 3 种化学不等价的 Wyckoff 原子：α 型位于 8-8 环的边缘，用蓝色标记；β 型位于 5-6 环的边缘，用绿色标记；γ 型位于 6-8 环的边缘，用红色标记。C(α)—C(α)、C(β)—C(β)、C(γ)—C(γ) 的键长分别为 1.37Å、1.43Å 和 1.40Å。而 C(α)—C(β)、C(β)—C(γ) 的键长分别为 1.48Å 和 1.45Å，这和单壁碳纳米管（SWNT）中的碳-碳距离（1.42Å）相近。

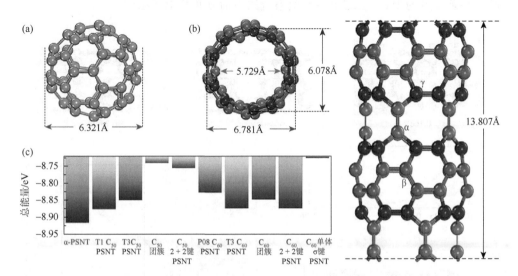

图 5.46　（a）具有 D_3 对称性的 C₅₀ 结构；（b）α-PSNT 结构的俯视图和侧视图（α，β，γ 代表晶胞中化学不等价的碳原子）；（c）α-PSNT、其他 C₅₀/C₆₀ 团簇以及形成的 1D 纳米管中的每个原子的平均总能量[91]

扫描封底二维码，可见本图彩图

　　研究者计算了 α-PSNT 中每个 C₅₀ 富勒烯团簇的结合能，并与其他理论预测的 C₅₀ PSNT 和实验合成的 C₆₀ PSNT 进行了比较，如图 5.46（c）所示，构成 α-PSNT 的每个 C₅₀ 团簇的结合能为 8.92eV，而其他结构的结合能在 8.75～8.88eV，表明 α-PSNT 在能量上比其他结构更加稳定；1000K 温度下的从头算分子动力学（AIMD）模拟计算观察到 α-PSNT 几何结构保持几乎完整不变，并且其总势能仅在恒定的范围内波动，表明 α-PSNT 具有热稳定性并能承受至少 1000K 的高温。声子谱的计算进一步证明了 α-PSNT 具有动力学稳定性。

　　由于纯碳结构对于催化反应呈现惰性，需要在 α-PSNT 结构掺杂 N 原子。分别替换 α、β、γ 三种化学不等价的位点，经过计算发现 N 掺杂更加倾向于替换 β 型 C 原子位置，此构型下体系的能量比其他两种构型分别低 0.16 和 0.23eV，对应的替换能为 0.02eV。N 掺杂使 α-PSNT 的能带结构发生了变化，最高占据带和最低未占据带的带分电荷密度，总态密度和部分态密度如图 5.47（d）所示，显示 N 掺杂之后的 α-PSNT 仍然保持了其金属性质，但由于掺杂一个 N 原子，一个额外的电子将被引入到体系，在费米能级附近引入了一个新的能带交叉；掺杂 N 时，α-PSNT 的金属性能带部分来自 N 原子 $2p_x$ 轨道的贡献。如图 5.47（c）所示，ELF 分析可以验证离域电荷来自 N 周围的 C 原子。N 原子比 C 原子多了一个电子，从而在体系中形成离子性的 C—N 键。可见，尽管在原胞只掺杂了一个 N 原子，对应的掺杂浓度为 1%，但这也能改变系统的电荷分布和电子结构。

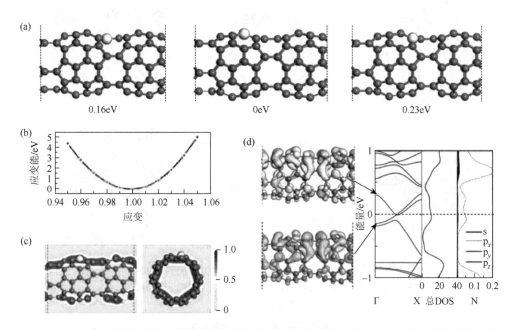

图 5.47　（a）三种优化后的 N 掺杂构型及相对能量；（b）N 掺杂的 α-PSNT 在沿轴向方面下的应变和应变能的对应曲线；（c）N 掺杂的 α-PSNT 的 ELF 的切面图的侧视图和俯视图；（d）N 掺杂的 α-PSNT 的最高占据带和最低未占据带的带分电荷密度分布、能带结构、总态密度以及部分态密度[91]

扫描封底二维码，可见本图彩图

　　研究 CO₂ 催化还原的第一步就是筛选出高效的催化位点。筛选的范围包括未掺杂的 α-PSNT 的三种碳原子，以及当单个 N 原子掺杂到 α-PSNT 中时，N 原子本身和 N 原子周围的三个碳原子都是潜在的催化位点。乃至当更多 N 原子掺杂到 α-PSNT 时，根据碳纳米管的 Czerw 模型[92]：三个 C 原子被 N 原子所取代，中间共享一个原子的空位，由此可以得到多种 N 掺杂的催化位点，其可分为三种不同的位点类型：吡啶 N（pyridinic N）、吡咯 N（pyrrolic N）和八元环 N（octatomic N）。

为了筛选出最高效的催化位点，我们计算了所有可能催化位点的第一步 PCET 的自由能变化。根据第一步 PCET 的自由能变化能垒，研究者挑选出每种催化位点中能垒最小的位点，筛选结果如图 5.48（a）所示。

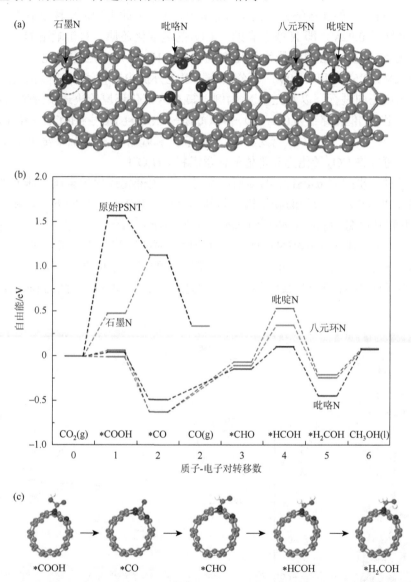

图 5.48　（a）氮掺杂的 α-PSNT 中不同催化位点；（b）原始和 N 掺杂的 α-PSNT 的不同催化位点对应的自由能变化图；（c）在催化位点八元环 N 上进行催化的中间产物的构型：*COOH、*CO、*CHO、*HCOH 和 *H₂COH[91]

通过计算每一个 PCET 步骤相应的自由能变化并绘制其电子质子转移图，来寻找反应路径的决速步骤、中间产物以及最终产物，并且确定了 CO_2 催化还原生成 CO 或 CH_3OH 的最低能垒催化还原的路径。如自由能对电子-质子转移数图 5.48 （b）所示，发现在整个 CO_2 电催化还原中，原始 PSNT 和石墨 N 位点的催化产物是 CO，其对应的外加电势分别为 1.57V 和 0.65V，由此可知，N 掺杂后将催化外加电势降低了 0.92V，即 N 掺杂有助于 CO_2 的电催化还原。对于吡咯 N、八元环 N 和吡啶 N 位点，它们的最终催化产物都是 CH_3OH，对应的催化外加电势分别是 0.52V、0.52V 和 0.60V，即分别施加以上外加电势便可以使催化反应自发地、放热地正向进行。以八元环 N 为例，其 CO_2 催化还原的决速步骤是 *CHO→ *HCOH，相应的催化路径为 CO_2(g)→*COOH→*CO→*CHO→*HCOH→*H$_2$COH→ CH_3OH（l），如图 5.48（c）所示。即八元环 N 和吡咯 N 位点只需要 0.52V 的外加电势便可以将 CO_2 转化为高价值的化学燃料 CH_3OH。

　　为了进一步探究 α-PSNT 的高斯曲率对 CO_2 电催化还原的影响，研究者还构造了与 α-PSNT 对应的平面碳结构，因其具有和 α-PSNT 一样的五、六和八边形碳环，并将其命名为 phographene（pentagon-hexagon-octagon graphene），如图 5.49（a）所示。用上述研究 α-PSNT 的 CO_2 电催化还原的计算方法来探究 phographene 及其 N 掺杂在 CO_2 还原方面的应用。计算的结果如图 5.49（b）所示，吡咯 N、八元环 N 和吡啶 N 位点的最终催化产物都是 CH_3OH，说明将平面的 phographene

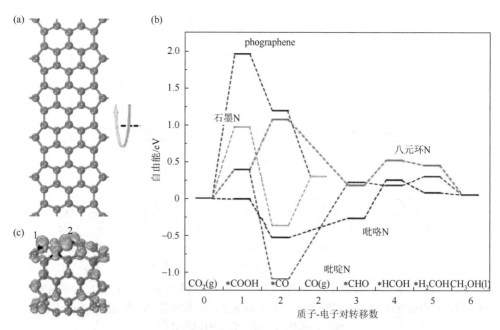

图 5.49　（a）phographene 的几何构型；（b）未掺杂和 N 掺杂的 phographene 的不同催化位点对应的自由能变化图；（c）八元环 N（位点 1）和吡啶 N（位点 2）对应的带分电荷密度图[91]

结构卷管成具有正负高斯曲率的 α-PSNT 并不会改变 CO_2 催化还原的最终产物。在整个 CO_2 催化还原的过程中，吡咯 N 的外加电势为 0.52V，与 α-PSNT 中的一致，而八元环 N 和吡啶 N 的外加电势都比 α-PSNT 中的大。为了解释此现象，研究者计算了 N 掺杂的 α-PSNT 和 phographene 的带分电荷密度。计算发现，α-PSNT 的吡咯 N 位点管内外的电荷密度都均等，如图 5.49（c）所示，与 phographene 中电荷密度分布一致。卷管不会导致吡咯 N 位点电荷密度的变化，故 phographene 中吡咯 N 位点的催化产物和外加电势和 α-PSNT 中的一样。α-PSNT 的八元环 N 和吡啶 N 位点的管内外的电荷密度分布不一样，即管外的电荷密度比管内的电荷密度更大，这有助于八元环 N 和吡啶 N 位点对 CO_2 的激活和吸附，从而拥有更好的催化性能。所以，α-PSNT 中的八元环 N 和吡啶 N 位点比 phographene 中的相同位点有着更加优越的 CO_2 催化性能，原因是 α-PSNT 中变化的高斯曲率导致了管内外电荷密度分布的差异，从而致使管外的催化位点更加容易激活、吸附和催化 CO_2。

这一研究为碳材料在 CO_2 催化中的应用提供了理论支持，将激励实验者合成更多具有独特结构的碳材料催化剂，并研究它们以实现高效的 CO_2 电催化还原，这将为碳材料的应用带来新的机遇和更为广阔的应用前景。

5.3.2　其他非金属材料

硼是位于元素周期表中碳左侧的一种非金属元素，可以在晶体结构中形成稳固的共价键。所以，含硼材料一般具有优异的化学耐受性、热稳定性和机械硬度，这都保证了含硼非金属材料在催化过程中具有良好的耐久性。另外，据报道 2D 含硼材料的能带结构中广泛存在狄拉克锥[74,78,93]，这满足了电催化材料所需的高电导率要求。Zhao 等[94]通过全局结构搜索的方法在理论上预测了二维含硼纳米片 B_2S，不久该材料就作为电极材料应用于储氢[95]和电池[96]中。通过理论计算证实，B_2S 具有高热动力学稳定性和机械稳定性，同时也证实了其在费米能级上存在各向异性的狄拉克锥。紧随这些工作，Tang 等[97]将 B_2S 应用于 CO_2RR 中进行了理论模拟，计算了 B_2S 的电子结构并粗略预测了它的活性中心，并通过计算热动力学能垒，找到了最可能的催化路径，系统地评估了 B_2S 作为 CO_2 电催化剂的活性和选择性。

催化剂模型如图 5.50（a）所示，较小的虚线矩形框标记出了它的原胞。B_2S 拥有类似于石墨烯的纯平结构，且在平面内具有很强的 σ 共价键。B_2S 原胞的能带结构和相应的分波态密度（projected-DOS，PDOS）绘制在图 5.50（c）中。在 Y-Γ 方向上且位于费米能级处的线性带交叉点确保了该体系较高的电子迁移率，此外，PDOS 分析表明：sp^2 杂化的 B 原子的 p 轨道是费米能级附近（$-0.5\sim0.5eV$）能态密度的主要成分，这说明 B 原子的催化活性高于 S 原子，根据对称性，将不同环境下的 B1、B2 和 B3 活性位点标记出来。

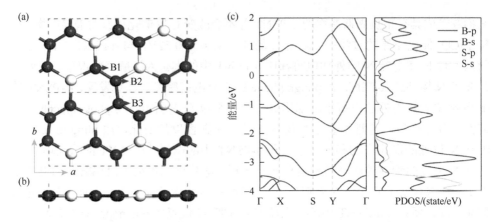

图 5.50　二维 B₂S 的几何结构（a，b）和电子结构（c）[97]

CO_2 吸附能量的计算结果表明，B 原子比 S 原子具有更高的活性。而且，最稳定的 CO_2 吸附构型是 B2—C—O—B1，即 CO_2 的 C 原子和 O 原子分别吸附在 B1—B2 桥位上，如图 5.51 所示。CO_2 的键角 ∠O—C—O 为 124.87°，O—B1 键和 C—B2 键的距离分别为 1.48Å 和 1.67Å。进一步利用 Bader 进行电荷分析可以计算得出 CO_2 分子上带有 1.21 个负电荷。

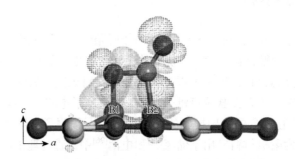

图 5.51　CO_2 吸附在 B₂S 上的差分电荷密度图[97]

扫描封底二维码，可见本图彩图

图 5.51 给出了差分电荷密度图，从图中可以很明显地看出：电荷消耗区主要围绕在 B1 和 B2 原子周围，如绿色虚线区域所示，而电荷积聚区则主要存在于 C—B2 和 O—B1 键中，如蓝色虚线区域所示。这表明电子从 B 活性位点转移到了 CO_2 分子，使 CO_2 在催化剂的表面上形成了稳定的化学吸附。计算表明，CO_2 的吸附能为 + 0.31eV，也就是说 * + CO_2→*CO_2 是非自发过程，需要克服反应能垒。尽管吸附能的值为正，但吸附仍是局部稳定的，进一步的能垒计算表明，当物理吸附的 CO_2 逐渐接近于催化剂表面并形成化学吸附时，需要克服一个 0.75eV 的势垒。

通过对比计算发现，B₂S 上的催化反应倾向于 Formate 路径。最可能的反应路径如图 5.52 所示，其中 $CO_2 \rightarrow *OCHO$ 的自由能变化仅为 0.07eV，活化能垒为 0.89eV，分别低于 $CO_2 \rightarrow *COOH$ 的自由能变化（$\Delta G = 0.77$eV）和活化能（$E_a = 1.13$eV）。对于第一步质子-电子对转移过程，CO_2 加氢生成 *OCHO 在热力学和动力学上都是更易于发生的。对于第二步质子-电子对转移情况，根据计算，*HCOOH 将直接从催化剂上解离，此过程的 ΔG 和动力学能垒分别为 0.21eV 和 1.40eV。另一种是质子进攻 *OCHO 的 C 原子生成 *OCH₂O，计算结果表明该基元反应更易于发生，该步骤中热力学和动力学能垒都更低，分别为–0.12eV 和 0.43eV。由于 *OCH₂O 中的 C 原子已经成四配位，在第三步质子-电子转移对过程中，质子倾向于进攻与 B2 结合的 O 原子，如图 5.52 所示模型图和图 5.53（c）

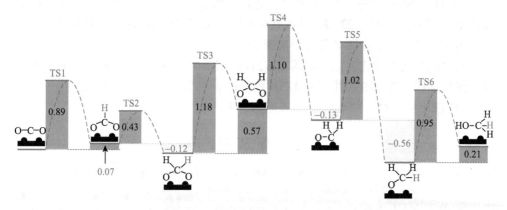

图 5.52　CO_2 电催化反应的 Formate 路径图（单位：eV）[97]

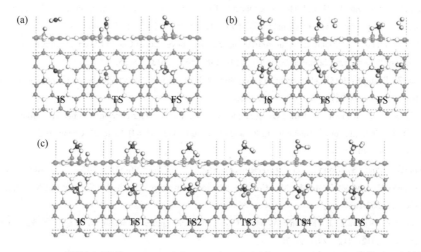

图 5.53　Formate 路径中形成 *OCHO（a）、*OCH₂（b）和 *OCH₂OH（c）的始态、过渡态和终态的俯视图和侧视图[97]

所示的质子跃迁过程。*OCH$_2$OH 中间体形成过程的活化能为 1.18eV，自由能变化是 0.57eV。对于接下来的第四步质子-电子对转移过程，形成的 OH 加氢，使 *OCH$_2$OH 分解为 *OCH$_2$ 和 H$_2$O，伴随有热量放出，自由能变化为–0.13eV，活化能为 1.10eV。

在第五个步质子-电子转移对过程中，由于化学吸附的 *OCH$_3$ 比化学吸附的 *CH$_2$OH 在热力学上更稳定，能量相差达到 1.00eV，即 *OCH$_3$ 是第五步加氢反应的中间体。对于最终产物，尽管生成 *O·CH$_4$ 在热力学方面是自发的，但由于该基元步骤具有超过 2eV 的巨大活化能垒，CH$_4$ 并不是理想的最终产物。相反，尽管产生的 *CH$_3$OH 为吸热反应，且 ΔG 为 0.21eV，但其活化能低得多（0.95eV），即 CH$_3$OH 是最可能的产物。总体上来看，在所有质子-电子对转移步骤中，质子攻击 O 原子并破坏 O—B2 键，从而使 *OCH$_2$O 生成 *OCH$_2$OH 具有最高的热力学和动力学能垒，即该步骤是反应的决速步骤。

与过渡金属中催化性能较好的 Cu(211)相比，可以发现 B$_2$S 纳米片显示出优异的催化性能。在 B$_2$S 上生成 CH$_3$OH 的 ΔG 为 0.57eV，比在 Cu(211)上生成 CH$_4$ 的 ΔG 约低 1/3（ΔG = 0.74eV）。这表明 B$_2$S 有出色的催化活性。

参 考 文 献

[1]　Bu Y F，Zhao M，Zhang G X，et al. Electroreduction of CO$_2$ on Cu clusters：The effects of size，symmetry，and temperature[J]. ChemElectroChem，2019，6（6）：1831-1837.

[2]　Lim D H，Jo J H，Shin D Y，et al. Carbon dioxide conversion into hydrocarbon fuels on defective graphene-supported Cu nanoparticles from first principles[J]. Nanoscale，2014，6（10）：5087-5092.

[3]　Kopač D，Likozar B，Huš M. How size matters：Electronic，cooperative，and geometric effect in perovskite-supported copper catalysts for CO$_2$ reduction[J]. ACS Catalysis，2020，10（7）：4092-4102.

[4]　Zhu W，Zhang Y J，Zhang H，et al. Active and selective conversion of CO$_2$ to CO on ultrathin Au nanowires[J]. Journal of the American Chemical Society，2014，136（46）：16132-16135.

[5]　Chen Z，Zhang X，Lu G. Overpotential for CO$_2$ electroreduction lowered on strained penta-twinned Cu nanowires[J]. Chemical Science，2015，6（12）：6829-6835.

[6]　Gallagher A T，Kelty M L，Park J G，et al. Dioxygen binding at a four-coordinate cobaltous porphyrin site in a metal-organic framework：Structural，EPR，and O$_2$ adsorption analysis[J]. Inorganic Chemistry Frontiers，2016，3（4）：536-540.

[7]　Tan K，Zuluaga S，Gong Q，et al. Competitive coadsorption of CO$_2$ with H$_2$O，NH$_3$，SO$_2$，NO，NO$_2$，N$_2$，O$_2$，and CH$_4$ in M-MOF-74（M = Mg，Co，Ni）：The role of hydrogen bonding[J]. Chemistry of Materials，2015，27（6）：2203-2217.

[8]　Sumida K，Rogow D L，Mason J A，et al. Carbon dioxide capture in metal-organic frameworks[J]. Chemical Reviews，2012，112（2）：724-781.

[9]　Zitolo A，Goellner V，Armel V，et al. Identification of catalytic sites for oxygen reduction in iron-and nitrogen-doped graphene materials[J]. Nature Materials，2015，14（9）：937-942.

[10]　Peterson A A，Abild-Pedersen F，Studt F，et al. How copper catalyzes the electroreduction of carbon dioxide into

hydrocarbon fuels[J]. Energy & Environmental Science，2010，3（9）：1311-1315.

[11]　Gattrell M，Gupta N，Co A. A review of the aqueous electrochemical reduction of CO_2 to hydrocarbons at copper[J]. Journal of Electroanalytical Chemistry，2006，594（1）：1-19.

[12]　Xu S，Carter E A. Theoretical insights into heterogeneous（photo）electrochemical CO_2 reduction[J]. Chemical Reviews，2019，119（11）：6631-6669.

[13]　Tang M，Shen H，Sun Q. Two-dimensional Fe-hexaaminobenzene metal-organic frameworks as promising CO_2 catalysts with high activity and selectivity[J]. The Journal of Physical Chemistry C, 2019, 123（43）: 26460-26466.

[14]　Ikeda S，Hattori A，Maeda M，et al. Electrochemical reduction behavior of carbon dioxide on sintered zinc oxide electrode in aqueous solution[J]. Electrochemistry，2000，68（4）：257-261.

[15]　Collin J P，Jouaiti A，Sauvage J P. Electrocatalytic properties of（tetraazacyclotetradecane）nickel $^{(2+)}$ and Ni_2（biscyclam）$^{4+}$ with respect to carbon dioxide and water reduction[J]. Inorganic Chemistry，1988，27（11）：1986-1990.

[16]　Hawecker J，Lehn J M，Ziessel R. Electrocatalytic reduction of carbon dioxide mediated by Re(bipy)(CO)$_3$Cl（bipy = 2, 2'-bipyridine）[J]. Journal of the Chemical Society Chemical Communications，1984，（6）：328-330.

[17]　Raebiger J W，Turner J W，Noll B C，et al. Electrochemical reduction of CO_2 to CO catalyzed by a bimetallic palladium complex[J]. Organometallics，2006，25（14）：3345-3351.

[18]　Li L，Wong-Ng W，Huang K，et al. Materials and Processes for CO_2 Capture，Conversion，and Sequestration[M]. Hoboken：John Wiley & Sons，2018.

[19]　Zheng Y，Vasileff A，Zhou X，et al. Understanding the roadmap for electrochemical reduction of CO_2 to multi-carbon oxygenates and hydrocarbons on copper-based catalysts[J]. Journal of the American Chemical Society，2019，141（19）：7646-7659.

[20]　Garza A J，Bell A T，Head-Gordon M. Mechanism of CO_2 reduction at copper surfaces：Pathways to C_2 products[J]. ACS Catalysis，2018，8（2）：1490-1499.

[21]　Fan Q，Zhang M，Jia M，et al. Electrochemical CO_2 reduction to C^{2+} species：Heterogeneous electrocatalysts，reaction pathways，and optimization strategies[J]. Materials Today Energy，2018，10（1）：280-301.

[22]　Hansen H A，Varley J B，Peterson A A，et al. Understanding trends in the electrocatalytic activity of metals and enzymes for CO_2 reduction to CO[J]. The Journal of Physical Chemistry Letters，2013，4（3）：388-392.

[23]　Seravalli J，Ragsdale S W. ^{13}C NMR Characterization of an exchange reaction between CO and CO_2 catalyzed by carbon monoxide dehydrogenase[J]. Biochemistry，2008，47（26）：6770-6781.

[24]　Yoffe A D. Low-dimensional systems：Quantum size effects and electronic properties of semiconductor microcrystallites（zero-dimensional systems）and some quasi-two-dimensional systems[J]. Advances in Physics，1993，42（2）：173-262.

[25]　Nørskov J K，Bligaard T，Rossmeisl J，et al. Towards the computational design of solid catalysts[J]. Nature Chemistry，2009，1（1）：37-46.

[26]　Matsuoka R，Toyoda R，Shiotsuki R，et al. Expansion of the graphdiyne family：A triphenylene-cored analogue[J]. ACS Applied Materials & Interfaces，2018，11（3）：2730-2733.

[27]　Zheng T，Jiang K，Ta N，et al. Large-scale and highly selective CO_2 electrocatalytic reduction on nickel single-atom catalyst[J]. Joule，2019，3（1）：265-278.

[28]　Shen H，Sun Q. Tuning CO_2 electroreduction of Cu atoms on triphenylene-cored graphdiyne[J]. The Journal of Physical Chemistry C，2019，123（49）：29776-29782.

[29]　Yang F，Song P，Liu X，et al. Highly efficient CO_2 electroreduction on ZnN_4-based single-atom catalyst[J].

Angewandte Chemie International Edition，2018，57（38）：12303-12307.

[30]　Li Y，Su H，Chan S H，et al. CO$_2$ electroreduction performance of transition metal dimers supported on graphene：A theoretical study[J]. ACS Catalysis，2015，5（11）：6658-6664.

[31]　Kemper A，Cheng H，Kébaïli N，et al. Curvature effect on the interaction between folded graphitic surface and silver clusters[J]. Physical Review B，2009，79（19）：193403.

[32]　Wang Y，Cao C，Cheng H P. Metal-terminated graphene nanoribbons[J]. Physical Review B，2010，82（20）：205429.

[33]　Costentin C，Passard G，Robert M，et al. Ultraefficient homogeneous catalyst for the CO$_2$-to-CO electrochemical conversion[J]. Proceedings of the National Academy of Sciences，2014，111（42）：14990-14994.

[34]　Lin S，Diercks C，Zhang Y B，et al. Covalent organic frameworks comprising cobalt porphyrins for catalytic CO$_2$ reduction in water[J]. Science，2015，349（6253）：1208-1213.

[35]　Liu Q，Zhu J，Sun T，et al. Porphyrin nanotubes composed of highly ordered molecular arrays prepared by anodic aluminum template method[J]. RSC Advances，2013，3（8）：2765-2769.

[36]　Chai G，Hou Z，Shu D J，et al. Active sites and mechanisms for oxygen reduction reaction on nitrogen-doped carbon alloy catalysts：Stone-wales defect and curvature effect[J]. Journal of the American Chemical Society，2014，136（39）：13629-13640.

[37]　Zhang P，Hou X，Mi J L，et al. Curvature effect of SiC nanotubes and sheet for CO$_2$ capture and reduction[J]. RSC Advances，2014，4（90）：48994-48999.

[38]　Zhu G，Li Y，Zhu H，et al. Curvature-dependent selectivity of CO$_2$ electrocatalytic reduction on cobalt porphyrin nanotubes[J]. ACS Catalysis，2016，6（9）：6294-6301.

[39]　Shen J，Kolb M J，Göttle A J，et al. DFT study on the mechanism of the electrochemical reduction of CO$_2$ catalyzed by cobalt porphyrins[J]. The Journal of Physical Chemistry C，2016，120（29）：15714-15721.

[40]　Miller G，Esser T K，Knorke H，et al. Spectroscopic identification of a bidentate binding motif in the anionic magnesium-CO$_2$ complex（[ClMgCO$_2$]$^-$）[J]. Angewandte Chemie International Edition，2014，53（52）：14407-14410.

[41]　Aresta M，Dibenedetto A. Utilisation of CO$_2$ as a chemical feedstock：Opportunities and challenges[J]. Dalton Transactions，2007，（28）：2975-2992.

[42]　Li Y，Sun Q. Recent advances in breaking scaling relations for effective electrochemical conversion of CO$_2$[J]. Advanced Energy Materials，2016，6（17）：1600463.

[43]　Graciani J，Mudiyanselage K，Xu F，et al. Highly active copper-ceria and copper-ceria-titania catalysts for methanol synthesis from CO$_2$[J]. Science，2014，345（6196）：546-550.

[44]　He Z，He K，Robertson A W，et al. Atomic structure and dynamics of metal dopant pairs in graphene[J]. Nano Letters，2014，14（7）：3766-3772.

[45]　Matsushita O，Derkacheva V M，Muranaka A，et al. Rectangular-shaped expanded phthalocyanines with two central metal atoms[J]. Journal of the American Chemical Society，2012，134（7）：3411-3418.

[46]　Zhu G，Kan M，Sun Q，et al. Anisotropic Mo$_2$-phthalocyanine sheet：A new member of the organometallic family[J]. The Journal of Physical Chemistry A，2013，118（1）：304-307.

[47]　Shen H，Li Y，Sun Q. CO$_2$ Electroreduction performance of phthalocyanine sheet with Mn dimer：A theoretical study[J]. The Journal of Physical Chemistry C，2017，121（7）：3963-3969.

[48]　Sun Q，Zhang C，Cai L，et al. On-surface formation of two-dimensional polymer via direct C—H activation of metal phthalocyanine[J]. Chemical Communications，2015，51（14）：2836-2839.

[49]　Cheng D, Negreiros F R, Apra E, et al. Computational approaches to the chemical conversion of carbon dioxide[J]. ChemSusChem, 2013, 6 (6): 944-965.

[50]　Shin H, Ha Y, Kim H. 2D covalent metals: A new materials domain of electrochemical CO₂ conversion with broken scaling relationship[J]. Journal of Physical Chemistry Letters, 2016, 7 (20): 4124-4129.

[51]　Kuhl K P, Cave E R, Abram D N, et al. New insights into the electrochemical reduction of carbon dioxide on metallic copper surfaces[J]. Energy & Environmental Science, 2012, 5 (5): 7050-7059.

[52]　Hori Y, Kikuchi K, Murata A, et al. Production of methane and ethylene in electrochemical reduction of carbon dioxide at copper electrode in aqueous hydrogencarbonate solution[J]. Chemistry Letters, 1986, 15 (6): 897-898.

[53]　Li Y, Chan S H, Sun Q. Heterogeneous catalytic conversion of CO₂: A comprehensive theoretical review[J]. Nanoscale, 2015, 7 (19): 8663-8683.

[54]　Mikkelsen M, Jørgensen M, Krebs F C. The teraton challenge. A review of fixation and transformation of carbon dioxide[J]. Energy & Environmental Science, 2010, 3 (1): 43-81.

[55]　Wang W, Wang S, Ma X, et al. Recent advances in catalytic hydrogenation of carbon dioxide[J]. Chemical Society Reviews, 2011, 40 (7): 3703-3727.

[56]　Franke K J, von Oppen F. Designer topology in graphene nanoribbons[J]. Nature, 2018, 560 (7717): 175-176.

[57]　Slota M, Keerthi A, Myers W K, et al. Magnetic edge states and coherent manipulation of graphene nanoribbons[J]. Nature, 2018, 557 (7707): 691-695.

[58]　Rizzo D J, Veber G, Cao T, et al. Topological band engineering of graphene nanoribbons[J]. Nature, 2018, 560 (7717): 204-208.

[59]　Gröning O, Wang S, Yao X, et al. Engineering of robust topological quantum phases in graphene nanoribbons[J]. Nature, 2018, 560 (7717): 209-213.

[60]　Ruffieux P, Wang S, Yang B, et al. On-surface synthesis of graphene nanoribbons with zigzag edge topology[J]. Nature, 2016, 531 (7595): 489-492.

[61]　Cai J, Ruffieux P, Jaafar R, et al. Atomically precise bottom-up fabrication of graphene nanoribbons[J]. Nature, 2010, 466 (7305): 470-473.

[62]　Wu M, Pei Y, Zeng X C. Planar tetracoordinate carbon strips in edge decorated graphene nanoribbon[J]. Journal of the American Chemical Society, 2010, 132 (16): 5554-5555.

[63]　Zhu G, Li Y, Zhu H, et al. Enhanced CO₂ electroreduction on armchair graphene nanoribbons edge-decorated with copper[J]. Nano Research, 2017, 10 (5): 1641-1650.

[64]　Shen H, Sun Q. Cu atomic chain supported on graphene nanoribbon for effective conversion of CO₂ to ethanol[J]. ChemPhysChem, 2020, 21 (16): 1768-1774.

[65]　Xu S G, Li X T, Zhao Y J, et al. Two-dimensional semiconducting boron monolayers[J]. Journal of the American Chemical Society, 2017, 139 (48): 17233-17236.

[66]　Cheng C, Sun J T, Liu H, et al. Suppressed superconductivity in substrate-supported β_{12} borophene by tensile strain and electron doping[J]. 2D Materials, 2017, 4 (2): 025032.

[67]　Zhao Y, Zeng S, Ni J. Phonon-mediated superconductivity in borophenes[J]. Applied Physics Letters, 2016, 108 (24): 242601.

[68]　Yin X P, Wang H J, Tang S F, et al. Engineering the coordination environment of single-atom platinum anchored on graphdiyne for optimizing electrocatalytic hydrogen evolution[J]. Angewandte Chemie International Edition, 2018, 57 (30): 9382-9386.

[69]　Feng B, Sugino O, Liu R Y, et al. Dirac fermions in borophene[J]. Physical Review Letters, 2017, 118 (9):

096401.

[70]　Wu X, Dai J, Zhao Y, et al. Two-dimensional boron monolayer sheets[J]. ACS Nano, 2012, 6 (8): 7443-7453.

[71]　Liu Y, Penev E S, Yakobson B I. Probing the synthesis of two-dimensional boron by first-principles computations[J]. Angewandte Chemie International Edition, 2013, 125 (11): 3238-3241.

[72]　Penev E S, Bhowmick S, Sadrzadeh A, et al. Polymorphism of two-dimensional boron[J]. Nano Letters, 2012, 12 (5): 2441-2445.

[73]　Mannix A J, Zhou X F, Kiraly B, et al. Synthesis of borophenes: Anisotropic, two-dimensional boron polymorphs[J]. Science, 2015, 350 (6267): 1513-1516.

[74]　Feng B, Zhang J, Zhong Q, et al. Experimental realization of two-dimensional boron sheets[J]. Nature Chemistry, 2016, 8 (6): 563-568.

[75]　Tang H, Ismail-Beigi S. Self-doping in boron sheets from first principles: A route to structural design of metal boride nanostructures[J]. Physical Review B, 2009, 80 (13): 134113.

[76]　Karmodak N, Jemmis E D. The role of holes in borophenes: An *ab initio* study of their structure and stability with and without metal templates[J]. Angewandte Chemie International Edition, 2017, 56 (34): 10093-10097.

[77]　Liu H, Gao J, Zhao J. From boron cluster to two-dimensional boron sheet on Cu(111) surface: Growth mechanism and hole formation[J]. Scientific Reports, 2013, 3 (1): 3238-3246.

[78]　Zhang H, Li Y, Hou J, et al. Dirac state in the FeB$_2$ monolayer with graphene-like boron sheet[J]. Nano Letters, 2016, 16 (10): 6124-6129.

[79]　Shen H, Li Y, Sun Q. Cu atomic chains supported on β-borophene sheets for effective CO$_2$ electroreduction[J]. Nanoscale, 2018, 10 (23): 11064-11071.

[80]　Montemore M M, Medlin J W. Scaling relations between adsorption energies for computational screening and design of catalysts[J]. Catalysis Science & Technology, 2014, 4 (11): 3748-3761.

[81]　Peterson A A, Nørskov J K. Activity descriptors for CO$_2$ electroreduction to methane on transition-metal catalysts[J]. The Journal of Physical Chemistry Letters, 2012, 3 (2): 251-258.

[82]　Abild-Pedersen F, Greeley J, Studt F, et al. Scaling properties of adsorption energies for hydrogen-containing molecules on transition-metal surfaces[J]. Physical Review Letters, 2007, 99 (1): 016105.

[83]　Montemore M M, Medlin J W. Scaling relations between adsorption energies for computational screening and design of catalysts[J]. Catalysis Science & Technology, 2014, 4 (11): 3748-3761.

[84]　Voiry D, Salehi M, Silva R, et al. Conducting MoS$_2$ nanosheets as catalysts for hydrogen evolution reaction[J]. Nano Letters, 2013, 13 (12): 6222-6227.

[85]　Asadi M, Kumar B, Behranginia A, et al. Robust carbon dioxide reduction on molybdenum disulphide edges[J]. Nature Communications, 2014, 5 (1): 4470-4477.

[86]　Chan K, Tsai C, Hansen H, et al. Molybdenum sulfides and selenides as possible electrocatalysts for CO$_2$ reduction[J]. ChemCatChem, 2014, 6 (7): 1899-1905.

[87]　Shin H, Ha Y, Kim H. 2D covalent metals: A new materials domain of electrochemical CO$_2$ conversion with broken scaling relationship[J]. The Journal of Physical Chemistry Letters, 2016, 7 (20): 4124-4129.

[88]　Sharma P, Wu J, Yadav R M, et al. Nitrogen doped carbon nanotube arrays for high efficiency electrochemical reduction of CO$_2$: On the understanding of defects, defect density, and selectivity[J]. Angewandte Chemie International Edition, 2015, 54: 13905-13909.

[89]　Wu J, Yadav R M, Liu M, et al. Achieving highly efficient, selective, and stable CO$_2$ reduction on nitrogen-doped carbon nanotubes[J]. ACS Nano, 2015, 9 (5): 5364-5371.

[90]　Chai G，Guo Z X. Highly effective sites and selectivity of nitrogen-doped graphene/CNT catalysts for CO_2 electrochemical reduction[J]. Chemical Science，2015，7（2）：1268-1275.

[91]　Zhou W，Shen H，Wang Q，et al. N-doped peanut-shaped carbon nanotubes for efficient CO_2 electrocatalytic reduction[J]. Carbon，2019，152（1）：241-246.

[92]　Czerw R，Terrones M，Charlier J C，et al. Identification of electron donor states in N-doped carbon nanotubes[J]. Nano Letters，2000，1（9）：457-460.

[93]　Zhou X F，Dong X，Oganov A R，et al. Semimetallic two-dimensional boron allotrope with massless dirac fermions[J]. Physical review letters，2014，112（8）：085502-085507.

[94]　Zhao Y，Li X Y，Liu J Y，et al. A new anisotropic dirac cone material：A B_2S honeycomb monolayer[J]. Journal of Physical Chemistry Letters，2018，9（7）：1815-1820.

[95]　Liu Z Y，Liu S，Er S. Hydrogen storage properties of Li-decorated B_2S monolayers：A DFT study[J]. International Journal of Hydrogen Energy，2019，44（31）：16803-16810.

[96]　Lei S F，Chen X F，Xiao B B，et al. Excellent electrolyte wettability and high energy density of B_2S as a two-dimensional Dirac anode for non-lithium-ion batteries[J]. ACS Applied Materials & Interfaces，2019，11（32）：28830-28840.

[97]　Tang M，Shen H，Xie H，et al. Metal-free catalyst B_2S sheet for effective CO_2 electrochemical reduction to CH_3OH[J]. ChemPhysChem，2020，21（8）：779-784.

第6章 均相催化剂还原 CO_2 的理论研究

在异相催化研究不断深入的同时，均相催化作为 CO_2 电还原的重要分支也在不断发展。均相催化剂往往具有金属有机骨架结构，通过金属变价实现电子转移，而配体提供了较理想的电子和空间环境，可以有效稳定变价金属和其与 CO_2 形成的活化中间体，并且对金属中心和配体结构进行优化将有助于提高能量转化效率和反应速率。

图 6.1 简要描绘了均相催化还原 CO_2 的过程：均相催化剂在溶液中与 CO_2 结合，之后在电子驱动下发生还原。依据配体的种类通常可把均相催化剂大体分为以下三种：大环类配体、联吡啶配体和膦配体，如图 6.2 所示。下面根据该分类对理论研究的进展逐一讨论。

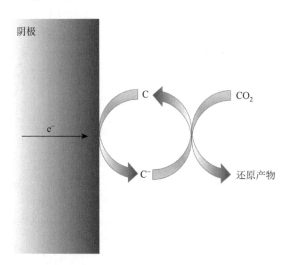

图 6.1 均相电催化还原 CO_2 过程示意图

电解液中含催化剂

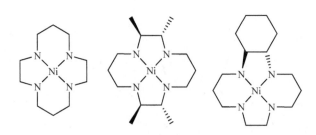

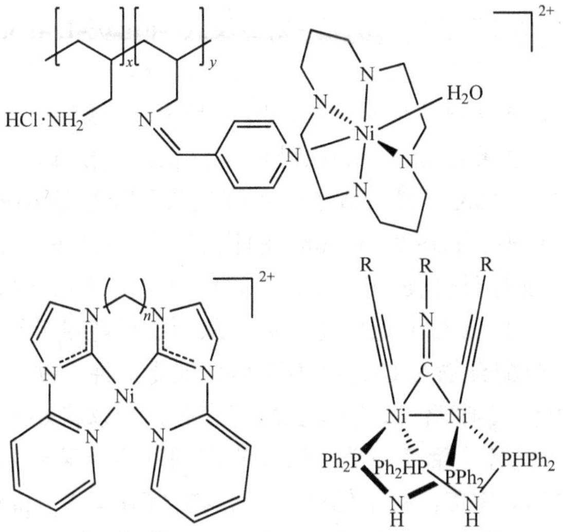

图 6.2 常见的均相催化剂配体结构

6.1 金属大环类配体

大环类金属有机化合物中，金属卟啉/酞菁化合物是最早为人们所知的 CO_2 均相催化剂的良好选择。20 世纪 70 年代，Meshitsuka 等[1]尝试采用具有 18π 电子的酞菁为配体的 Co、Ni 配合物，实现了 CO_2 的电催化还原。1980 年，Fisher 等[2]使用氮杂环钴、镍配合物，发现在$-1.3\sim-1.6V$ vs. SCE（saturated calomel electrode，饱和甘汞电极）下生成 CO 和 H_2 的混合气体，其高达 98%的电流效率尤为突出。之后，Collin 等[3]发现当使用十四元大环镍配合物 ［Ni（cyclam）］$^{2+}$（cyclam = 1, 4, 8, 11-四氮杂环十四烷）时，在汞电极上进行 CO_2 还原，在$-0.86V$ vs. SCE 下得到产物 CO，电流效率高达 96%，该配体可以较好地稳定 Ni I 中间态，而且其具有 d$_{z^2}$型亲核多电子平面结构，可使 CO_2 更易接近活性中心，促进反应高效进行。基于此结构，在优化 Ni 中心的电子环境方面进行了诸多拓展。Saravanakumar 等[4]将聚烯丙基胺 ［poly（acrylic acid），PALA］骨架植入 ［Ni（cyclam）］$^{2+}$中得到 Ni（cyclam）-PALA，该催化剂可以在玻碳电极上将 CO_2 还原成 CO（$-0.78V$ vs. Ag/AgCl，pH = 8，50mmol/L 三羟甲基氨基甲烷缓冲液），很接近其理论热力学电势值，且电流效率超过 90%。分析得出 4-吡啶基团的大 π 键的电子效应和 PALA 中质子化氨基与金属中的相互作用，可有效稳定还原态 Ni，通过改善 Ni 中心电子环境以降低电催化超电势。Schneider 等[5]探索了一系列与 ［Ni（cyclam）］$^{2+}$结构相似的大环类镍配合物催化剂，并讨论 pH 对产物选择性的影响，发现 ［Ni（HTIM）］$^{2+}$（HTIM = C-RRSS-2, 3, 9, 10-四甲基-1, 4, 8, 11-四氮杂环十四烷）与［Ni（MTC）］$^{2+}$（MTC = 2, 3-反式-环己烷-1, 4, 8, 11-四氮杂环十四烷）对 CO$_2$ 还原成 CO 具有更高催化效率。通过结构分析推断，两种配合物的几何学特性使其更易在汞电极表面吸附，同时甲基或环己烷对环拉胺骨架的电子效应是提高催化性能的主要原因。而还原过程随着 pH 降低（pH 从 5 降至 2），产物中 H$_2$ 的选择性增加。Thoi 等[6]合成了一系列氮杂环吡啶-碳烯镍螯合物，具有对 CO 选择性高、不含 H$_2$、TOF 为 4～6h^{-1} 的优点。值得注意的是，由于含有烷基链状结构，当碳链延长时会使 Ni Ⅱ/Ⅰ 电对转换电势从 -1.69V $vs.$ SCE 正移到 -1.46V $vs.$ SCE，利于降低 CO$_2$ 还原超电势，从而促进能量节约化操作。

　　卟啉配体的金属配合物对 CO$_2$ 电还原具有催化活性。铁（0）卟啉配合物在 Brönsted 酸如 1-丙醇、2-吡咯烷、三氟乙醇存在时，可以将 CO$_2$ 还原为 CO。TOF 高达 350h^{-1} 且单个循环失活率仅为 1%，催化剂寿命显著延长。在汞电极上的还原电势降至 1.5V $vs.$ SCE。对于钴卟啉配合物（CoP，P = porphyrin），同样具有 CO$_2$ 电还原为 CO 能力。将分子催化剂捆绑起来使其更容易纯化和回收是一种值得尝试的方法。其中实验合成获得的一种共价有机骨架（covalent organic frameworks，COF）的组装结构，可以提高催化剂的性能。对于使用钴卟啉作为 COF 的一部分结构单元，可以在水中将 CO$_2$ 电化学还原为 CO。这种材料展示出了更高的催化活性，FE 达到 90%，TOF 达到 290000 次。

　　基于 DFT 理论计算以及分子动力学模拟，Nielsen 等[7]对 Co 卟啉的催化原理做出了详细解释。应用密度泛函（B3LYP 和 PBE）和原子基函数（6-31G*），他们首先优化了中性（二重态）钴四苯基卟啉分子（tetraphenyl porphyrin cobalt，CoTPP），并通过 X 射线衍射测定其几何结构，发现无论是计算还是实验均得出此结构具有 D_{2h} 对称性，计算的 Co—N 键长为 1.962Å 和 1.930Å，与 1.949Å 的实验值相吻合；B3LYP 方法在镍卟吩的计算中也保持与实验值很好的一致性。由于弥散函数对于阴离子很重要，故使用 6-31 + G*基组对阴离子进行优化。所有开壳层体系均使用自旋极化进行优化，并对所有单重态的波函数的稳定性进行检查。结果发现二重态和四重态的自旋污染可以忽略不计。没有任何配体的钴卟啉，即钴卟吩的结构如图 6.3 所示，图中标记了不同原子类型。对于中性钴卟吩，其基态为二重态，阴离子的基态为单重态。但是在阳离子时，其基态为高自旋的三重态。具体而言，CoP 的基态是一个 $^2A_{1g}$ 组态，这也是钴四苯基卟啉的基态，可由电子自旋共振数据的分析来确定。Co 的 3d 电子组态为$(e_g)^4(b_{2g})^2(a_{1g})^1$。最低能量的四重态的组态为$(e_g)^2(b_{2g})^2(a_{1g})^2(b_{1g})^1$，处于亚稳态的二重态的能量比基态高 0.38eV。二者均为能量局域最小值，都具有平面四方结构与 D_{4h} 的点群对称性。而对于其阴离子，其基态为单重态 $^1A_{1g}$，Co 的 3d 电子组态为$(b_{2g})^2(a_{1g})^2(e_g)^4$。

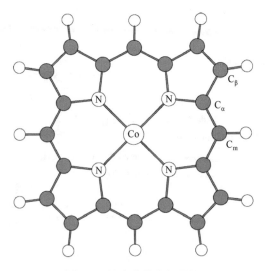

图 6.3　钴卟啉催化剂结构

采用 DFT 对钴卟啉催化进行了分析，确定了电子转移的四个连续步骤，即①[Co^{I}P]$^{2-}$ 与 CO$_2$ 结合成 [Co^{I}PCO$_2$]$^{2-}$；②[Co^{I}PCO$_2$]$^{2-}$ 质子化生成 [Co^{II}PCOOH]$^-$；③C—O 断裂得到 [Co^{II}PCO]；④CO 释放、催化剂还原。同时发现水中氢键作用使中间产物 [Co^{I}PCO$_2$]$^{2-}$ 和 [Co^{II}PCOOH]$^-$ 稳定，有助于 CO$_2$ 中 C—O 键断裂。

按照计算所得数据，最为可能的中间产物包括 [CoPCO$_2$]$^{2-}$ 以及 [CoPCOOH]$^-$，[CoPCOOH] 由于其进一步质子化需要较高的反应自由能，其对应的电极电势值相当低，使之不大可能是整个反应路径中的中间产物。

基于以上的研究基础，Shen 等[8]应用计算电极模型并结合实验，研究了钴卟啉电催化 CO$_2$ 还原的性能。他们发现 CO$_2$ 转化为 CO 的过程并不是一个质子-电子对协同转移过程，质子的转移和电子的转移是解耦合的，并且计算反应的电极电势并不能将质子容纳进来。然而在钴卟啉表面还可能产生少量的碳氢化合物，如 CH$_4$，它由 CO 转变而成，这与实验结果相一致，即 CO 的质子化过程是一个协同作用的过程，如图 6.4 所示。

6.2　吡啶结构

均相催化剂中，可以将 CO$_2$ 还原为 CH$_3$OH 的催化剂屈指可数。Barton 等[9]研究发现，在 p 型 GaP 作为光电电极的情况下，吡啶季铵镓离子（C$_5$H$_5$NH$^+$）可以有效地实现这一转化。尽管目标产物的产率以及光电转化效率都尚未达到商业化要求，但是作为一个不含可变价过渡金属的催化剂，可以实现这个吸热反应且包含六电子转移的还原过程，还是引起了科学界的广泛兴趣。

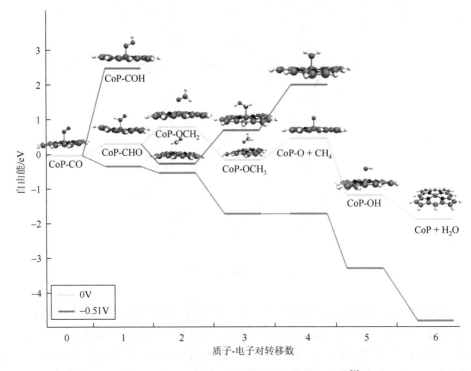

图 6.4   钴卟啉-CO 催化生成 CH₄ 的反应路径[8]

Cole 等[10]结合自身实验数据，并拟合循环伏安图，提出了如下"内界反应机理"：吡啶（C_5H_5N）首先结合一个质子变为 $C_5H_5NH^+$，该铵离子接受电子转移，转变为氢化吡啶自由基（•C_5H_5NH），这也是该研究组声称的催化活性中间体。所谓内界反应机理，在这里是指•C_5H_5NH 在活化 CO_2 的过程中，两者之间并非简单的溶剂媒介化电子转移（对应外界反应机理），而是产生了化学键相互作用，从而形成了稳定的中间产物。根据密度泛函理论，计算发现•C_5H_5NH 活化 CO_2 后的加合物以•C_5H_5N-COOH 的形式存在，也就是一个典型的 CO_2 插入反应。在其前线轨道中，吡啶 N 与羧基 C 之间存在着很强的共价键。更为特殊的是，该共价键是以 π 键的形式存在的。在此之后，•C_5H_5N—COOH 可能以如下三种形式转变为 HCOOH：

$$•C_5H_5N — COOH \longrightarrow C_5H_5N + •COOH \longrightarrow C_5H_5N + HCOOH$$

$$•C_5H_5N — COOH \longrightarrow C_5H_5N + HCOOH$$

$$•C_5H_5N — COOH + •C_5H_5NH \longrightarrow 2C_5H_5N + HCOOH$$

尽管三者从计算的反应自由能的角度均可成立，然而在 Pt 表面的循环伏安数据仅仅支持第一种形式，他们提出的可能反应路径如图 6.5 所示。

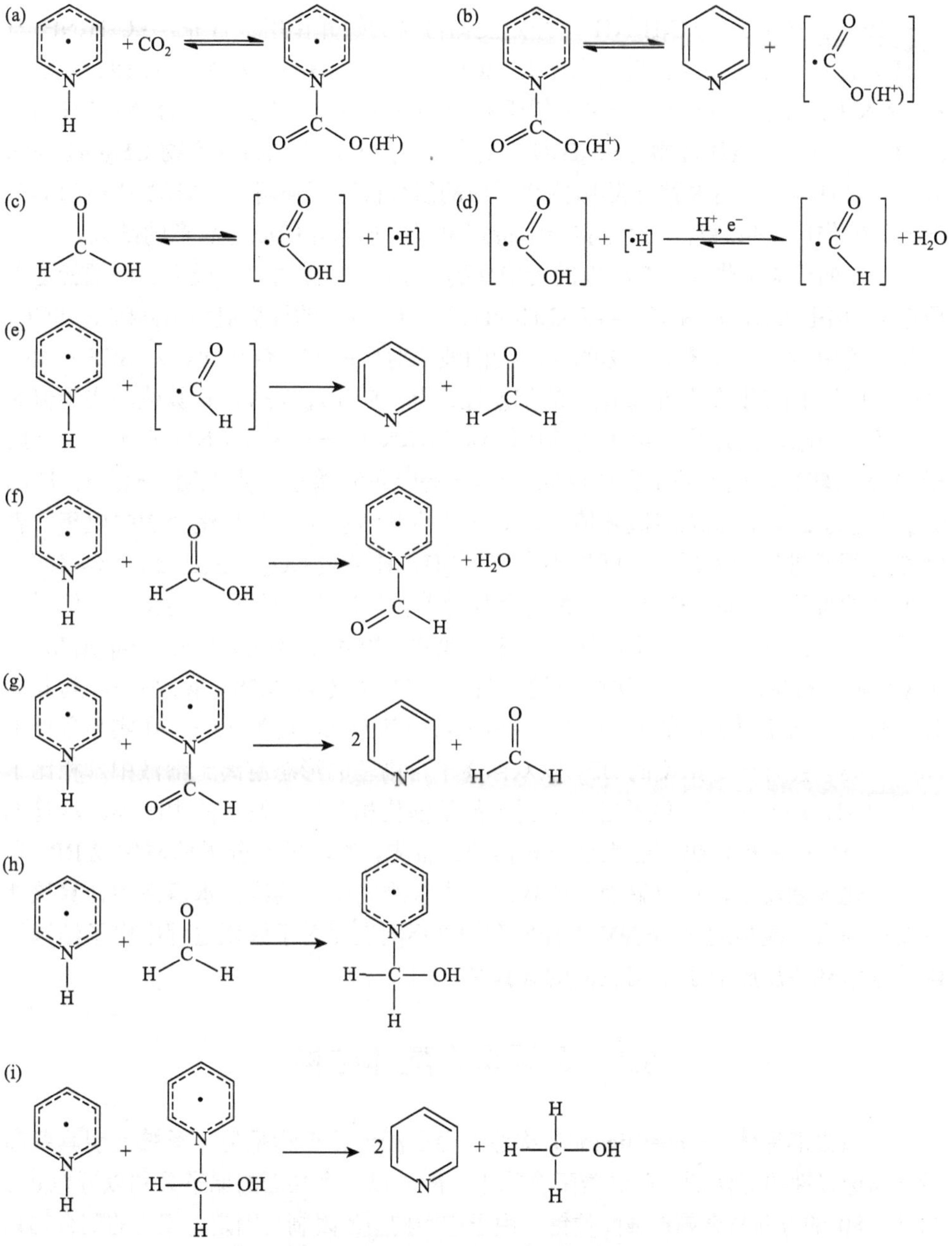

图 6.5　吡啶季铵鎓离子催化还原 CO_2 的反应路径[10]

　　上面的讨论解释了生成少量 HCOOH 的缘由，而 CH_3OH 的生成则并不仅仅依赖于 $\cdot C_5H_5NH$。实验数据表明，吸附态的 $\cdot CHO$ 才是 CH_3OH 和 HCHO 需要共同经历的中间态，而 $\cdot CHO$ 的生成主要来源于电极表面 $\cdot COOH$ 与 $\cdot H$ 的反应。而在·CHO 生成以后，·C$_5$H$_5$NH 才开始发挥自身的媒介作用。首先，·C$_5$H$_5$NH 与·CHO 的反应可以生成少量游离态的 HCHO 以及 C$_5$H$_5$N。其次，HCHO 可以与·C$_5$H$_5$NH 发生内界反应，产生类似于·C$_5$H$_5$N—COOH 的稳定加合物·C$_5$H$_5$N—CH$_2$OH。最终，该加合物与·C$_5$H$_5$NH 发生 π-π 反应，生成目标产物 CH$_3$OH 与两分子的 C$_5$H$_5$N。上述内界反应-吸附物反应的组合机理既强调了·C$_5$H$_5$NH 中间体的电子传输作用，也解释了为何实验中特定电极的加入才能取得满意的结果。

后续的计算工作对这套机理的准确性提出了质疑。首先一个最大的问题就是电极电势的不匹配。C$_5$H$_5$NH$^+$ $\longrightarrow$ ·C$_5$H$_5$NH 这一步的 $E^\ominus$ 的计算值为–1.44V $vs.$ SCE，这与实验中循环伏安图中声称的该过程的波峰对应的 $E^\ominus$（–0.58V $vs.$ SCE）相去甚远。由于 DFT 计算氢电极电势的偏差理论上不应超过 0.3V，计算值与实验值如此大的差距暗示上述均一电子传输中间体 C$_5$H$_5$NH$^+$ $\rightleftharpoons$ ·C$_5$H$_5$NH 介入每一步质子-电子对转移的机理并不完全成立。Keith 等[11]的计算进一步表明，·C$_5$H$_5$NH 的 pK_a 高达约 27。在反应溶液环境下，高 pK_a 意味着质子很难从化合物中电离，表明 CO$_2$ 很难进行插入反应，同样不支持·C$_5$H$_5$NH 活化 CO$_2$ 产生加合物·C$_5$H$_5$N—COOH 的推测。因此，C$_5$H$_5$N 相关化合物的催化作用更可能是 C$_5$H$_5$N 分子偶联产物引发的。计算结果也证实了这一推测。偶联产物 4, 4-联吡啶（4, 4′-bipyridine，BPy）对应的镓离子在质子协同下的 $E^\ominus$ 的计算值恰巧为–0.58V $vs.$ SCE。与此同时，质子协同还原生成的 BPy 的双镓离子自由基的 pK_a 约为 12.8，在实验条件下（pH = 5.3）会有一定浓度的 BPy 以双镓离子自由基的形态游离于溶液中。相比于·C$_5$H$_5$NH，BPy 的双镓离子自由基更可能是催化相关反应发生的中间体。尽管如此，这个可能的机理仍不能完全令人信服。首先，吡啶的双分子偶联生成 BPy 是一个氧化偶联反应，在电解池的阴极理论上很难发生；其次，水溶液中计算该偶联反应的自由能高达 + 0.63eV。Keith 等[11]以不同表面对于偶联过程中电子结构的影响来解释该反应对于不同表面的选择性。

6.3　金属螯合配体结构

三齿钳形配体（pincer ligand）构建的金属配位化合物是另一类被证明具备高活性与选择性的催化剂。在这类配合物中，配体以三个共面的原子分别以近似 0°、90°与 180°的方向与金属形成配位键，由于空间构型的限制与固定，相应的配合物具有非常优异的稳定性。1, 3-双（（二苯基膦）氧基）苯 [1, 3-bis（（diphenylphosphino）oxy）benzene，POCOP] 是三齿钳形配体中比较容易合成且应用较为广泛的一个，其配合物在催化醛酮的硅氢化反应、碳卤键形成、烯炔烃聚合及烷烃交叉复分解反应等方面有着较为广泛的应用。除了二苯基膦，其他高空阻烷基如异丙基或叔丁基同样可以形成膦氧基，进而形成类似的 POCOP 结构。近年来，人们发现，一部分这类配合物还可以催化 N_2 以及 CO_2 的还原反应。双二叔丁基膦氧基苯参与构成的 Ir（POCOP）就是其中表现比较突出的一个。在含 5%水的乙腈（CH_3CN）溶剂中，可以选择性地将 CO_2 电催化还原为甲酸盐（formate，$HCOO^-$）[12]。仅有 15%的电流会浪费在副反应 HER 上。当在 POCOP 的苯环上修饰季铵盐时，催化剂可以有效地在水溶液中起作用，且 HER 的选择性会进一步降低至 7%。更为有趣的是，实验中发现 HER 实际是金属电极表面催化产生的，也就是说 Ir（POCOP）对于目标产物的选择性几乎达到 100%。

Cao 等[13]基于密度泛函理论计算，提出了一种 Ir—H 与 CO_2 反键轨道相互作用的反应机理。他们所提出的反应循环如图 6.6 所示，为 $Ir^{III}H_2$（POCOP）（CH_3CN）→ $Ir^{III}H_2$（POCOP）（CH_3CN）—CO_2→$Ir^{III}H$（HCOO）（POCOP）（CH_3CN）→$Ir^{III}H$

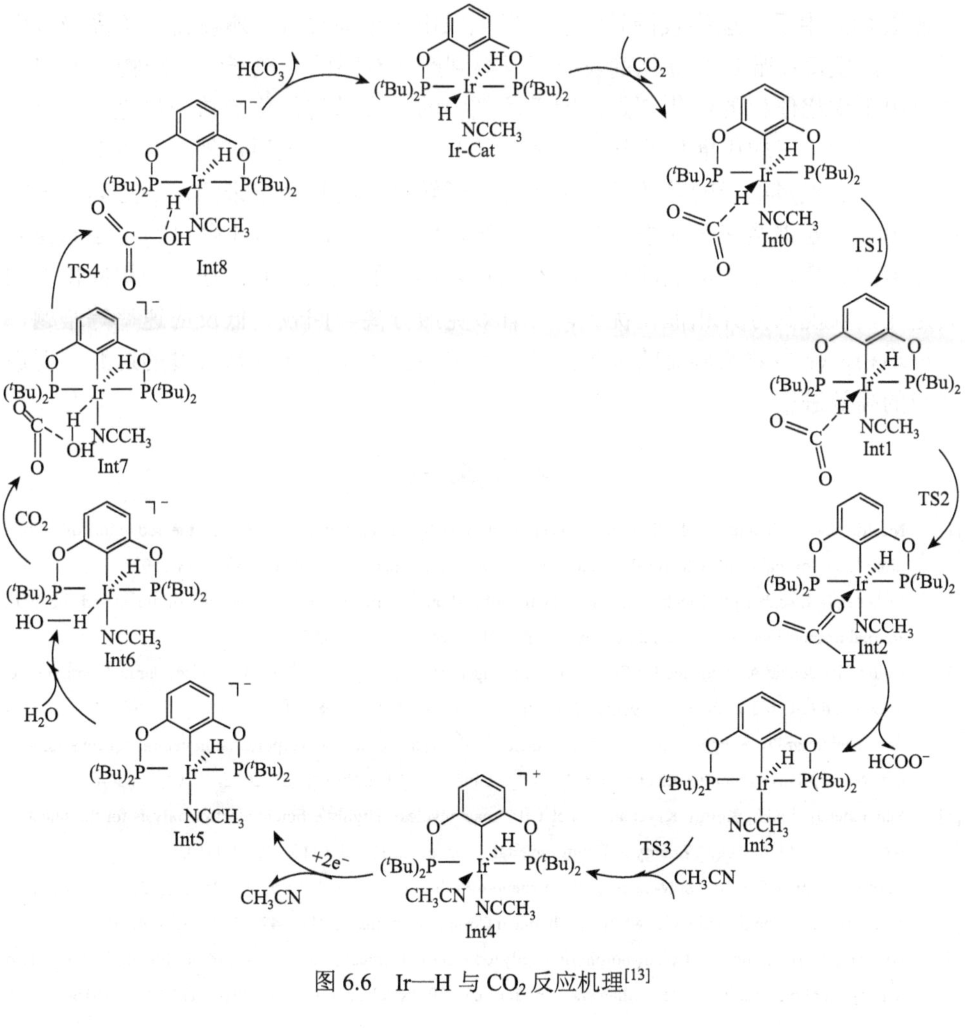

图 6.6 Ir—H 与 CO_2 反应机理[13]

（OCHO）（POCOP）（CH$_3$CN）→ ［Ir^{III}H（POCOP）（CH$_3$CN）］$^+$→［Ir^{III}H(POCOP) (CH$_3$CN)$_2$］$^+$→［Ir^{I}H（POCOP）（CH$_3$CN）］$^-$→［Ir^{I}H（POCOP）（H$_2$O）（CH$_3$CN）］$^-$→ ［Ir^{I}H(POCOP)(H$_2$O)(CH$_3$CN)］—CO$_2$→Ir^{III}H$_2$（POCOP）（CH$_3$CN）- HCO$_3^-$→Ir^{III}H$_2$ （POCOP）（CH$_3$CN）。其中，化学反应部分的决速步为 Ir^{III}H$_2$（POCOP）（CH$_3$CN） 的 H 负离子电荷注入 CO$_2$ 的 π 反键轨道，形成 Ir^{III}H（HCOO）（POCOP）（CH$_3$CN）。相比于反应的起始态，该步骤需要跨越 + 14.4kcal·mol^{-1} 的势垒（以 H$_2$O 作为电介质时）。电子转移步骤则发生在[Ir^{III}H(POCOP)(CH$_3$CN)$_2$]$^+$→［Ir^{I}H（POCOP）（CH$_3$CN）］$^-$，也就是重新生成催化剂起始态的过程中。根据能斯特方程，引发这个双电子还原脱 CH$_3$CN 步骤所需要的电极电势 $E^\ominus$ 的大小为−1.5V $vs.$ NHE，与实验值相差无几。

　　总结上述催化过程，均相催化具有产物专一和高电流效率优势，但问题在于电还原 CO$_2$ 中反应速率较慢且往往只发生二电子还原过程，难以得到更高级多电子产物，仅仅在吡啶基催化剂表面可以得到产量有限的六电子还原产物 CH$_3$OH。同时由于均相催化的催化剂是溶解于溶剂中的，难以将催化剂与产物进行分离与回收。因此，在均相催化的分子水平上深入认识 CO$_2$ 电还原过程，开发新型均相催化剂以实现多电子的转移及质子耦合电子转移过程将是未来的发展方向。该方向的另一重要进展在于促进人类对自身新陈代谢认识，逐渐开启 CO$_2$ 电还原在人工体液的研究，使人类加深对自身及生物多样性的认识，并且通过均相催化剂的固定化，实现部分异相催化优势，可有效克服分离与回收、低反应速率等难题，发挥均相催化高效长寿命的优势，从而实现由分子水平向纳米尺度的过渡，促进反应的高效进行。

参 考 文 献

[1] Meshitsuka S，Ichikawa M，Tamaru K. Electrocatalysis by metal phthalocyanines in the reduction of carbon dioxide[J]. Journal of the Chemical Society，Chemical Communications，1974，（5）：158-159.

[2] Fisher B J，Eisenberg R. Electrocatalytic reduction of carbon dioxide by using macrocycles of nickel and cobalt[J]. Journal of the American Chemical Society，1980，102（24）：7361-7363.

[3] Collin J P，Jouaiti A，Sauvage J P. Electrocatalytic properties of Ni（cyclam）$^{2+}$ and Ni$_2$（biscyclam）$^{4+}$ with respect to CO$_2$ and H$_2$O reduction[J]. Inorganic Chemistry，1988，27（11）：1986-1990.

[4] Saravanakumar D，Song J，Jung N，et al. Reduction of CO$_2$ to CO at low overpotential in neutral aqueous solution by a Ni（cyclam）complex attached to poly（allylamine）[J]. ChemSusChem，2012，5（4）：634-636.

[5] Schneider J，Jia H，Kobiro K，et al. Nickel（Ⅱ）macrocycles：Highly efficient electrocatalysts for the selective reduction of CO$_2$ to CO[J]. Energy & Environmental Science，2012，5（11）：9502-9510.

[6] Thoi V S，Chang C J. Nickel N-heterocyclic carbene-pyridine complexes that exhibit selectivity for electrocatalytic reduction of carbon dioxide over water[J]. Chemical Communications，2011，47（23）：6578-6580.

[7] Nielsen I M B，Leung K. Cobalt-porphyrin catalyzed electrochemical reduction of carbon dioxide in water. 1. A density functional study of intermediates[J]. The Journal of Physical Chemistry A，2010，114（37）：10166-10173.

[8]   Shen J, Kolb M J, Göttle A J, et al. DFT study on the mechanism of the electrochemical reduction of CO₂ catalyzed by cobalt porphyrins[J]. The Journal of Physical Chemistry C, 2016, 120 (29): 15714-15721.

[9]   Barton E, Rampulla D, Bocarsly A. Selective solar-driven reduction of CO₂ to methanol using a catalyzed p-GaP based photoelectrochemical cell[J]. Journal of the American Chemical Society, 2008, 130 (20): 6342-6344.

[10]   Cole E, Lakkaraju P, Rampulla D, et al. Using a one-electron shuttle for the multielectron reduction of CO₂ to methanol: Kinetic, mechanistic, and structural insights[J]. Journal of the American Chemical Society, 2010, 132 (33): 11539-11551.

[11]   Keith J, Carter E. Theoretical insights into pyridinium-based photoelectrocatalytic reduction of CO₂[J]. Journal of the American Chemical Society, 2012, 134 (18): 7580-7583.

[12]   Kang P, Cheng C, Chen Z, et al. Selective electrocatalytic reduction of CO₂ to formate by water-stable iridium dihydride pincer complexes[J]. Journal of the American Chemical Society, 2012, 134 (12): 5500-5503.

[13]   Cao L, Sun C, Sun N, et al. Theoretical mechanism studies on the electrocatalytic reduction of CO₂ to formate by water-stable iridium dihydride pincer complex[J]. Dalton Transactions, 2013, 42 (16): 5755-5763.

第7章 展　望

随着人类工业化生产水平的不断提高和经济的日益发展，超越传统手段，发展新型高效的 CO_2 转化方法便成为科学技术中的主要课题之一。在本章中，我们将对 CO_2 转化的理论模拟研究未来的发展作出展望。

7.1　拓扑量子材料在 CO_2 电催化还原中的应用

超越传统催化材料一直是催化科学追求的目标。从物理本质上讲，催化涉及电子的传递，一切与电子有关的量子现象特别是与表面态有关的量子现象都能对催化产生直接或间接的影响。从这种意义上讲，我们有充分的理由来关注近年来所出现的拓扑量子材料（拓扑绝缘体、拓扑半金属）的催化特性。这些拓扑材料中受拓扑保护的量子表面态或边缘态将对催化产生有效的调控。虽然我国对拓扑量子材料的物理研究处于世界前列，但对拓扑量子材料在催化中的应用探索还未深入展开，这一课题涉及凝聚态物理、计算物理、催化化学、计算化学和材料科学，具有典型的交叉性和前沿性。对这一课题的探索将会对新型催化材料颠覆性技术的突破具有非常重要的意义。

拓扑概念的引入是近三十年来凝聚态物理学中一个重大的概念上的突破。根据传统的固体能带理论，电子按能量高低次序填充能带，我们可以按电子的占据方式将固体简单分成两类：如果恰好填满某个能带，与最低未占据能带之间存在有限大小的能量间隙，那就是绝缘体；如果有能带未填满，部分占据，那就是金属。但最近的研究发现：完全占据的电子能带还具有拓扑特性。借助数学中封闭曲面的拓扑分类方法，引入电子能带结构的拓扑不变量，可以进一步把绝缘体划分为普通绝缘体和拓扑绝缘体，而金属也可以划分为普通金属和拓扑半金属。这些拓扑非平庸的绝缘体和半金属物态具有新奇的边缘态和表面态。以拓扑绝缘体为例，虽然它们的体内与普通绝缘体一样不导电，但是其边缘上却存在受体内拓扑特性保护的导电态，对材料的缺陷和杂质不敏感，并且这些边缘态与量子霍尔效应、量子反常霍尔效应等物理现象直接相关。这使人们意识到如果材料的电子结构具有独特的拓扑性质，将有可能在宏观尺度表现出各种量子效应。这为我们铺设了一条通往拓扑量子材料之路。

拓扑量子材料的发现吸引了全世界物理家和材料学家的广泛关注，2016 年的诺贝尔物理学奖也授予给了在此方向上做出开创性贡献的三位物理学家,这更加推动了该领域的快速发展。经过深入研究,人们研究预言了多种不同的拓扑量子物态,并发现近三分之一的材料属于拓扑绝缘体或拓扑半金属,显示出新奇的量子效应。在这个快速发展的领域,我国科学家已处于世界前列。特别是物理研究所研究团队、清华大学研究团队及南京大学研究团队等在一些关键课题上做出了突破性的贡献。如 2010 年 Yu 等[1]第一次提出在磁性掺杂的拓扑绝缘体薄膜 Bi_2Se_3/Bi_2Te_3 中可能存在陈数为 1 的量子反常霍尔效应态,3 年后 Chang 等[2]第一次在上述体系中观测到了量子反常霍尔效应态,这项工作受到人们的高度关注。

2007 年,Bernevig 等[3]提出实验上有可能真正实现的二维拓扑绝缘体系统 HgTe/CdTe 量子阱。随后,Fu 和 Kane[4]把拓扑绝缘体的概念推广到三维体系,2009 年 Zhang 等[5]通过计算提出了三维拓扑绝体 Bi_2Se_3 家族,掀起了拓扑绝缘体研究的热潮。2003 年,中国科学院物理研究所 Fang 等[6]通过第一性原理计算表明,铁磁金属中的外尔费米子贡献了反常霍尔效应的内禀部分。这说明外尔费米子在固体能带结构中广泛存在。但是这些金属的费米面非常复杂,很难将外尔费米子的贡献分离出来。2011 年,南京大学 Wan 等[7]通过理论计算提出,烧绿石结构的铱氧化物可能是磁性外尔半金属。Xu 等[8]理论预言铁磁尖晶石 $HgCr_2Se_4$ 也是外尔半金属。它们都是时间反演对称性破缺的,使得手性相反的外尔费米子不再重叠。2014 年底,Weng 等[9]通过理论计算第一次发现自然存在的 TaAs、TaP、NbAs 和 NbP 等是外尔半金属,从而受到了热切的关注,并获得了实验工作的证实。这是自 1929 年外尔费米子被提出以来,首次在真实材料中观测到外尔费米子及其物理特性,具有非常重要的物理意义。此外,2012 年和 2013 年,Wang 等理论预言了 Na_3Bi[10]和 Cd_3As_2[11]是狄拉克半金属,其费米面是由重叠的外尔费米子对构成的,并受到晶格对称性的保护。他们与实验研究组合作[12]证实了理论预言,确认了三维石墨烯体系的存在。

除了外尔半金属和狄拉克半金属,Wang 等[13]也从理论上预言了半金属和多重简并半金属。与外尔半金属和狄拉克半金属不同,节线半金属的线性能带交叉点在费米面处不只是孤立的点而是一条线,从能带交叉点的几何分布角度拓宽了半金属的分类[13]。三种常见的拓扑量子材料的能带结构如图 7.1 所示。另外,Weng 等[14]在 2016 年预言在一类具有碳化钨晶体结构的材料中存在三重简并的电子态,其准粒子就是三重简并费米子,是不同于四重简并的狄拉克费米子和二重简并的外尔费米子的新型费米子,进一步从能带交叉点的简并度角度丰富了拓扑半金属的分类。最近实验室已制备出碳化钨家族中的磷化钼(MoP)单晶样品,并观测到其中的三重简并点[15]。除了对拓扑量子材料电子结构的理论研究和材料体系的发现,对于这些材料所具有的独特的宏观量子效应的应用也是一个非常重要的课题。例如对于二维拓扑绝缘体,基于其边缘态的量子自旋霍尔效应已经在实验上被观测到[16]，很可能应用于未来低能耗的电子器件中。对三维拓扑绝缘体，实验上已观测到背散射缺失现象，即表面态电子遇到杂质后不可能被散射回相反方向[17]。对于外尔半金属，其表面会出现拓扑保护的费米弧[18]。而且在外加电磁场下，拓扑半金属的响应与普通金属非常不同，会表现出手性反常和手性磁效应[19]。现有的应用研究主要集中在物理学方面，对其他学科的交叉拓展还未全面展开。由于材料的化学性质与其电子分布密切相关，我们有理由相信这些具有独特边缘电子态和表面态的拓扑量子材料具有一些新奇的化学性质。

狄拉克半金属　　　　　外尔半金属　　　　　　　　节线半金属

图 7.1　三种常见的拓扑量子材料的能带结构

催化反应是化学研究中非常重要的课题，且对催化剂的表面和边缘性质都有很大的依赖性。在多相催化反应中，表面态尤为重要，表面态决定了吸附、脱附以及表面的动力学过程。因此，对于表面态的调控被认为是一种重要的调控催化剂催化活性的手段。无论是金属表面的近自由电子般的表面态还是半导体表面的悬挂键，表面态对于材料表面发生的物理或化学过程影响都有非常重要的影响。特别是 sp 和 d 轨道所构成的表面态可能处于费米面附近，从而提供了表面催化的可能性。另外，由于这一类的表面态的产生源于表面与体相键合环境的不同，这类表面态对掺杂、表面缺陷、表面重构以及表面修饰都非常敏感，表现出低的抗干扰能力和不稳定性，从而导致化学反应的不确定性。寻找拥有对表面干扰稳定的表面态的材料也成为催化剂设计的一种方向。

拓扑量子材料拥有独特且稳定的表面态，这种表面态来源于块体的整体对称性，受到对称性保护。这种拓扑表面态不仅在非磁性掺杂、后向散射以及局域缺陷态修饰的情况下稳定，也能在表面电势修饰的情况下稳定。这种稳定的表面态使得拓扑量子材料拥有成为良好催化剂材料的潜力。不过由于这一类型的研究还处于起步阶段，拓扑表面态对于吸附的影响机制以及不同类型的拓扑绝缘体对于催化剂催化性能的影响还有待于进一步探究。

Tang 等[20]使用了一种理论和实验上都证实为一种拓扑节线半金属的二维 Cu₂Si 纳米片[21, 22]作为 CO₂ 还原催化剂，探究了二维 Cu₂Si 表面的催化性能，之后计算了三种不同边界态催化 CO_2 还原的性能,并与 2D 催化剂表面的性能比较。优化后的催化剂结构如图 7.2 所示,其能带结构与态密度图如图 7.3 所示。Cu_2Si 纳米片是一种六配位金属化合物,其原胞包含一个 Si 原子和两个 Cu 原子,晶格常数 $a = b = 4.123$Å,晶体坐标轴 a 与 b 之间的夹角为 120°。Cu_2Si 具有和石墨烯类似的结构,借鉴常见的石墨烯纳米带,构造扶手椅形和之字形的 Cu_2Si 纳米带。其中扶手椅形纳米带以 Si 和 Cu 原子为边界,标记为 A>CuSi;对于之字形纳米带,分别以 Cu 原子和 Si 原子为最外层边界的纳米带,标记为 Z>Cu 和 Z>Si。

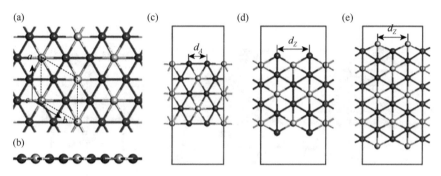

图 7.2　Cu_2Si 纳米片的几何结构(a, b)以及 A>CuSi 纳米带(c)、Z>Cu 纳米带(d)、Z>Si 纳米带(e)的俯视图[20]

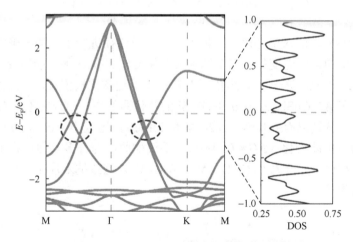

图 7.3　Cu_2Si 纳米片的能带结构与态密度图[20]

首先考虑 CO_2 的初始活化,在没有质子转移的情况下,CO_2 可以稳定吸附在 A>CuSi 和 Z>Cu 的边界上,而 Z>Si 则很难在没有质子转移的情况下稳定 CO_2。尽管 CO_2 在 A>CuSi 和 Z>Cu 边界上可以稳定吸附,但对应的吸附过程 * + CO_2 ⟶ *CO_2 的自由能变化比 * + CO_2 + H^+ + e^- ⟶ *COOH / *OCHO 过程的自由能变化分别大 0.54eV 和 0.28eV。从热力学角度来说，CO_2 的初始活化需要有质子的参与，也就是说，电催化还原反应的第一步是 CO_2 在质子和电子的共同作用下形成 *COOH 或*OCHO。对于第一步加氢的中间体 *COOH 和*OCHO，我们考虑了端式吸附和桥式吸附的 *COOH 构型，也考虑了 CO_2 的两个 O 原子都吸附在活性位点上的*OCHO 构型（图 7.4）。使用 PBE 泛函计算从 *COOH 开始的"RWGS + CO-hydro"路径和从*OCHO 开始的"Formate"路径，我们发现后者的自由能变化明显大于前者，从 *COOH 开始的"RWGS + CO-hydro"路径是最可能的反应路径。

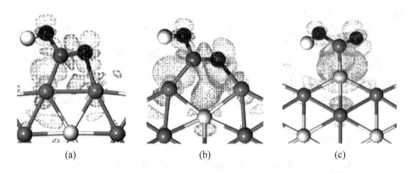

(a)　　　　　　　　(b)　　　　　　　　(c)

图 7.4　*COOH 在三个纳米带上的差分电荷密度图[20]

（a）A＞CuSi 纳米带；（b）Z＞Cu 纳米带；（c）Z＞Si 纳米带

使用 RPBE 泛函对筛选出来的最可能的反应路径进行了更加准确的计算，以获得更加准确的自由能变化。三个纳米带催化 CO_2 还原的最可能路径如图 7.5 所示。对于 CO_2 还原，第一个质子-电子对转移步骤通常比较困难，往往需要有较高的超电势。在 A＞CuSi、Z＞Cu 和 Z＞Si 的催化系统中，CO_2 加氢还原为 *COOH 的自由能变化分别只有 0.10eV、0.28eV 和 0.18eV，远远小于该基元反应在 Cu_2Si 纳米片上的自由能变化（$\Delta G = 0.51$eV）。不仅如此，与许多其他已报道的有潜力的电催化剂相比，如金属 Cu(211)（$\Delta G = 0.41$eV），这些纳米片在第一步加氢还原中具有很大优势。

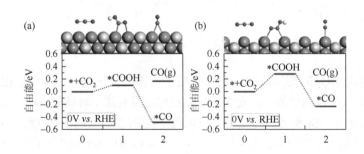

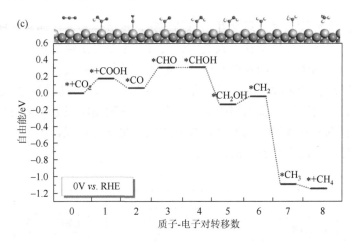

图 7.5 A>CuSi（a）、Z>Cu（b）和 Z>Si（c）催化 CO_2 还原的路径图[20]

理论计算对于研究拓扑量子材料在催化中的应用具有非常重要的指导意义，通过理论计算可以分析拓扑量子材料的表面态以及负载催化剂或进行表面修饰后的电子结构，从而进一步判断稳定的表面态结构对于催化剂表面的吸附以及催化性能的影响，为实验提供信息和理论支撑。总之，在全世界对拓扑量子物质的研究热潮中，物理研究远远走在化学研究的前面，特别是我国的研究团队在物理研究方面位居世界前列。为了使我国在拓扑量子物质的物理和化学领域占据科学研究前沿的制高点，同时超越常规 CO_2 转化材料，开展拓扑量子材料在 CO_2 还原中的应用将会有力推动我国在国际前沿课题的基础研究以及加快实现"碳中和"的步伐。

7.2 应用机器学习研究 CO_2 电催化还原

随着数据驱动方法取得的巨大成功，机器学习受到了日益高度的关注，它结合数据库理论、统计学和计算数学，不仅能展现出更快的计算速度和更可靠的预测度，还能有效地处理一些难以用传统方法计算的体系和问题，这为研发新型 CO_2 转化材料提供了契机。

机器学习是一门交叉学科，它将计算机科学、统计学、数学与工程学的相关知识结合起来形成人工智能的一个重要分支，它所关注的问题是：计算机程序如何随着经验积累自动提高性能。换而言之，机器学习就是计算机利用已知数据，在某些算法的指导下自动优化并改进模型，使之能对全新的情境进行判断和预测。实际上机器学习的思想来源于人类对智能学习的思考与认知。学习能力是人类智能的一种体现，人类的学习过程都需要经过人类的大脑完成。大脑就像一台紧密的仪器，与外界环境进行信息交互，总结规律，形成经验，在遇到新问题时形成及时的判断与决策。概括来说，人类的学习过程都要经历经验累积、规律总结，最终达到灵活运用于解决问题的阶段。遵循类似的思路，机器学习可以被分为输入、学习、输出三个阶段，如图 7.6 所示。在输入阶段计算机识别并储存大量的训练数据，在学习阶段寻找数据中的内在联系，在输出阶段通过学习到的规律对新的问题进行判断和预测。机器学习与人类的经验学习过程趋于相同，就是计算机模仿人类理解、思考和创造的过程。

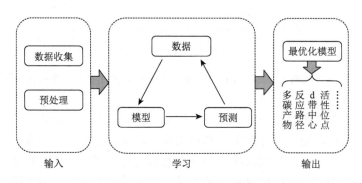

图 7.6　机器学习的基本过程

　　根据所处理的数据类型的区别，机器学习可以被分为监督式学习、非监督式学习、半监督式学习和强化学习。其中监督式学习是指训练数据如 (x, y) 数据对，目标是在通过训练数据优化算法后，查询输入为 x 时产生一个预期输出 y。相对应地，如果训练数据中 y 为未知的标签，也就是说对于训练数据的每一个 x，其对应的预期输出 y 都是未知的，那么这一类机器学习的方法称非监督式学习，其目的是寻找和挖掘数据中有意义的模式，如聚类、关联规则挖掘等。而半监督式学习则介于监督式学习和非监督式学习之间，数据中包含一部分成对的输入输出数据对和一部分没有相对应的预期输出的数据。强化学习则是对行为和表现给予奖励和惩罚信号，并以此来学习如何在环境中获得更好的表现。从数学的角度来看，机器学习由数据和方法构成，方法包含策略、模型和算法三个要素。机器学习的过程，就是选取合适的方法，对数据进行处理，从而完成学习的目的。

　　发生在材料表面的催化过程十分复杂，表面结构缺陷、杂质等多种因素会直接影响催化活性反应位点和反应路径。例如，多元金属合金的表面、纳米微晶和多孔结构的表面，存在多种非等价活性点位，从而产生许多可能的反应路径，尤其是转化 CO$_2$ 成多碳产物所需的特殊表面结构和反应路径，DFT 计算面临着巨大的挑战。机器学习所具有的处理复杂体系的问题中的灵活性、准确性与泛化能力，为解决这些问题带来了希望。目前，已有一些工作使用机器学习来预测金属原子催化剂的催化性能。Freeze 等[23]利用逆向设计思路，从所需催化剂性质入手，提出了逆向搜索合适的催化剂体系的机器学习方法。Sun 等[24]利用机器学习筛选了负载于石墨炔的过渡金属催化剂的稳定性以及电子输运性质，并与实验结果进行了对比。如图 7.7 所示，利用机器学习针对目前所有过渡族金属进行了筛选，发现 Pd、Pt 和 Co 是其中最稳定且最具活性"原子零价催化剂"个体候选者。他们同时对稀土镧系金属进行了拓展筛选，发现了与过渡金属不同的反应趋势。

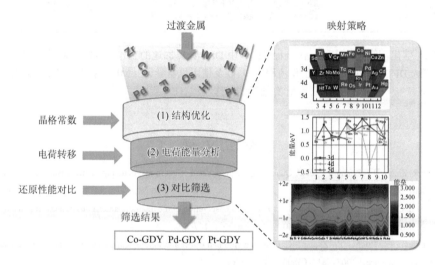

图 7.7　机器学习筛选负载于石墨炔的过渡金属催化剂示意图[24]

Tran 等[25]则提出了一种基于理论计算的全自动筛选方法，使用机器学习和结构优化相结合来指导 DFT 理论计算，用于预测电催化剂的性能。研究通过筛选 31 种不同元素的各种组合来证明这种方法的可行性，包含 50%的 d 区元素和 33%的 p 区元素的筛选。目前，该方法已识别出 54 种合金中的 131 种适用于 CO_2 还原的表面和 102 种合金中适用于 H_2 析出的 258 种表面，并使用定性分析来确定实验验证的最佳候选。

总之，CO_2 的电催化还原是非常复杂的化学反应过程，既涉及热力学因素又涉及动力学因素，其中溶剂效应、界面效应、基底效应、表面效应和量子效应协同作用，这些多种变量所引起的复杂性就使得传统研究方法彰显出其局限性。而机器学习的最大优点之一就是能从复杂过程的多变量之间发现规律性。如图 7.8 所示，机器学习为新型催化剂的设计和合成提供了有效的研究手段，这无疑会成为今后的研究方向。

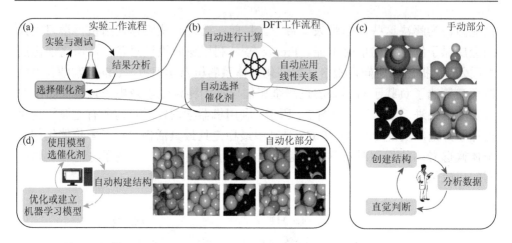

图 7.8 催化剂筛选的实验工作流程（a）、由 DFT 计算加速的工作流（b）、通过科学直觉来
筛选 DFT 结果的传统的工作流程（c）以及使用机器学习（ML）系统和自动地选择
计算结果的工作流程（d）[25]

参 考 文 献

[1] Yu R，Zhang H J，Zhang S C，et al. Quantized anomalous hall effect in magnetic topological insulators[J]. Science，2010，329（5987）：61-64.

[2] Chang C Z，Zhang J，Feng X，et al. Experimental observation of the quantum anomalous hall effect in a magnetic topological insulator[J]. Science，2013，340（6129）：167-170.

[3] Bernevig B，Hughes T，Zhang S C. Quantum spin hall effect and topological phase transition in HgTe quantum wells[J]. Science，2007，314（5806）：1757-1761.

[4] Fu L，Kane C. Topological insulators in three dimensions[J]. Physical Review Letters，2007，98（10）：106803-106806.

[5] Zhang H，Liu C X，Qi X L，et al. Topological insulators in Bi_2Se_3，Bi_2Te_3 and Sb_2Te_3 with a single Dirac cone on the surface[J]. Nature Physics，2009，5（6）：438-442.

[6] Fang Z，Nagaosa N，Takahashi K，et al. The anomalous hall effect and magnetic monopoles in momentum space[J]. Science，2003，302（5642）：92-95.

[7] Wan X，Turner A，Vishwanath A，et al. Topological semimetal and Fermi-arc surface states in the electronic structure of pyrochlore iridates[J]. Physical Review B，2011，83（20）：205101-205110.

[8] Xu G，Weng H，Wang Z，et al. Chern semimetal and the quantized anomalous Hall effect in $HgCr_2Se_4$[J]. Physical review letters，2011，107（18）：186806-186810.

[9] Weng H，Fang C，Fang Z，et al. Weyl semimetal phase in noncentrosymmetric transition-metal monophosphides[J]. Physical Review X，2015，5（1）：011029-011038.

[10] Wang Z，Sun Y，Chen X Q，et al. Dirac semimetal and topological phase transitions in A_3Bi（A = Na，K，Rb）[J]. Physical Review B，2012，85（19）：195320-195325.

[11] Wang Z，Weng H，Wu Q S，et al. Three dimensional Dirac semimetal and quantum transports in Cd_3As_2[J]. Physical Review B，2013，88（12）：125427-125433.

[12]　Liu Z, Zhou B, Zhang Y, et al. Discovery of a three-dimensional topological Dirac semimetal, Na_3Bi[J]. Science, 2014, 343 (6173): 864-867.

[13]　Wang J T, Weng H, Nie S, et al. Body-centered orthorhombic C_{16}: A novel topological node-line semimetal[J]. Physical Review Letters, 2016, 116 (19): 195501-195506.

[14]　Weng H, Fang C, Fang Z, et al. Coexistence of Weyl fermion and massless triply degenerate nodal points[J]. Physical Review B, 2016, 94 (16): 165201.

[15]　Chi Z, Chen X, An C, et al. Pressure-induced superconductivity in MoP[J]. Npj Quantum Materials, 2018, 3 (1): 28-34.

[16]　König M, Wiedmann S, Brüne C, et al. Quantum spin hall insulator state in HgTe quantum wells[J]. Science, 2007, 318 (5851): 766-770.

[17]　Roushan P, Seo J, Parker C, et al. Topological surface states protected from backscattering by chiral spin texture[J]. Nature, 2009, 460 (7259): 1106-1109.

[18]　Lv B, Weng H, Fu B, et al. Experimental discovery of Weyl semimetal TaAs[J]. Physical Review X, 2019, 5 (2): 031013-031020.

[19]　Huang X, Zhao L, Long Y, et al. Observation of the chiral-anomaly-induced negative magnetoresistance in 3D Weyl semimetal taas[J]. Physical Review X, 2015, 5 (3): 031023-031032.

[20]　Tang M, Shen H, Qie Y, et al. Edge-state-enhanced CO_2 electroreduction on topological nodal-line semimetal Cu_2Si nanoribbons[J]. The Journal of Physical Chemistry C, 2019, 123 (5): 2837-2842.

[21]　Feng B, Fu B, Kasamatsu S, et al. Experimental realization of two-dimensional Dirac nodal line fermions in monolayer Cu_2Si[J]. Nature Communications, 2017, 8 (1): 1007-1013.

[22]　Yang L M, Bacic V, Popov I A, et al. Two-dimensional Cu_2Si monolayer with planar hexacoordinate copper and silicon bonding[J]. Journal of the American Chemical Society, 2015, 137 (7): 2757-2762.

[23]　Freeze J, Kelly H, Batista V. Search for catalysts by inverse design: Artificial intelligence, mountain climbers, and alchemists[J]. Chemical Reviews, 2019, 119 (11): 6595-6612.

[24]　Sun M, Wu T, Xue Y, et al. Mapping of atomic catalyst on graphdiyne[J]. Nano Energy, 2019, 62 (1): 754-763.

[25]　Tran K, Ulissi Z. Active learning across intermetallics to guide discovery of electrocatalysts for CO_2 reduction and H_2 evolution[J]. Nature Catalysis, 2018, 1 (9): 696-703.

附　　录

附表 1　电催化基本术语

电催化术语	解释
路易斯酸碱	凡是可以接受外来电子对的分子、基团或离子为酸（路易斯酸）；凡可以提供电子对的分子、基团或离子为碱（路易斯碱）。因为跳脱了限定氢离子与氢氧根的酸碱概念，这种理论包含的酸碱范围很广，它对确定酸碱的相对强弱来说，没有统一的标度，对酸碱的反应方向难以判断
过渡态	过渡态是基元反应坐标中能量最高的一点所对应的分子构型，处于过渡态的分子也称活化络合物。过渡态是能量最高的一点，任何扰动都会导致它的改变，故无法分离出来，也是无法观测到的。过渡态理论认为，化学反应不是通过反应物分子的简单碰撞就可以完成的，而是在反应物到产物的过程中，经过了一个高能量的过渡态。过渡态对应于反应势能面上的鞍点
基元反应	即最简单的化学反应步骤，是一个或多个化学物种直接作用，一步（单一过渡态）转化为反应产物的过程。从微观上看所有化学反应过程都是经过一个或多个简单的反应步骤（即基元反应）才转化为产物分子的。基元反应为组成化学反应的基本单元。通常反应机理便是研究反应是由哪些基元反应组成的
活化能	一个化学反应的发生所需要克服的能量障碍。活化能可以用于表示一个化学反应发生所需要的最低能量，活化能越高，反应越难进行。活化能基本上是表示势垒（有时称为能垒）的高度
转化率	化学中的转化率是指在一个化学反应中，特定反应物转换成特定产物的百分比。所有反应物全部转化成产物对应 100%转化率
转化数	单位面积或单位活性位点上单位时间内发生的化学反应数，转化数可以直观地表示反应速率的高低
标准电极电势	标准电极电势是可逆电极在标准状态及平衡态时的电势，也就是标准态时的电极电势（标准态：溶质的活度为 1mol/L，气体压强为 100kPa，温度一般为 298K）
参比电极	测量各种电极电势时作为参照比较的电极。将被测定的电极与精确已知电极电势数值的参比电极构成电池，测定电池电动势数值，就可计算出被测定电极的电极电势。在参比电极上进行的电极反应必须是单一的可逆反应，电极电势稳定和重现性好。通常多用微溶盐电极作为参比电极，氢电极只是一个理想的参比电极
还原电势	热力学上使得半电池还原反应刚好能够发生所需的电势
超电势	使得半电池还原反应实际能够发生所需的电势
反应中间体	化学动力学中，反应中间体指在一个非基元反应中反应物转化为产物过程出现的中间物种。中间体对应于反应势能面上的极小值
副反应	副反应是与实际主要反应同时发生的化学反应，但反应程度较低。它导致副产品的形成，从而降低了主要产品的产量，降低了产物选择性和 FE
产物选择性	一个化学反应若同时可生成多种产物，其中某一种产物是最希望获得的，则这种产物产率的大小代表这反应选择性的好坏。产物选择性考察的是由同一反应物生成的各产物的比例，而对于电化学反应中常见的溶剂副反应则不计入统计

续表

电催化术语	解释
法拉第效率	即电流效率，它表示转移一定数量的电子所发生的实际反应数占理论反应数的比例。法拉第效率也可以指用于发生还原（氧化）反应的电子数占总电子数的比例
d 带中心理论	金属的 sp 轨道通常能量上展宽十分显著，而 d 轨道则相对较为能量集中。所以态密度图上，d 轨道是一个窄而尖的峰，类似于一个分子轨道一样。一个宽的 sp 轨道和一个分子轨道作用，会使得分子轨道展宽；而一个狭窄的 d 轨道和一个分子轨道作用，就如同分子轨道理论里那样，会使得分子轨道产生裂分。催化剂与吸附物种的 σ 轨道相互作用，会形成(d-σ)成键和(d-σ)*反键两个态。当(d-σ)*反键态的电子填充量增加时，体系的能量升高，吸附变得不稳定。当金属中心的 d 带中心升高时，相应的生成的(d-σ)*反键态的能量也有所升高。在反键态上的电子填充相对减少，体系能量降低，吸附物种的吸附得到了稳定

附表 2　物理量的国际单位及常用前缀

常见物理量的国际单位

物理量	国际单位	符号简写
长度（length）	米（meter）	m
质量（mass）	千克（kilogram）	kg
时间（time）	秒（second）	s
电流（electric current）	安培（ampere）	A
温度（temperature）	开尔文（Kelvin）	K
物质的量（amount of substance）	摩尔（mole）	mol
压强（pressure）	帕斯卡（Pascal）	Pa
能量（energy），功（work），热量（quantity of heat）	焦耳（Joule）	J
电压（electromotive force）	伏特（Volt）	V
电导（electrical conductance）	西门子［Siemens（A/V）］	S
电阻（electrical resistance）	欧姆［ohms（V/A）］	Ω
电荷（electrical charge）	库仑［Coulomb］	C

国际单位制常用前缀

前缀名	符号	科学计数法	实际数字
yotta	Y	10^{24}	1000000000000000000000000
zetta	Z	10^{21}	1000000000000000000000
exa	E	10^{18}	1000000000000000000
peta	P	10^{15}	1000000000000000

续表

前缀		科学计数法	实际数字
前缀名	符号		
tera	T	10^{12}	1000000000000
giga	G	10^{9}	1000000000
mega	M	10^{6}	1000000
kilo	k	10^{3}	1000
hecto	h	10^{2}	100
deca	da	10^{1}	10
		10^{0}	1
deci	d	10^{-1}	0.1
centi	c	10^{-2}	0.01
milli	m	10^{-3}	0.001
micro	μ	10^{-6}	0.000001
nano	n	10^{-9}	0.000000001
pico	p	10^{-12}	0.000000000001
femto	f	10^{-15}	0.000000000000001
atto	a	10^{-18}	0.000000000000000001
zepto	z	10^{-21}	0.000000000000000000001
yocto	y	10^{-24}	0.000000000000000000000001

附表 3 常用单位换算

能量单位换算

	J	Erg	Cal	eV	BTU	kW·h	Quad	MToe
1 J =	1	10^{7}	0.239	6.24×10^{18}	9.48×10^{-4}	2.78×10^{-11}	9.48×10^{-18}	2.38×10^{-17}
1 Erg =	10^{-7}	1	2.39×10^{-8}	6.24×10^{11}	9.48×10^{-11}	2.78×10^{-14}	9.48×10^{-28}	2.38×10^{-24}
1 Cal =	4.19	4.19×10^{7}	1	2.61×10^{18}	3.97×10^{-3}	1.16×10^{-8}	3.97×10^{-18}	1.59×10^{-19}
1 eV =	1.60×10^{-19}	1.0×10^{-12}	3.38×10^{-20}	1	1.52×10^{-22}	4.45×10^{-28}	1.52×10^{-37}	6.08×10^{-38}
1 BTU =	1.06×10^{3}	1.06×10^{10}	2.52×10^{2}	6.59×10^{21}	1	2.93×10^{-4}	1×10^{-15}	4×10^{-17}
1 kW·h =	3.60×10^{6}	3.60×10^{13}	8.60×10^{5}	2.25×10^{25}	3.41×10^{3}	1	3.41×10^{-12}	8.57×10^{-11}
1 Quad =	1.0×10^{16}	1.0×10^{25}	2.52×10^{17}	6.59×10^{11}	1×10^{15}	2.93×10^{11}	1	25
1 MToe =	4.2×10^{16}	4.2×10^{23}	1.00×10^{16}	2.62×10^{11}	4×10^{13}	1.16×10^{10}	4×10^{-2}	1

质量单位换算

	Tonne	Kilogram	Pound	Short ton	Long ton
1 Tonne（metric）=	1	1000	2205	1.10	0.98421
1 Kilogram =	1×10^{-3}	1	2.20	1.10×10^{-3}	9.84×10^{-4}
1 Pound（US）=	4.54×10^{-4}	0.454	1	0.0005	4.46×10^{-4}
1 Short ton（US）=	0.907	907	2000	1	0.893
1 Long ton（UK）=	1.02	1016	2240	1.12	1

体积单位换算

	Gal（US）	Gal（UK）	Barrel	Cubic Foot	Liter	Cubic meter
1 U.S. Gallon =	1	0.833	2.38×10^{-2}	0.134	3.78	3.8×10^{-3}
1 U.K. Gallon =	1.20	1	2.86×10^{-2}	0.160	4.55	4.5×10^{-3}
1 Barrel（bbl）=	42.0	35.0	1	5.62	159.0	0.159
1 Cubic foot（ft³）=	7.48	6.23	0.178	1	28.3	2.83×10^{-2}
1 Liter（L）=	0.264	0.220	6.29×10^{-3}	3.53×10^{-2}	1	1×10^{-3}
1 Cubic meter（m³）=	264	220.0	6.29	35.3	1000	1